三峡水库成库初期生态演变特征及影响机制

万成炎 陈小娟 邹 曦 杨 志等 著

科学出版社

北 京

内 容 简 介

本书是作者10余年来关于三峡水库生态演变调查研究工作的总结凝练。本书重点阐释三峡水库成库初期（2008年175 m试验性蓄水以来）水库水域与库周消落区、次级支流和湿地的生态演变特征及影响机制，系统介绍典型支流水环境演变及水华特征、库区干支流鱼类资源（含产卵场及早期资源）状况、水库食物网结构及营养动力学特征、水库消落区土壤环境及植被特征、汉丰湖及入湖支流生态环境特征，以及相关影响因素分析等内容。

本书可供水利、环保、农业、林业等相关行业的研究及管理人员参考阅读，也可作为高等院校相关专业高年级本科生和研究生参考用书。

图书在版编目（CIP）数据

三峡水库成库初期生态演变特征及影响机制 / 万成炎等著. -- 北京：科学出版社, 2024.12. -- ISBN 978-7-03-079880-0

I. X143

中国国家版本馆 CIP 数据核字第 2024KW8886 号

责任编辑：何　念　汪宇思/责任校对：高　嵘
责任印制：彭　超/封面设计：无极书装

科学出版社 出版
北京东黄城根北街16号
邮政编码：100717
http://www.sciencep.com

武汉精一佳印刷有限公司印刷
科学出版社发行　各地新华书店经销

*

开本：787×1092　1/16
2024年12月第 一 版　　印张：19 1/2
2024年12月第一次印刷　字数：459 000

定价：298.00 元
（如有印装质量问题，我社负责调换）

序

三峡工程是治理和保护长江的关键性骨干工程，在防洪、发电、航运等方面发挥了巨大综合效益。三峡水库蓄水运行显著改变了库区干支流的水文情势，水生生物群落结构发生演变，水生生态系统的结构和功能受到影响；同时，库周消落区、次级支流和湿地生态系统也处在不断演变中，并与水域生态系统相互作用、影响。因此，开展三峡水库生态环境保护研究是国家大型水利水电工程建设生态保护与修复领域的重大科技需求。

近 10 多年来，水利部中国科学院水工程生态研究所科研团队承担了国家科技支撑计划、国家科技重大专项"水体污染控制与治理"（水专项）、国家自然科学基金项目、原国务院三峡工程建设委员会办公室三峡后续工作规划科研项目、三峡工程生态与环境监测系统等项目 20 余项，针对三峡水库 175 m 试验性蓄水以来的生态系统演变开展了大量的调查研究工作。该专著系统总结三峡水库成库初期（2008 年三峡水库 175 m 试验性蓄水以来）水库水域与库周消落区、次级支流和湿地生态演变研究方面的成果，揭示三峡水库典型支流水环境演变及水华特征、库区干支流鱼类资源状况、水库食物网结构及营养动力学特征、水库消落区土壤环境及植被特征、汉丰湖及入湖支流生态环境特征，探讨相关生态系统组分演变的影响因素。

三峡水库是国家战略水源地、长江中下游生态屏障、长江经济带的重要区域及长江流域生物多样性保护的重点区域，具有重要战略地位。2016 年，习近平总书记在推动长江经济带发展座谈会上明确指出，"当前和今后相当长一个时期，要把修复长江生态环境摆在压倒性位置，共抓大保护，不搞大开发"。三峡库区乃至长江流域的生态保护任重道远，相信该专著的出版定会对三峡水库生态系统的长期演变研究有所裨益，对三峡水库生态保护管理和库区生态文明建设起到积极促进作用。

今年是水利部中国科学院水工程生态研究所建所 40 周年，该专著的出版是献给该所最好的礼物之一。祝愿该所在水工程生态效应与生态修复领域取得更加辉煌的成绩，为国家河湖生态保护作出新的更大贡献！

中国科学院院士
中国科学院水生生物研究所研究员
2024 年 5 月 18 日

三峡工程作为大国重器和一项举世瞩目的伟大工程，全面发挥了防洪、发电、航运等巨大综合效益。三峡工程于 2003 年 6 月蓄水至 135 m，开始发挥发电、航运效益；2006 年 10 月比初步设计进度提前一年蓄水至 156 m，进入初步运行期；2008 年 9 月开始正常蓄水位 175 m 试验性蓄水，其中 2010～2020 年连续 11 年蓄水至 175 m，开始全面发挥综合效益。三峡水库蓄水运行显著改变了库区干支流的水文情势，水流流速变缓，透明度增加，生境结构均质化，水生生物群落结构发生演变，水生态系统的结构和功能受到影响；同时，受库水位大幅度（坝前高达 30 m）、反季节涨落的影响，库周形成大面积消落区，库周密集的人类活动与消落区的相互影响频繁、复杂。因此，研究揭示三峡水库成库初期生态演变特征及影响机制，可为三峡水库生态的长期演变研究奠定基础，对科学认知三峡水库生态环境问题和提供解决问题的方案具有重要的基础支撑作用。

自 2008 年以来，课题组承担了"十二五"国家支撑计划课题"三峡库区及长江中游生态系统结构与功能完善关键技术研究与示范"（2012BAC06B04），"十一五"和"十二五"国家水专项子课题"缓坡消落带生态保护与污染负荷削减技术研究与示范"（2009ZX07104-003）和"汉丰湖入湖支流污染减排及水质净化湿地技术综合示范"（2013ZX07104-004），原国务院三峡工程建设委员会办公室三峡后续工作规划科研项目"三峡水库小江生态恢复关键技术研究与示范"（2013HXKY2-3）、"三峡水库成库以来库区水生态系统结构完整性状况分析与对策建议"（102126242020060000001），国家自然科学基金项目"三峡水库消落区生境异质性对草本植物群落影响研究"（50979061）、"三峡水库食物网结构及营养动态研究"（51679153）、"消落带植物 ERF 转录因子在淹水胁迫中的调控机制"（51679154）、"三峡水库调度运行对小江回水区原生动物群落影响研究"（51009099）、"三峡水库小江回水区浮游植物群落结构特征及其对水动力条件的响应"（51009100），以及三峡工程生态与环境监测系统"三峡水库水生生物与渔业资源环境监测重点站""三峡水库重点支流水质监测重点站（小江站）"等 20 余项科研项目。在这些科研项目的资助下，以三峡水库水域、库周（消落区、次级支流和湿地）生态系统为研究对象，融合生态学、水文学、环境科学、林学等多学科的研究方法和技术手段，开展野外跟踪观测、野外调查评价、原位受控试验和室内模拟试验等工作，研究揭示三峡水库及库周生态系统的演变特征、对水文节律改变的响应及生态扰动耐受机制，辨析需优化完善的关键环节，研发不同类型生态系统结构优化完善关键技术。在科学出版社的支持和鼓励下，作者将涉及三峡水库成库初期（2008 年三峡水库 175 m 试验性蓄水以来）

生态演变方面的调查研究工作进行总结，以调查研究获得的第一手资料为基础，明晰撰写主线，深入分析、拾漏补遗，系统整理归纳成书。

本书共 6 章。第 1 章概述三峡水库及典型研究区域的生态环境状况，梳理三峡水库生态保护研究进展。第 2 章介绍三峡水库典型支流水环境的演变特征和影响因素，分析小江水华发生过程和暴发成因。第 3 章阐述三峡水库鱼类资源状况，分析库区干支流鱼类群落结构、特有鱼类和四大家鱼的时空分布特征及影响因素；分析库区干支流鱼类早期资源，推算鱼类产卵场分布位置和产卵规模。第 4 章分析三峡水库典型区域碳、氮稳定同位素特征，探讨三峡水库干流和典型支流食物网结构、能流特征及营养动态。第 5 章分析三峡水库消落区土壤理化指标、重金属含量的时空分布特征及影响因素，三峡水库消落区植物的群落结构特征、消落区生境异质性对植物群落的影响及典型植物对淹水的生理生态适应机制。第 6 章分析汉丰湖及入湖支流的生态环境特征及影响因素。

全书由万成炎、陈小娟负责统稿，邹曦、杨志、张志永、史方、郑志伟负责各章编写。各章节具体分工如下：第 1 章由郑志伟、袁玉洁、朱利明撰写；第 2 章由邹曦、潘晓洁、郑志伟、胡莲、唐海滨、袁玉洁、万骥撰写；第 3 章由杨志、朱其广、董纯、金瑶、赵娜、唐会元、沈建忠撰写；第 4 章由史方、杨晴、朱利明、阚延福撰写；第 5 章由张志永、胡红青、米玮洁、胡莲、龚玉田、付庆灵、向林、朱强撰写；第 6 章由邹曦、郑志伟、张道熙、彭建华、丁庆秋撰写。

由于作者水平有限，书中难免有不足之处，敬请批评指正！

作　者

2024 年 4 月 10 日

目　录

第 *1* 章

三峡水库生态环境概况

1.1 研究区域概况

1.1.1 三峡水库

1. 地理位置

三峡水库是三峡工程建成后蓄水所形成的人工湖泊，范围共涉及湖北省的夷陵区、秭归县、兴山县、巴东县，重庆市的巫山县、巫溪县、奉节县、云阳县、万州区、开州区、忠县、石柱土家族自治县、丰都县、涪陵区、武隆区、长寿、渝北区、巴南区、江津区等 19 个区县（以下简称库区 19 区县），以及重庆市主城区（包括渝中区、南岸区、江北区、沙坪坝区、北碚区、大渡口区、九龙坡区）。当三峡水库水位为 175 m 时，从库首沿长江水道到达重庆市形成了长 600 km、宽 1~2 km、总面积达 1 084 km² 的人工湖泊，整个库区位于中国鄂西和渝东的崇山峻岭之中，北依大巴山，南靠巫山，两岸地形切割非常明显，是典型狭长的河谷型水库（图 1.1）。

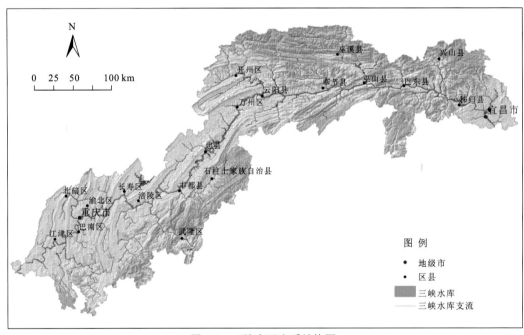

图 1.1 三峡库区水系结构图

2. 地形地貌

三峡水库地处我国地势第二级阶梯的东缘，跨越川、鄂中低山峡谷和川东平行岭谷低山丘陵区，北靠大巴山，南依云贵高原，处于大巴山褶皱带、川东褶皱带和川鄂湘黔隆起褶皱带三大构造单元交汇处。奉节县以东为川鄂边境山地,奉节县以西属四川盆地边缘的川东低山丘陵区,地形复杂,高低悬殊,山高坡陡,河谷深切。东西部海拔一般为 500～900 m,中部海拔一般为 1 000～2 500 m。流域主要地貌类型有中山、低山、丘陵、台地、平坝,山地和丘陵分别占库区总面积的 74.0%和 21.7%,河谷平原占库区总面积的 4.3%。

3. 气候气象

三峡库区属湿润亚热带季风气候,具有四季分明,冬暖春早、夏热伏旱、秋雨多,湿度大、云雾多、风力小等特征。库区年平均气温 14.9～18.5℃,且西部高于东部,有雾日 30～40 d,无霜期 300～340 d。年降水量约 1 000～1 300 mm,降水量主要集中在 6～9 月,占年降水量的 50%～65%。

4. 水系及水文

三峡坝址至宜宾间长江上游干流总长约 1 000 km,区间水系发育,江河纵横。库区江段除嘉陵江、乌江等大型支流汇入外,还有流域面积 100 km² 以上的支流 152 条,其中重庆市 121 条,湖北省 31 条;流域面积 1 000 km² 以上的支流有 19 条,其中重庆市16 条,湖北省 3 条。主要有香溪河、大宁河、梅溪河、汤溪河、磨刀溪、小江、龙河、龙溪河、御临河等。三峡库区水系结构如图 1.1 所示。库区干流河道狭窄,礁石林立,滩潭交替,水流湍急,水质浑浊;支流除西北部为树枝状水系外,其余广大地区均属格状水系,大部分河流具有典型山区河流特点,流域范围内降水充沛,集雨面积大,河谷切割深,天然落差大,滩多水急。三峡库区长江主要支流情况见表 1.1。

表 1.1　三峡库区长江主要支流特征

地区	河流名称	流域面积/km²	库区境内长度/km	年均流量/(m³/s)	河口位置	与大坝距离/km
江津区	綦江	4 394.0	153.0	122.0	顺江	654.0
九龙坡区	大溪河	195.6	35.8	2.3	铜罐驿	641.5
巴南区	一品河	363.9	45.7	5.7	渔洞	632.0
	花溪河	271.8	57.0	3.6	李家沱	620.0
	五布河	858.2	80.8	12.4	木洞	573.5
渝中区	嘉陵江	157 900.0	153.8	2 120.0	朝天门	604.0
江北区	朝阳河	135.1	30.4	1.6	唐家沱	590.8
南岸区	长塘河	131.2	34.6	1.8	双河	584.0
渝北区	御临河	908.0	58.4	50.7	骆渍新华	556.5
长寿区	桃花溪	363.8	65.1	4.8	长寿河街	528.0
	龙溪河	3 248.0	218.0	54.0	羊角堡	526.2

续表

地区	河流名称	流域面积/km²	库区境内长度/km	年均流量/（m³/s）	河口位置	与大坝距离/km
涪陵区	梨香溪	850.6	13.6	13.6	蔺市	506.2
	乌江	87 920.0	65.0	1 650.0	麻柳嘴	484.0
丰都县	渠溪河	923.4	93.0	14.8	渠溪	459.0
	碧溪河	196.5	45.8	2.2	百汇	450.0
	龙河	2 810.0	114.0	58.0	乌杨	429.0
	池溪河	90.6	20.6	1.3	池溪	420.0
忠县	东溪河	1 373.9	32.1	2.3	三台	366.5
	黄金河	958.0	71.2	14.3	红星	361.0
	汝溪河	720.0	9.9	9.9	石宝镇	337.5
万州区	壤渡河	269.0	37.8	4.8	壤渡	303.2
	苎溪河	228.6	30.6	4.4	万州城区	277.0
云阳县	小江	5 172.5	117.5	116.0	双江	247.0
	汤溪河	1 810.0	108.0	56.2	云阳	222.0
	磨刀溪	3 197.0	170.0	60.3	兴河	218.8
	长滩河	1 767.0	93.6	27.6	故陵	206.8
奉节县	梅溪河	1 972.0	112.8	32.4	奉节	158.0
	草堂河	394.8	31.2	8.0	白帝城	153.5
巫山县	大溪河	158.9	85.7	30.2	大溪	146.0
	大宁河	4 200.0	142.7	98.0	巫山	123.0
	官渡河	315.0	31.9	6.2	青石	110.0
	抱龙河	325.0	22.3	6.6	埠头	106.5
巴东县	神龙溪	350.0	60.0	20.0	官渡口	74.0
秭归县	青干河	523.0	54.0	17.4	沙镇溪	48.0
	童庄河	248.0	36.6	6.4	邓家坝	42.0
	咤溪河	193.7	52.4	8.3	归州	34.0
	香溪河	3 095.0	110.1	47.4	香溪	32.0
	九畹溪	514.0	42.1	17.5	九畹溪	20.0
	茅坪溪	113.0	24.0	2.5	茅坪	1.0
	泄滩河	88.0	17.6	1.9	—	—
	龙马溪	50.8	10.0	1.1	—	—
夷陵区	百岁溪	152.5	27.8	2.6	偏岩子	—
	太平溪	63.4	16.4	1.3	太平溪	—

三峡水库河段流量丰沛、变化幅度大。上游控制站宜昌站多年平均径流量约 4 510 亿 m³，6 月中旬～9 月下旬径流量约占全年径流量的 61%。多年平均流量为 14 300 m³/s，最大洪峰流量为 71 100 m³/s，最枯流量为 2 770 m³/s，洪枯流量比（最大洪峰流量：最枯流量）为 26：1。多年平均悬移质含沙量 1.18 kg/m³。长江干流 5 年一遇天然洪水位在重庆市巴南区大塘坝为 180.4 m，20 年一遇天然洪水位在重庆市巴南区大塘坝为 184.5 m。三峡水库正常蓄水位 175 m（坝前），5 年一遇设计洪水位在重庆市巴南区大塘坝为 180.7 m，20 年一遇设计洪水位在重庆市巴南区大塘坝为 184.5 m。南北两岸交错排列坡降大，流量变幅大。

5. 生物资源

三峡水库所处的长江上游和长江中下游及其河网与湖泊形成了生境多样、物种丰富的江湖复合生态系统，水生生物也多为适应其生态环境特点的生态类群。以鱼类为例，库区江段多数种类发育成熟后上溯至长江上游繁殖，仔幼鱼顺水漂流至中下游及河网、湖泊中索饵肥育，然后上溯繁殖。依据对流水生境的依赖程度，三峡库区分布的鱼类主要可分为三类：第一类是需要在流水生境中完成整个生活史的种类，多为长江上游特有鱼类，如岩原鲤（*Procypris rabaudi*）、圆口铜鱼（*Coreius guichenoti*）、细鳞裂腹鱼（*Schizothorax chongi*）、齐口裂腹鱼（*Schizothorax prenanti*）、白甲鱼（*Onychostonua asima*）等，对干支流流水生境依赖程度很高；第二类是生活史的某个阶段需要流水生境的种类，这类种类比较多，包括多数产漂流性卵的鱼类和部分产黏沉性卵的鱼类，如青鱼（*Mylopharyngodon piceus*）、草鱼（*Ctenopharyngodon idellus*）、鲢（*Hypophthalmichthys molitrix*）、鳙（*Aristichthys nobilis*）、厚颌鲂（*Megalobrama pellegrini*）、方氏鲴（*Xenocypris fangi*）等，这些鱼类需要或适应开阔缓流、静水环境生长发育，但繁殖必须要有一定的流水条件；第三类是在缓流和静水生境中完成生活史的种类，三峡库区这类种类很少，主要为鲤（*Cyprinus carpio*）、鲫（*Carassius auratus*）等。三峡库区绝大多数鱼类对流水生境的依赖程度较高，特别是珍稀特有鱼类，其生活史的部分或全部需要在流水生境中完成。因此，三峡库区干支流在长江流域江湖复合生态系统中的生态功能定位，就是为流水性鱼类提供栖息、繁衍的水域，为多数东部江河平原鱼类提供重要的繁殖场所。

1.1.2　典型支流

1. 小江及汉丰湖

1）小江

（1）地理位置。小江（又名澎溪河）为长江三峡库区左岸的一级支流，流域地处四川盆地东部边缘，大巴山南麓，东邻汤溪河，北连渠江水系，西接川江诸小河，南与长江干流相邻（图 1.2）。小江干流起点为开州区白泉乡，左支流源头在巫溪县境内几十米，右支流为开州区观音岩，在白泉乡汇合后经关面、大进，在开州城区有南河汇入，汇口以上干流称东河，汇口以下始称小江。南流至渠口与普里河汇合，入小江水库回水区，河面骤然开阔，折而东流，左纳兴隆沟，又折向南流，为开州区、云阳县界河。转东北流至养鹿入云阳县境，至渠马左纳渠马溪。折向东南流，至小江电站（已拆除）。又东南流至高阳镇，右纳洞溪河，至双江街道汇入长江。

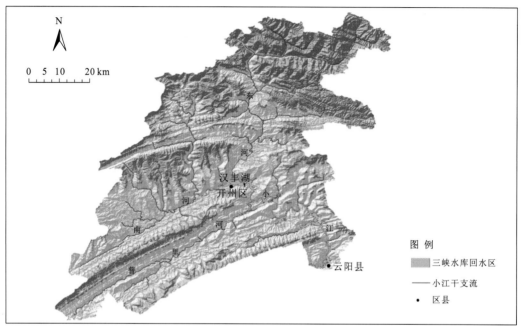

图 1.2　小江及汉丰湖水系图

（2）水文水系。小江流域面积 5 172.5 km²，在三峡库区境内长度 117.5 km，多年平均流量 116 m³/s，河口距离三峡大坝约 247 km。小江河道天然落差 1 606 m，河源至开州区温泉镇为上游，河长约 78 km；温泉镇以下至河口为下游，河长约 105 km。流域呈东北—西南向展开的折扇形，但支汊分布不均匀，支流多集中分布于西南一侧。小江有流域面积大于 1 000 km² 的右岸支流 2 条（南河、普里河）；流域面积较大的支流 5 条（左岸盐井坝河、东坝溪、渠马河，右岸满月河、洞溪河）。

（3）地质地貌。小江流域北部为大巴山南坡高山深丘，南部属川东平行岭谷地带，大部为低山丘陵，间有河谷平坝，地势北高南低。北端与渠江水系分水，南端与川江诸小支流分界，东端与汤溪河分水。流域内的山地多为石灰岩结构，岩溶发育，山脊呈锯齿或长垣状，山岭间河谷深切，江面至临江最高相对高差达 1 000 m 左右。平行谷岭间河谷较开阔，有较宽的河谷平坝。流域内丘陵一般较平缓，干、支流河谷平坝以冲积阶地居多，海拔 150～250 m。

（4）气候气象。小江流域内气候温和，雨量充沛，四季分明，立体气候特征显著。多年平均气温 18.2 ℃。多年平均年降水量 1 300 mm，降水量由南向北递增。实测最大年降水量 2 197.9 mm，最小年降水量 799 mm。5～9 月降水量约占全年的 75%～80%。流域地处大巴山暴雨区西南缘。

（5）自然资源。流域水资源总量 40.3 亿 m^3。水力资源理论蕴藏量 22.19 万 kW，技术和经济可开发量均为 9.97 万 kW。森林主要分布在流域上段中高山的亚热带常绿阔叶林区，有水杉、银杏等多种国家重点保护的珍稀树种，云阳县桐油产量居全国第一，2004 年被命名为"中国油桐之乡"，河中有齐口裂腹鱼（嘉鱼）、大鲵（*Andrias davidianus*）、水獭（*Lutra lutra*）等珍稀水生动物。21 世纪初，流域内已探明天然气储量 1 100 多亿 m^3，石灰石储量 180 多亿 t，大理石储量约 1 200 万 m^3。

2）汉丰湖

（1）地理位置。汉丰湖位于开州城区内东河与南河交汇处，它是在小江开州区汉丰街道段乌杨村（左岸）至木桥村（右岸）间构筑一座水位调节坝后形成。水位调节坝是为尽可能减少三峡水库蓄水运行小江中上游消落区对开州城区生态环境的影响而修建的。坝址中心坐标为东经 108°27′42.6″、北纬 31°10′52.8″，坝前控制流域面积 3 198.6 km^2，采用闸、坝结合坝型，坝长 507 m，最大坝高 24.34 m。

（2）水文水系。汉丰湖水位调节坝竣工后，将开州区境内原有东河、桃溪河、南河及部分小江变更为汉丰湖流域，形成相应库容 0.56 亿 m^3、水域面积 14.83 km^2 的一座新生水库。其常年水位为 170～175 m，库周长为 36.4 km，湖泊东西跨度 12.51 km，南北跨度 5.86 km，西段狭窄，东段开阔，呈"Y"字形沿开州城区东西延展，其中最窄处为 92 m，最宽处为 1 589 m，蓄水量 8 000 万 m^3。根据汇水状况，汉丰湖流域可分为 1 个湖区、24 个湖周支流子流域（表 1.2）。流域多年平均流量约为 24 亿 m^3，其中 55.9% 来自东河子流域、17.3% 来自桃溪河子流域、13.6% 来自南河子流域、13.2% 来自其他子流域。

表 1.2　汉丰湖流域构成表

河流/水体	汇水面积/km^2	长度/km	流量/（m^3/s）	汇入位置
东河	1 398	106.00	40.84	白鹤街道，兰合村汇入
桃溪河	599	47.00	12.65	九龙山镇，东坝村汇入
南河	665	71.75	9.93	竹溪镇，青吉村汇入
头道河	71	12.26	1.83	镇东街道，镇东村汇入
箐林河	13	5.96	0.34	镇东街道，大丘村汇入
桃溪河	18	3.34	0.48	镇安镇，永共村汇入
彭家河	8	3.68	0.20	镇安镇，镇安场汇入
大海溪	52	15.21	1.33	竹溪镇，易家坝汇入
平安溪	11	6.08	0.28	竹溪镇，平安溪汇入
石碗溪	21	7.85	0.53	竹溪镇，大坪村汇入

河流/水体	汇水面积/km²	长度/km	流量/(m³/s)	汇入位置
竹溪河	16	5.76	0.42	竹溪镇，竹溪铺汇入
三升河	11	4.34	0.28	镇安镇，三升村汇入
平桥河	12	3.29	0.31	镇安镇，丰太村汇入
陈家河	18	6.31	0.45	汉丰街道，永先社区汇入
驷马河	17	4.37	0.43	汉丰街道，安康社区汇入
响水河	8	4.15	0.20	丰乐街道，吴家院子汇入
消水溪	19	8.12	0.60	丰乐街道，魏家院子汇入
清溪	7	3.81	0.22	白鹤街道，清溪桥汇入
杨家沟	13	4.21	0.39	白鹤街道，龙研子汇入
普渡河	2	2.16	0.07	郭家镇，普渡寺汇入
大河岔	17	4.75	0.52	白鹤街道，青枫包汇入
木桥河	5	2.60	0.15	丰乐街道，木桥汇入
乌阳河	10	4.25	0.31	白鹤街道，乌阳桥汇入
纸湾河	11	3.31	0.33	丰乐街道，纸湾汇入
汉丰湖区	16	—	—	—
合计	3 038	—	—	—

（3）地质地貌。汉丰湖区域属于丘陵河谷低山地貌区，河漫滩及岸坡沿湖岸呈带状分布。河床两侧河谷宽缓，河漫滩发育良好，局部有基岩出露，地形上总体的起伏较小，河谷高程一般为 161.30～162.36 m，宽度为 30～300 m，河岸高程一般为 163.99～185.28 m，相对高程为 5～20 m，岸坡多为基岩质陡坡，河岸横向沟谷发育。流域内地貌类型主要有溶蚀型、侵蚀型、剥蚀型和堆积型等。南部北部的地貌区分为两个大类，北部地貌为大己山盆周构造的溶蚀中山地貌形态，南部为川东盆地侵蚀构造的平行岭谷低山丘陵地貌。

（4）气候气象。汉丰湖地处中纬度区域，属亚热带湿润季风气候区，四季分明，雨量充沛，具有"冬短夏长、冬暖春早"的气候特点。开州区气温总体表现为自北向南逐渐递增，夏季开州区县城内平坝地区平均气温 40 ℃，北部高山则处于 20 ℃左右，多年平均气温为 10.8～18.6 ℃，无霜期约 108～300 d，霜期一般为 10～20 d。常年主导风向为西北风和东北风，其次为西风、西南风。多年平均降水量 1 200 mm，降水较集中，5～9 月降水量约占全年降水量的 75%，冬季降水量较少。

2. 大宁河

（1）地理位置。大宁河位于重庆市东北部巫溪、巫山两县境内（图 1.3），地处北纬

30°14′~31°44′，东经 108°44′~109°59′，系长江上游下段左岸一级支流（属三峡库区支流），河流起源于大己山南麓的巫溪县境内，由北向南，于巫山县城注入长江，大宁河全流域河谷深切，属于典型深切割地形，河底坡降大，自然落差达 1 540 m。

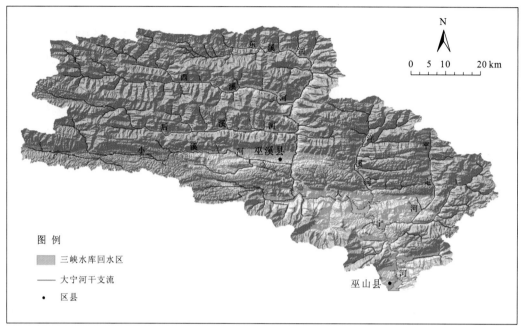

图 1.3　大宁河水系图

（2）水文水系。大宁河流域面积 4 200 km²，在三峡库区境内长度 142.7 km，河口距离三峡大坝约 123 km，大宁河主源有两支，一支为龙潭河，源头在巫溪县高楼乡，河长约 39.6 km，控制流域面积 292 km²；一支为汤家坝河，源头为巫溪县和平乡小龙洞，河长约 31.1 km，控制流域面积 194 km²。两源东流至中梁乡龙头嘴汇合后称西溪河，再东流至两河口，与东溪河汇合始称大宁河，转而向南流至宁厂镇纳后溪河、至巫溪县下首纳柏杨河，经龙溪、大昌等地至巫山县城注入长江。河流基本属峡谷型河道，河弯多，坡降大，坡降在 10‰以上。主要支流包括西溪河、东溪河、后溪河、柏杨河、长溪河、福田河、红岩河、平定河。

（3）气候气象。大宁河流域处于亚热带季风气候区，多年平均降水量 1 000 mm，降水主要集中在 4~10 月，因此大宁河上游的洪水也主要集中在此期间。三峡水库蓄水后，受回水影响河口巫山县城—水口段（巫山县境内）形成完全静水水域；而龙溪（距河口约 50 km）上江段仍保持原有急流生境状况，该段河道弯曲，滩多流急，河床主要由砂砾卵石组成。

（4）地质地貌。流域位于大巴山西南坡，下游东侧为巫山山脉。多呈高中山峡谷地貌，地势高峻，山峰起伏，干支流除少数河段河谷较宽，下游有少量沿河平坝外，大部分为狭窄的峡谷，河谷深切，临河山岭相对高差一般在 1 000 m 以上。地势由北向南倾斜，西部高于东部。在中段西面，由北向南为各条呈东—西走向的平行山脉。各支流相间于山之间，山岭顶部一般有侵蚀平坝。流域内多为石灰岩构造山脊，大都有风化侵蚀的漏斗状溶洞，山坡、山腰随处可见地下水露头，雨洪季节飞瀑奔流，枯水期潜入地下。

（5）自然资源。大宁河流域水资源总量 42.9 亿 m³。水力资源理论蕴藏量 56.5 万 kW，技术可开发量 42.3 万 kW，经济可开发量 37.0 万 kW。流域上段中低山亚热带常绿阔叶林区有国家一级保护植物珙桐（*Davidia involucrata*）、红豆杉（*Taxus chinensis*）等多种珍稀树种，盛产党参（*Codonopsis pilosula*）等中药材。水生动物主要有斑鳜（*Siniperca scherzeri*）、鲇（*Silurus asotus*）、黄颡鱼（*Pelteobagrus fulvidraco*）、瓦氏黄颡鱼（*Pelteobagrus vachellii*）、中华倒刺鲃（*Spinibarbus sinensis*）、鲤、泉水鱼（*Pseudogyrincheilus procheilus*）、青鱼、南方马口鱼（*Opsariichthys uncirostris bidens*）、鲫、泥鳅（*Misgurnus anguillicaudatus*）、黄鳝（*Monopterus albus*）、花𫚒（*Hemibarbus maculatus*）、乌鳢（*Channa argus*）等。

3. 磨刀溪

（1）地理位置。磨刀溪流域地处重庆市东部和湖北省西南部接壤地区，地跨重庆市石柱土家族自治县、万州区、云阳县和湖北省利川市。东南以七曜山与清江流域分水，西南以武陵山与龙河相邻，西北以方斗山与长江相隔，北邻长江干流。磨刀溪正源发源于石柱土家族自治县武陵山北麓的杉树坪，向北流经湖北省利川市建南、柏洋渡，于五桥管委会走马镇石板滩处入境，再经大滩口、鱼背山、赶场、长滩后，于向家咀出境至云阳县新津口注入长江（图 1.4）。

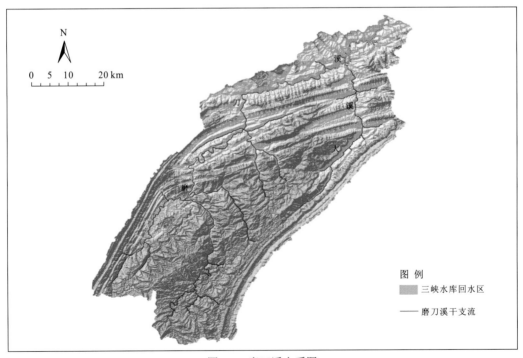

图 1.4　磨刀溪水系图

（2）水文水系。磨刀溪流域面积 3 197 km²，在三峡库区境内长度 170 km，多年平均流量 60.3 m³/s，河口距离三峡大坝约 218.8 km。磨刀溪在万州区石板滩以上分为东支建南河、西支官渡河，东支为干流。磨刀溪自河源至万州区石板滩为上游，又称油桥河。石板滩至万州区赶场为中游，又称驷步河。赶场以下为下游，始称磨刀溪。有流域面积大于 200 km² 的支流 4 条（左岸官渡河，右岸罗田河、龙驹河、泥溪河）。

（3）气候气象。磨刀溪流域位于清江暴雨区西北缘，属亚热带湿润季风气候区，受东南和西南季风的交替影响，具有气候温和、四季分明、雨量较丰、冬暖春早、夏热多雨、伏旱频繁、秋多绵雨的气候特征。根据流域内外气象（雨量）站网资料，流域多年平均降水量为 1 100~1 300 mm，年内分配不均，年际变化较大。暴雨中心多出现在石板滩以上地区，一次较大暴雨覆盖全流域，雨强大，持续时间长，最大日暴雨量可达 300 mm。流域多年平均气温 17.9℃，极端最高气温 42.1℃，极端最低气温-3.7℃；多年平均年蒸发量 994.5 mm（20 mm 蒸发皿观测值），多年平均风速 0.5 m/s，最大风速可达 33.3 m/s，多年平均相对湿度 82%；多年平均日照时数 1 293.5 h，无霜期 325 d 以上。

（4）地质地貌。磨刀溪流域内出露地层基岩有三叠系至侏罗系，主要为侏罗系沙溪庙组紫红色泥岩、泥质粉砂岩与灰白色长石石英砂岩互层，为一套内陆河湖相沉积建造，方斗山、七曜山背斜核部有二叠系、三叠系碳酸盐岩地层出露。第四系分布除河流冲积之砂卵石层外，两岸坡均发育崩坡积、残积、崩滑堆积和洪积层，厚度一般小于 10 m，成分比较单一。

（5）自然资源。磨刀溪流域水资源总量 17.6 亿 m³。水力资源理论蕴藏量 27.6 万 kW，技术可开发量 20.4 万 kW。森林主要分布在上游中低山区，有红豆杉、黄杉（*Pseudotsuga sinensis*）和水杉（*Metasequoia glyptostroboides*）等濒危珍稀树种。中药材主要有黄连（*Coptis chinensis*）、天麻（*Gastrodia elata*）和杜仲（*Eucommia ulmoides*）。矿产主要有天然气、煤、铁和岩盐，其中岩盐矿已探明储量 18 亿 t。

1.1.3　消落区

1. 消落区形成及出露特点

三峡水库消落区的形成及出露特点主要由三峡水库的调度运行所控制。三峡工程的调度运行方案为"蓄清排浑"，即在保证发电、航运的条件下，在长江高输沙量的汛期低水位运行，在输沙量和径流量小的枯水期蓄水，以尽量减少泥沙在库内的淤积。根据该调度运行方案，库水位变化、消落区形成与出露特点变化过程可分为 5 个时期。

（1）6~8 月为低水位运行期。为了夏季防洪，水位保持在最低水位 145 m 运行，消落区出露面积最大。尽管汛期高程 145~160 m 的消落区常被洪水较迅速地短期淹没，但仍有约 110~120 d 的出露时间。

（2）9~10 月为水位迅速上升期。每年 9 月上旬水库开始蓄水，水位迅速上升。约

30～45 d 内，库水位由 145 m 迅速上升到 175 m，消落区迅速被淹没。

（3）11～12 月为高水位运行期。库水位稳定保持在 175 m，是库水位最高时期。此期，消落区将全部被淹没，处于水域环境。

（4）1～4 月为水位缓慢下降期。每年 1～4 月是枯水期，在入库径流锐减和发电用水的大量消耗下，库水位缓慢下降。至 2 月中旬，库水位下降至 165 m，但因电网调峰和航运需要尽量维持较高水位，4 月底前库水位不低于 155 m，此期间坝前高程 155 m 回水以上的消落区将逐渐出露。

（5）4 月末～5 月末为水位进一步下降期。为了腾空防洪库容，库水位由 155 m 进一步降至 145 m。此期末消落区将全部出露，处于陆域环境。

2. 消落区面积、岸线长度及其分布特点

以三峡库区 1∶2 000 数字地形为主要信息源，以汛期多年日平均流量的80%流量（参考"三峡初步设计阶段干流各断面土地征用线和分期移民迁移线水位表"）在坝前 145 m 高程时回水线为下限，坝前 175 m 高程土地征用线为上限，测算三峡水库消落区总面积为 302.0 km²。其中，按行政区域分，重庆市消落区面积为 268.5 km²（88.9%），湖北省消落区面积为 33.5 km²（11.1%）；按区县划分，开州区、云阳县、忠县、涪陵区和万州区的消落区面积较大，分别为 36.7 km²（12.2%）、35.4 km²（11.7%）、34.7 km²（11.5%）、32.1 km²（10.6%）和 29.4 km²（9.7%）（图 1.5）；按城集镇、农村划分，城集镇消落区总面积为 87.2 km²（28.9%），农村消落区总面积为 214.8 km²（71.1%），其中开州区和万州区的城集镇消落区面积较大，云阳县、涪陵区、忠县和开州区的农村消落区面积较大；按坡度划分，缓坡区（0°～15°）、中缓坡区（15°～25°）和陡坡区（25°～75°）的消落区面积分别为 161.0 km²（53.3%）、65.6 km²（21.7%）和 75.4 m²（25.0%）（图 1.6）；按干支流划分，干流、支流消落区面积分别为 145.0 km²（48.0%）、157.0 km²（52.0%），支流中小江消落区面积最大，达 48.0 km²，占消落区总面积的 15.9%。

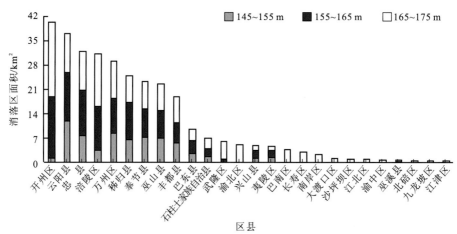

图 1.5　按高程划分的消落区空间分布特征

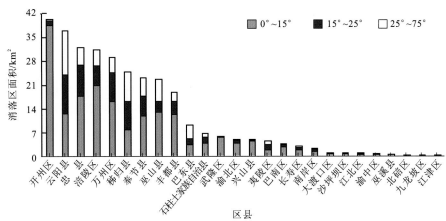

图 1.6 按坡度划分的消落区空间分布特征

采用坝前 175 m 高程土地征用线测算消落区岸线总周长为 5 711.0 km，其中重庆市库区岸线总长度为 4 811.7 km（84.3%），湖北省库区岸线总长度为 899.3 km（15.7%）；城集镇消落区岸线总长度为 1 529.6 km（26.8%），农村消落区岸线总长度为 4 181.4 km（73.2%）；干流、支流消落区岸线总长度分别为 2 758.1 km（48.3%）、2 952.9 km（51.7%）（图 1.7 和图 1.8）。

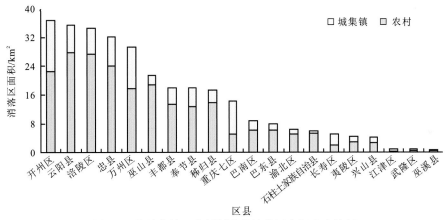

图 1.7 按城集镇及农村划分的消落区空间分布特征

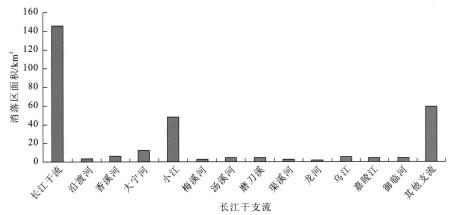

图 1.8 长江干支流消落区面积分布特征

1.2　三峡水库调度运行方式

根据《三峡（正常运行期）—葛洲坝水利枢纽梯级调度规程》（2019年修订版），三峡水利枢纽调度原则为兴利调度服从防洪调度，发电调度与航运调度相互协调并服从水资源调度，协调兴利调度与水环境、水生态保护、水库长期利用的关系，提高三峡水利枢纽的综合效益。

1.2.1　调度控制水位与流量

1. 特征水位

三峡水利枢纽正常蓄水位 175.0 m，防洪限制水位 145.0 m，枯水期消落低水位155.0 m，特征水位见表 1.3。

表 1.3　三峡水利枢纽特征水位

名称	正常运行期	
	水位/m	库容/亿 m³
校核洪水位	180.4	450.44
设计洪水位	175.0	393.00
正常蓄水位	175.0	393.00
防洪限制水位	145.0	171.50
枯水期消落低水位	155.0	228.00

2. 泄流能力

三峡水利枢纽泄洪设施由 23 个深孔、2 个泄洪排漂孔、22 个表孔、8 个排沙底孔及电站机组组成，全部泄洪建筑物均有闸门控制，三峡电站发电水头和流量见表 1.4。

表 1.4　三峡电站发电水头和流量

电站		额定水头/m	单机额定流量/(m³/s)	机型
坝后电站	左岸 14 台	80.6	995.6	VGS
			991.8	ALSTOM
		85.0	928.5	东方电机
	右岸 12 台	80.6	1 000.0	ALSTOM
		85.0	928.5	哈尔滨电机

电站	额定水头/m	单机额定流量/（m³/s）	机型
	85.0	928.5	东方电机
地下电站 6 台	80.6	1 000.0	ALSTOM
	85.0	928.5	哈尔滨电机
电源电站 2 台	85.0	66.81	哈尔滨电机

3. 汛期水位与流量

汛期水位按防洪限制水位 145.0 m 控制运行，实时调度中库水位可在防洪限制水位以下 0.1 m 至以上 1.0 m 范围内变动。在保证防洪安全的前提下，为提高机组效率和保障电网运行安全，有效利用洪水资源，6 月中旬～8 月中旬，当三峡水库入库流量小于 30 000 m³/s 时：在满足沙市站、城陵矶站水位分别在 41.0 m、30.5 m 以下时，库水位可在 148.0 m 以下浮动运行；在满足沙市站、城陵矶站水位分别在 38.7 m、28.1 m 以下时，库水位可进一步在 150 m 以下浮动运行。

4. 蓄水期水位与流量

三峡水利枢纽开始兴利蓄水的时间不早于 9 月 10 日。在沙市站、城陵矶站水位均低于警戒水位（分别为 43.0 m、32.5 m），且预报短期内不会超过警戒水位的情况下，方可实施蓄水方案。9 月 10 日，三峡水利枢纽库水位一般按不超过 158.0 m 控制。一般情况下，9 月底控制水位 162.0 m，视来水情况可调整至 165.0 m，10 月底可蓄至 175.0 m。

在蓄水期间，当预报短期内沙市站、城陵矶站水位将达到警戒水位，或三峡入库流量达到 35 000 m³/s 并预报可能继续增加时，水库暂缓兴利蓄水，按防洪要求进行调度。

5. 消落期水位与流量

三峡水库蓄水到 175.0 m 后至年底，应尽可能维持高水位运行，实时调度中，考虑周调节和日调峰需要，在 175.0 m 以下留有适当的变幅。

1～5 月，三峡水库水位在综合考虑航运、发电和水资源、水生态需求的条件下逐步消落。一般情况下，4 月末库水位不低于枯水期消落低水位 155.0 m，5 月 25 日不高于 155.0 m。如遇特枯水年份，实施水资源应急调度时，可不受以上水位、流量限制。

枯水期，考虑地质灾害治理工程安全及库岸稳定对库水位下降速率的要求，三峡水库库水位日下降幅度一般按 0.6 m 控制，5 月 25 日以后可适当放宽至 1.0 m。

1.2.2　防洪调度

三峡工程主要以控制沙市站水位为标准对荆江河段进行防洪补偿调度，根据下游防洪需要和工程条件，对于发生的洪水过程，按照不同的目标和适用范围采用不同的防洪调度方式，逐级进行防洪调度。并在一定的库容范围内适当兼顾对城陵矶地区进行减灾防洪调度。

1. 对荆江河段进行防洪补偿的调度方式

汛期在下游可安全行洪、不需要三峡水库拦蓄洪水的情况下，水库原则上维持防洪限制水位运行，库水位可在允许的变动范围内变化；在预报将发生较大洪水时，应尽快降至防洪限制水位，使水库具备充足的防洪库容以满足防洪需要。

三峡坝址到荆江防洪控制点沙市站间，主要有清江及沮漳河等支流入汇，这些支流有时也会产生较大的洪水。为了防洪安全，三峡水库与这一区间洪水进行防洪补偿调度。沙市站保证水位 45.0 m 为规划的防御水位，一般作为防洪控制水位的最高限度。从发挥三峡水库对一般洪水的调蓄削峰作用及荆江防洪的重要性考虑，运用水库防洪库容调度时，按沙市站水位 44.5 m 控制水库下泄流量。此种方式的运用范围一般为重现期 100 年一遇以下的洪水，三峡水库蓄洪水位按不超过 171.0 m 控制。

当三峡水库水位达 171.0 m 后，为抗御可能发生的超 100 年一遇洪水，此时有必要发挥下游堤防应有的防洪能力，以发挥防洪体系的整体作用。三峡水库水位在 171.0～175.0 m 时，按沙市站水位不高于 45.0 m 控制，同时配合采取分蓄洪措施控制补偿枝城站流量不超过 80 000 m^3/s（荆江河段在堤防和分洪区配合运用下可抵御枝城站 80 000 m^3/s 流量）。

正常运行期一般不会出现相应库水位的枢纽总泄流能力小于确定的控制泄量的情况。但如有些设施不能正常投入，则在开始蓄洪的低水位段，相应的枢纽总泄流能力可能会出现低于需要泄放流量的情况，此时按实际具备的泄流能力泄放流量。

2. 兼顾对城陵矶地区进行防洪补偿的调度方式

该调度方式是在保证荆江河段在遇 1 000 年一遇或类似 1870 年特大洪水时防洪安全前提下，尽可能提高三峡水库对一般洪水的防洪作用的调度方式。

宜昌至城陵矶区间洪水主要来自洞庭湖四水（即湘江、沅江、资水、澧水），这些河流的下游控制站到城陵矶的洪水传播时间约 1 d,而三峡泄水到城陵矶的传播时间约为 2 d，因而三峡工程在进行补偿调节时要考虑洞庭四水控制站及区间其他控制站 1 日流量预报，然后用各控制站当日及预报的次日流量，推算出整个宜昌至城陵矶区间第 2 天和第 3 天的流量（考虑洞庭湖调蓄），通过水库调控进行防洪补偿调度。水库当日下泄量取当日荆江河段防洪补偿的允许水库泄量和第 3 天城陵矶地区防洪补偿的允许水库泄量二者中的较小值(由于洪水特性的关系，一般按城陵矶防洪补偿可自然满足荆江防洪要求)。

当三峡水库蓄洪达 158.0 m 水位后，兼顾对城陵矶河段防洪调度的防洪库容已用完，转为对荆江河段防洪补偿调度方式。

3. 保枢纽安全的防洪调度方式

当三峡水库蓄洪达到 175.0 m 水位后，如上游来水仍然很大，按控制补偿枝城站流量不超过 80 000 m³/s 调度下库水位仍将继续上涨，则按洪水将会超过大坝设计标准（1 000 年一遇洪水）情况，转按保枢纽安全的防洪调度方式运用。在三峡水库蓄洪超过 175.0 m 水位后，三峡水利枢纽原则上按具备的全部泄流能力泄洪，但应控制泄量不大于本次洪水已出现的最大来量，以免人为增大洪灾。

由于长江会发生连续多峰的洪水过程，水库因拦蓄洪水水位上升后，在一次洪水的退水过程中，为保证工程安全和抗御后续洪峰，应使库水位尽快回落至防洪限制水位。

4. 中小洪水调度

三峡水库调度中所涉及的中小洪水，一般指短期预报三峡来水流量即将超过 30 000 m³/s，同时根据预报分析，未来 72 h 内三峡入库洪峰流量 55 000 m³/s 左右或出现超过 56 700 m³/s，但退水流量小于 55 000 m³/s 且 72 h 内处于退势的情况。从量级上来看，一般为 20 年一遇以下的洪水类型，且考虑对荆江河段防洪调度时控制下泄流量与坝下游至枝江区间流量之和小于 56 700 m³/s，中小洪水范围一般可界定为三峡入库洪峰流量 30 000～55 000 m³/s。

根据防洪风险分析，在考虑上游溪洛渡、向家坝水库联合调度下，从 158.0 m 起调，控制枝城站下泄流量为 56 700 m³/s，遇 100 年一遇洪水可保证荆江不分洪，最高调洪水位不超 171.0 m，遇 1 000 年一遇洪水，三峡水库最高调洪水位不超过 175.0 m，库区回水淹没可控制不超移民线，上下游总体防洪风险可控。现阶段，留有一定安全裕度，对中小洪水调度可利用的库容，主要是按 155.0 m 水位以下约 56.5 亿 m³ 库容考虑。随着上游乌东德、白鹤滩等具有较大防洪库容的水库投运，三峡水库实施中小洪水调度的可用库容进一步优化调整。

1.2.3　发电调度

三峡水库有 165 亿 m³ 调节库容，电站装机容量达到 22.500 MW，在电力系统中的地位和作用极为显著。发电调度的任务是在保证防洪运用、航运安全等综合要求前提下，合理利用调节库容调配水量，满足电力用户需求，合理承担电力系统调峰、调频等任务，充分利用来水多发电量。

（1）6 月 10 日库水位须降至防洪限制水位。

（2）6 月 10 日～9 月 10 日库水位可在防洪限制水位 145.0 m 上下一定范围内浮动，未经防汛主管部门同意，库水位不得超过允许浮动的上限值。

（3）9 月 10 日～11 月为蓄水期，根据航运及排沙要求，蓄水不宜过快，并根据发电出力较均匀及发电量较大的原则，设置了若干加大出力区，分别为 5 500 MW 区、6 000 MW 区、8 000 MW 区及预想出力区。在实时调度中可根据水情测报作适当调整。

（4）12 月库水位一般维持在高水位运行，应注意不要造成弃水。

（5）一般情况下，水库在 1 月开始补偿放水，1 月至 5 月 25 日期间，应尽量使发电电量变化较缓、避免库水位下降过于集中。5 月 25 日库水位控制不高于枯水期的消落低水位 155.0 m。

（6）库水位处于保证出力区时，电站平均出力应接近保证出力。

（7）库水位处于降低出力区时，电站平均出力应降至保证出力的 90%。

1.2.4 航运调度

航运调度的主要任务是在保证工程安全的前提下，保障过坝船舶（队）能安全、便捷、有序通过枢纽所在的通航水域，发挥三峡工程的航运效益。同时航运调度需统筹兼顾三峡、葛洲坝水利枢纽及上下游的航运要求，以利长江干流的航道贯通。

（1）上游通航水位：三峡水利枢纽上游最低通航水位为汛限水位 145.0 m，考虑水库实时调度需要，上游最低通航水位可在 145.0 m 基础上向下波动 0.1 m。

（2）下游通航水位：下游最高通航水位为三峡水库下泄流量 56 700 m^3/s 时的三峡工程下游相应水位，该水位为 73.8 m（葛洲坝上游运行水位 66.0 m）；下游最低通航水位为三峡工程初步设计确定的 62.0 m。三峡工程下游水位受制于葛洲坝库水位，鉴于葛洲坝船闸底槛高程可满足最低库水位 62.0 m 运行要求，考虑为三峡电站日调节留有余地，三峡船闸按下游最低通航水位 62.0 m 设计，但一般运行条件下，下游通航水位不低于 63.0 m。

1.2.5 水资源调度

水资源调度任务为利用三峡水库的调节能力，合理调配水资源，努力保障水库上下游饮水安全，改善下游地区枯水期的供水条件，维系优良生态。

（1）9 月蓄水期间，当水库来水流量大于等于 10 000 m^3/s 时，按不小于 10 000 m^3/s 下泄；当来水流量大于等于 8 000 m^3/s 但小于 10 000 m^3/s 时，按来水流量下泄，水库暂停蓄水；当来水流量小于 8 000 m^3/s 时，若水库已蓄水，可根据来水情况适当补水至 8 000 m^3/s 下泄。

（2）10 月蓄水期间，一般情况下水库下泄流量按不小于 8 000 m^3/s 控制，当水库来水流量小于 8 000 m^3/s 时，可按来水流量下泄。11 月和 12 月，水库最小下泄流量按葛洲坝下游庙嘴水位不低于 39.0 m 且三峡电站发电出力不小于保证出力对应的流量控制。

（3）蓄满年份，1~2 月水库下泄流量按 6 000 m^3/s 控制，3~5 月的最小下泄流量应满足葛洲坝下游庙嘴水位不低于 39.0 m。未蓄满年份，根据水库蓄水和来水情况合理调配下泄流量。如遇枯水年份，实施水资源应急调度时，可不受以上流量限制，库水位也可降至 155.0 m 以下进行补偿调度。

（4）5 月上旬~6 月底，四大家鱼（青鱼、草鱼、鲢、鳙）集中产卵期，在防洪形势和水雨情条件许可的情况下，可有针对性地实施有利于鱼类繁殖的蓄泄调度，为四大家鱼的繁殖创造适宜的水流条件。

1.3　三峡水库生态保护研究进展

1.3.1　水质

三峡水库水质演变趋势及富营养化问题是水库蓄水以来一直面临的生态环境问题，国内如重庆大学、三峡大学、西南大学等高校在三峡水库水环境研究方面较为活跃，主要的研究关键词为支流、水环境、富营养化、水质、水动力、水华等。近 20 年来，三峡库区干流水质总体保持在 II～III 类水平，主要超标项目为总磷（total phosphorus，TP）和高锰酸盐指数（chemical oxygen demand，COD_{Mn}），上游 TP、COD_{Mn} 超标现象大于下游；2008～2019 年库区干支流水质状况整体处于向好趋势，支流水质状况整体劣于干流（龙良红 等，2023；张漫 等，2022；王顺天 等，2020）。早期普遍认为支流沿岸城市点源污染和农业面源污染是汇入支流库湾的主要污染物，在干流回水顶托作用下，不断富集形成富营养化（Ye et al.，2009）。王丽婧等（2020）总结了三峡水库干支流营养盐的输移补给过程，发现三峡水库干流营养盐主要来源于上游三江（长江、嘉陵江、乌江）来水（贡献率为 80%～90%），支流回水区营养盐主要来源于干流倒灌（贡献率为 84%～95%），并基于此提出了三峡水库干支流水质的"同步效应"。三峡库区支流小江多年的水质监测结果显示，干流倒灌对支流库湾营养盐空间分布规律影响显著。

1.3.2　浮游植物和水华

水库蓄水改变了该水域的水文情势，导致流速减缓，横向扩散速率显著降低，使得三峡支流回水区与库湾水体富营养化态势日益严峻，对水生态环境造成影响。水体富营养加剧为藻类生长繁衍提供了物质基础，增加了藻类暴发性增殖的可能性。针对三峡水库浮游植物群落结构和影响因素及支流水华暴发问题已经开展了大量的研究。浮游植物的群落结构特征与环境因子的关系紧密，其时空变化易受光照强度、水温（water temperature，WT）、营养盐等多种环境因素地理梯度差异及季节性或月度变动的影响。田楚铭等（2024）对三峡水库干支流浮游植物监测的结果表明，三峡水库浮游植物群落类型为绿藻（Chlorophyta）-硅藻（Bacillariophyta）-蓝藻（Cyanophyta）型，密度上具有时空异质性，浮游植物生物量与 WT、总氮（total nitrogen，TN）、电导率（conductivity，Cond）、氨氮（ammonia nitrogen，NH_3-N）、硝氮（nitrate nitrogen，NO_3^--N）、溶解氧（dissolved oxygen，DO）呈极显著正相关，与 COD_{Mn}、pH 呈显著正相关。叶绿素 a（Chlorophyll a，Chl-a）浓度可反映浮游植物生物量的高低，有学者对三峡水库 Chl-a 与环境因子的关系开展了相关研究，张琪等（2015）确认了香溪河 Chl-a 浓度夏季最大，0.5 m 水深处最高，且受 WT、光照强度、营养盐等因素的影响；王耀耀等（2020）在神农溪的研究表明，与 Chl-a 浓度相关的环境因子有 WT，溶解态氮、磷等，且藻类持续增殖会受到磷的限制，磷是水体中重要的营养元素，分为颗粒态磷和溶解态磷，当磷浓度超过 0.02 mg/L 时，Chl-a 浓度会显著增大；小江流域 Chl-a 长序列监测显示（唐海滨 等，2023），影响小江 Chl-a 环境因子主要为溶解态氮、磷，COD_{Mn}，DO 和透明度（secchi disc，SD），小江水华期表层水 Chl-a 浓度春、夏季最高，与 NO_3^--N 和可溶性磷酸盐（dissolved phosphate，PO_4^{3-}-P）呈显著负相关；王丽平等（2012）针对大宁河两次水华暴发期间的 Chl-a 浓度和理化因子的关系展开研究，结果表明 Chl-a 浓度与流速、流量、pH、DO 等有显著相关关系。整体来看三峡水库浮游植物密度与 WT、营养盐、COD_{Mn}、流速、DO 等因子相关性显著，营养盐对浮游植物的生长至关重要，水动力条件导致的营养积聚是藻类生物量的重要物质基础。随着三峡库区水体富营养化的加剧，支流藻类水华逐渐成为影响该水域用水安全的另一个严重生态环境问题。前期，许多学者也分别就三峡水库的水华特点、演替趋势、形成机制及其衍生的生态环境影响和防控策略开展了大量相关研究（胡莲 等，2024；姚金忠 等，2022；杨正健 等，2017；刘德富 等，2016；张佳磊 等，2012），发现三峡水库蓄水前后营养盐浓度、光照强度及 WT 变化不大，普遍认为蓄水导致的水动力改变才是诱发支流库湾水华的主要原因，三峡水库支流库湾水体分层状态与藻类水华生消过程非常密切。本书针对小江水华的长期监测发现，三峡库区水位的日变幅与水华期不同水层中浮游植物的平均密度呈明显的指数函数关系，两者显著相关。

1.3.3 鱼类

三峡水库蓄水运行对鱼类的影响一直以来受到人们的持续关注。从 1984 年开始，受中华人民共和国国家科学技术委员会（1998 年改名为中华人民共和国科学技术部）委托，中国科学院组织了众多科研院所和大专院校开展了三峡水利枢纽生态影响及对策的研究；"七五"期间，又组织了生态环境保护科技攻关研究。这些研究工作中涵盖三峡水库蓄水后对河口、中游、库区及库区上游以上各区域水生生物（特别是保护珍稀特有资源）的影响分析及预测。1991 年 12 月原中国科学院环境影响评价部和长江水资源保护科学研究所共同编制完成《长江三峡水利枢纽环境影响报告书》，其中对库区渔业，珍稀、濒危水生动物，四大家鱼繁殖等进行了重点分析与预测，指出这些生物可能受影响的形式、范围及程度。

国内学者开展了一系列水库蓄水运行对鱼类资源影响的调查研究。吴强等（2007）在 2005～2006 年的调查发现，三峡水库蓄水后，随着库区水位的不断升高，库区内的流水水域不断转变为静水水域，原来生活于这些水域的流水性鱼类不得不向上游或支流迁移，从而引起鱼类分布范围的变化；对于静水性鱼类，随着库区蓄水的逐步进行，水库倒灌影响范围逐渐扩大，部分鱼类如鲌类、鲢、鳙、黄颡鱼类等适宜生存的水域范围也逐步扩大，这些鱼类在库区渔获物中所占的质量百分比也逐渐扩大。段辛斌（2008）的调查显示，三峡水库蓄水后，在万州江段共监测到 5 目 26 科 63 属 90 种鱼类。经与蓄水前数据比较发现，库区万州江段鱼类的栖息生境发生了明显变化，导致该江段的渔获物结构也相应发生了变化，如食浮游植物、适应性强、生长快的鲢已成为该江段最重要的渔业对象；同时，适应流水环境的长江上游特有种类的种群数量明显减少，但鲤和鲇等适应静缓流生境的底层鱼类逐渐成为库区主要渔获对象。杨志等（2012）在 2010 年 11～12 月对库区干流江津、涪陵、云阳、巫山、秭归及支流巫溪、北碚江段的调查也得出类似的结果。张伟等（2023）在库区干支流的进一步调查显示，库区各江段的鱼类以广适性和静水性鱼类为主，部分外来鱼类已成为许多江段的优势类群，鱼类群落的演变仍在进行中。

围绕库区江段的早期资源也开展了一系列的调查研究，但这些研究主要集中在三峡库区万州以上江段，尤其是在三峡库区的变动回水区江段。在涪陵以上江段，分布有四大家鱼和铜鱼（*Coreius heterodon*）产卵场，也分布有长鳍吻鮈（*Rhinogobio ventralis*）、圆筒吻鮈（*Rhinogobio cylindricus*）、长薄鳅（*Leptobotia elongata*）等长江上游特有鱼类及翘嘴鲌（*Culter alburnus*）、蒙古鲌（*Culter mongolicus*）等重要种质资源鱼类的产卵场。三峡水库与长江上游保护区江段组成河库复合生态系统，在仔稚鱼栖息、散布、觅食、庇护及亲鱼产卵繁殖方面均起到了重要的作用。

1.3.4　食物网

食物网中各物种之间具有复杂的捕食和被捕食关系，种间营养关系是食物网中最重要的联系，也是了解生态系统能流规律的基础，是实现生态系统最优管理、生态修复等目标的基础和前提（王少鹏，2020；Palmer and Ruhi，2019）。稳定同位素分析根据消费者稳定同位素比值与其食物相应同位素比值相近的原则来判断此生物的食物来源，可较准确地测定食物网结构和生物营养级，为进一步构建食物网模型开展食物网功能分析和营养动态模拟提供基础。生态通道模型（ecopath model）是目前在国内外应用最为广泛的食物网模型，在验证生态系统的恢复力、稳定性及其转变等理论中有着良好的应用前景（Heymans et al.，2016；米玮洁 等，2012）。三峡水库蓄水后，水文情势的变化改变了水生生境格局，对鱼类群落组成、摄食特征和营养结构产生影响，进一步促进了干支流水生食物网演替。开展三峡水库食物网结构和功能研究是了解三峡水库生态系统演替的基础途径，能为三峡水库生态系统的管理提供理论支撑。

近年来，水利部中国科学院水工程生态研究所、中国科学院水生生物研究所、中国水产科学研究院长江水产研究所、西南大学等多个科研院所及高校对三峡水库成库初期水生食物网开展了研究。研究表明，基线生物的选择和重复采样、陆源营养物质的输入、鱼类生活史不同阶段的营养选择差异等多个因素，均会对三峡水库食物网营养层级评估有一定的影响（史方 等，2016；邓华堂 等，2015）。稳定同位素分析表明，外源性营养物质输入是三峡库区干支流食物网基础能量来源的重要补充途径（李斌 等，2013a；李斌，2012）。三峡库区干流鱼类营养级的时空差异均不显著，越靠近大坝的江段食物链长度的季节性波动幅度越大。和水库蓄水运行初期相比，库区干流鱼类营养级显著升高，高营养级鱼类的群落结构和营养特征发生了一定程度的改变，特别是拥有较高营养级的物种在库区干流逐渐扩张并成为优势种（何春 等，2022；何春，2021）。坝前干流水域食物链长度比香溪河支流水域食物链长度更长，坝前干流水域食物网结构较香溪河更稳定，坝前干流不同鱼类的种间竞争较支流水域更激烈，坝前干支流均存在中间生态位较拥挤的情况（周正 等，2020）。基于生态通道模型的研究表明，三峡水库干支流食物网仍处于早期不成熟的发展阶段，生态位重叠程度较高，各营养级能量转化效率较低（邓华堂，2015）。

1.3.5　消落区

水库消落区又称为消落带、消涨带、涨落区等，是水库运行水位周期性涨落形成的水陆交错带，呈交替淹没和出露特点，具有水源涵养、固碳释氧、保育生物多样性、美化景观等多种生态服务功能（Duró et al.，2020；冯晶红 等，2020；傅伯杰 等，2017；吕明权 等，2015），是拦截坡面汇入泥沙与消纳面源污染物的最后一道屏障（Tang et al.，2014）。三峡工程于 2003 年 6 月蓄水至 135 m，2006 年 10 月蓄水至 156 m，2008 年 9 月开始实施正常蓄水位 175 m 试验性蓄水，2020 年 11 月完成三峡工程整体竣工验收全部程序。随着三峡水库消落区的逐步形成，国家有关部门及地方政府高度重视消落区的生态环境问题，众多高校和科研院所陆续开展了消落带土壤环境、植被特征调查及其演变趋势分析等工作。

已有研究表明，消落区土壤受长期淹水、浪涌冲刷、降水侵蚀及落淤等因素的影响，其理化性质在空间和时间分布上具有较高的异质性（郑晓岚 等，2022；肖海 等，2019；郑志伟 等，2011）。近十年内，三峡水库消落区土壤 TN 呈现随高程增加先升后降趋势，变化拐点位于高程 155～160 m，土壤 TP 随高程增加逐渐降低；TN 整体呈现逐年降低的趋势，但 TP 变化趋势较为平稳；土壤 pH 升高（常超 等，2011；程瑞梅 等，2009）。消落区植物群落的组成、分布格局及演变趋势由植物内在的适应机制和外部环境共同决定。植物内在的适应机制，包括植物本身的冬季耐淹水能力、夏季抗旱能力，以及繁殖对策和种源扩散对策等，是影响植物群落分布的主因（张志永 等，2020；李彦杰 等，2018；李斯琪 等，2017；李昌晓 等，2005）。水库运行特征、气象因子和土壤理化特征是影响消落区植物生存生长的主要外部环境因素（张志永 等，2023；叶琛 等，2022；童笑笑 等，2018）。研究表明：三峡水库蓄水运行后，消落区经历了数次淹没，存活的乔灌木种类极少，植物群落以草本植物为主（王业春 等，2012）。随着周期性淹没次数的增加（2009～2021 年），三峡水库消落区高程 145～155 m 和 165～175 m 区域植物群落多样性呈波动下降趋势，优势植物狗牙根（*Cynodon dactylon*）和香附子（*Cyperus rotundus*）的重要值呈增加趋势。随着周期性淹没次数的增加和人为活动的干扰，消落区实际的出露-淹没规律又具有一定的不确定性（受水库调度运行、来水及调水等多种因素的影响），消落区植物群落特征具有较大的不稳定性和可塑性，群落多样性是否发生了显著变化，优势植物及其重要值的变化趋势如何等问题尚需深入研究。

第 2 章

典型支流水环境演变
及水华特征

2.1　小江水环境演变及影响分析

三峡水库成库后，库区水域水文特征发生了较大改变，干支流流速变缓，对污染物的扩散能力减弱，水体富营养化程度加剧。据历年《长江三峡工程生态与环境监测公报》，三峡水库干流水质良好，部分支流水体富营养化问题严重，自 2003 年水库蓄水后发生水华的支流数量逐年上升。小江是三峡水库长江北岸流域面积最大的一级支流，其富营养化问题较为严重，从 2005 年起每年均发生水华。本节基于小江长序列的水质监测情况，分析小江水体富营化演变趋势及影响机制。

2.1.1　小江水环境演变状况分析

2008～2017 年每年春、夏、秋、冬四季在小江渠口（I）、养鹿（II）、高阳（III）、黄石（IV）、双江（V）、河口（VI）等监测断面采集表层（水下 0.5 m）水样（图 2.1），获得小江 10 年 TN、TP 和 Chl-a 浓度的变化趋势，并对水体富营养化状态进行了分析评价。

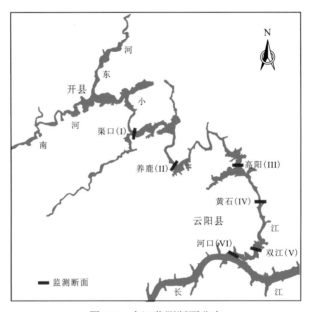

图 2.1　小江监测断面分布

1. 环境因子时间变化

2008～2017 年小江 TN 浓度均值在 1.44～3.26 mg/L 变化。从年际变化来看，TN 浓度在 2008 年最高，2009 年则降到最低，之后逐年略有上升，到 2017 年则有所下降；TN 浓度季节变化明显，一般在夏秋季节较高，冬春季节较低，在 2008 年的夏秋两季出现了高峰值，浓度高达 4 mg/L。在 2014～2016 年及 2018 年，小江 TN 浓度季节波动较大，而在 2009 年和 2017 年则波动较小（图 2.2）。

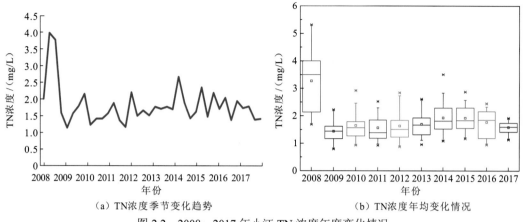

（a）TN浓度季节变化趋势　　　　　　　（b）TN浓度年均变化情况

图 2.2　2008～2017 年小江 TN 浓度年度变化情况

2008～2017 年小江 TP 浓度均值在 0.063～0.12 mg/L 变化。2008～2011 年 TP 浓度呈现逐年上升趋势，在 2012 年出现 10 年间最低值，之后几年呈现升高—降低趋势。TP 浓度在 2011～2012 年及 2016 年的年际变化趋势与 TN 浓度基本相反，其他年份则与 TN 浓度的变化趋势较为一致。小江 TP 浓度随季节变化波动较为明显，在 2008～2010 年期间春季 TP 浓度较高，2011 年以后则夏季较高。在 2008 年、2011 年、2012 年、2014 年、2016 年，TP 浓度的季节波动较大，而在 2010 年波动较小（图 2.3）。

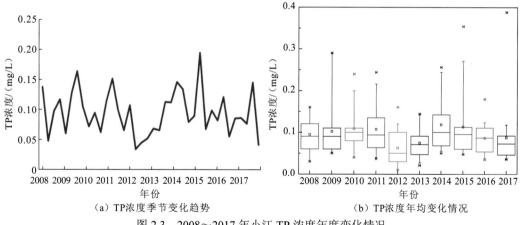

（a）TP浓度季节变化趋势　　　　　　　（b）TP浓度年均变化情况

图 2.3　2008～2017 年小江 TP 浓度年度变化情况

2008～2017 年小江 Chl-a 浓度均值在 5.10～29.27 μg/L 变化。2008～2011 年 Chl-a 浓度年际变化呈现出升高—降低—升高—降低的波动变化，而且显示出两年高值一年低值的规律性，在 2008 年、2011 年、2014 年、2017 年较低，其他各年则较高。小江 Chl-a 浓度随季节变化波动较为显著，冬季最低，春、夏、秋三季均出现过高值，但以夏季占多数，这与小江水华多发于春、夏季有关。在 2009 年、2010 年、2011 年及 2012 年小江

Chl-a 浓度年内变化波动较大，而在 2008 年、2011 年、2014 年及 2017 年年内变化波动较小，一定程度上与该年度年均 Chl-a 浓度较低相印证（图 2.4）。

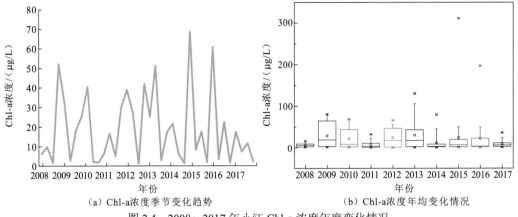

（a）Chl-a浓度季节变化趋势　　　　　　　（b）Chl-a浓度年均变化情况

图 2.4　2008～2017 年小江 Chl-a 浓度年度变化情况

　　2008 年三峡水库试验性蓄水以来，10 年间小江 TN 浓度基本处于较高水平，TN 浓度在 2008 年调查时出现极高值，随后回落，2009～2016 年期间 TN 浓度均值基本呈现上升趋势。TN 浓度的升高一方面与水库蓄水有关，水库蓄水后，小江回水区呈现湖泊形态，增加了营养盐滞留（Zhang et al.，2017；Peng et al.，2013）。另一方面，小江流域城镇较多，农业活动密集，水库蓄水初期大量淹没土壤的营养释放及人类活动、土地利用带来的面源污染都可能导致水体 TN 浓度上升（Sun et al.，2013；冯明磊 等，2008）。小江 TP 浓度总体上随年度呈现升高—降低—升高趋势，整体上升趋势不如 TN 明显，在部分断面呈现上升趋势，而在有些断面变化不明显。有研究表明，三峡水库蓄水后，三峡大坝成库前的天然河流含有大量泥沙，筑坝之后周期性蓄水使得大量泥沙沉积，大部分磷随颗粒物进入底泥，颗粒态是长江磷元素的主要存在形式（赵士波 等，2018；Shen and Liu，2009）。而水库蓄水运行后在水动力条件合适的情况下底泥中的磷会逐渐释放出来，这可能是造成水体 TP 浓度波动的主要原因。

　　小江 TN、TP 浓度的季节变化基本呈现夏高、冬低的规律，这与库水位变化有一定关系，冬季三峡水库高水位运行，水位维持在 175 m，较深的水体使得营养物质得到一定的稀释，加之枯水期地表径流较少，流域面源污染进入水体的量较少，而夏季水库低水位运行，高水位时水体吸收消落区的营养盐持续滞留水体，加之汛期雨量充足，径流冲刷作用将营养物质带入水体的量较多（赵士波 等，2018）。

2. 环境因子空间变化

　　2008～2017 年小江 TN 浓度沿程变化显示，小江上游渠口、养鹿、高阳断面的 TN 浓度均值略低于下游黄石、双江和河口断面，上游断面中养鹿断面均值略高，而下游 3 个断面均值差异不大。从各断面变幅来看，渠口、养鹿、双江断面 TN 浓度变幅较大，河口最小。从不同年份来看，2008 年小江各断面 TN 浓度明显高于其他年份，且从上游至下游呈现下降趋势，其他各年基本是上游低于下游（图 2.5）。

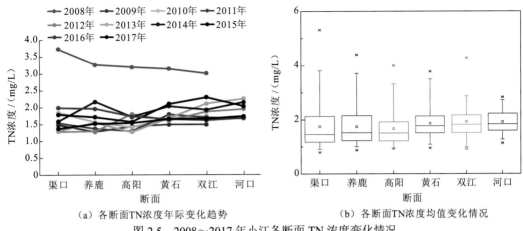

（a）各断面TN浓度年际变化趋势　　　　　　　　（b）各断面TN浓度均值变化情况

图 2.5　2008～2017 年小江各断面 TN 浓度变化情况

　　小江 TP 浓度的沿程变化与 TN 类似，上游略低于下游，但差异不明显，总体来看双江和养鹿断面较高，渠口断面较低。从各断面变幅来看，渠口、黄石、双江断面 TP 浓度变幅较大，养鹿、高阳较小。从不同年份来看，2012 年和 2013 年上游渠口、养鹿和高阳断面的 TP 浓度均值明显低于其他年份；而在 2014 年和 2015 年的渠口、黄石、双江断面出现了极高值。从各断面变幅来看，渠口断面 TP 浓度变幅最大（图 2.6）。

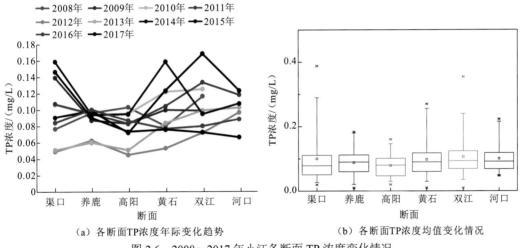

（a）各断面TP浓度年际变化趋势　　　　　　　　（b）各断面TP浓度均值变化情况

图 2.6　2008～2017 年小江各断面 TP 浓度变化情况

　　小江 Chl-a 浓度从上游至下游呈现升高—降低趋势，黄石断面最高，但各断面均值差异不显著。从各断面变幅来看，上游明显高于下游，渠口断面变幅最大，黄石次之，双江、河口最小。从不同年份来看，2015 年和 2016 年渠口断面及 2014 年的黄石断面 Chl-a 浓度较高。渠口断面在 2015 年后 Chl-a 浓度明显高于前面几年，和该断面在 2015 年后经常暴发甲藻（Dinophyta）水华有一定关系。高阳、黄石、双江断面一直是小江水华暴发的敏感区域，近十年情况变化不大，基本每年都会发生，持续的时间和面积与小江流域的降水有一定关系，2017 年小江流域受降水影响，全年度各断面 Chl-a 浓度都不高，也未出现大规模水华发生的现象（图 2.7）。

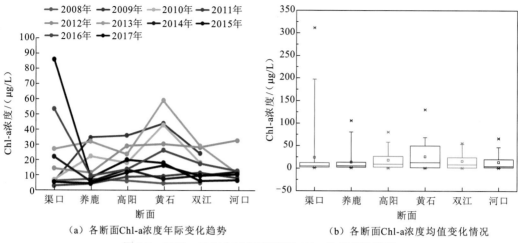

（a）各断面Chl-a浓度年际变化趋势 （b）各断面Chl-a浓度均值变化情况

图 2.7 2008～2017 年小江各断面 Chl-a 浓度变化情况

干流倒灌对支流库湾营养盐空间分布规律影响显著，对三峡库区营养盐的输入远大于三峡库区内其他污染源的输入（陈媛媛 等，2013；张晟，2005），相关研究指出库区干流的氮、磷浓度要高于小江支流的氮、磷浓度（邹曦 等，2017），这对支流营养盐的空间分布有一定影响，因此处于变动回水区的上游渠口和养鹿断面的氮、磷浓度均值要略低于下游区域。

3. 水体富营养化评价

小江营养状态综合评价结果见表 2.1 和表 2.2。2008～2017 年，小江总体均处于轻度富营养状态，只有在 2008 年处于中度富营养状态。从综合营养状态指数（the comprehensive trophic level index，TLI）分值来看，2018～2010 年，三峡试验性蓄水初期，小江 TLI 略高，说明蓄水初期，水体水生态结构较不稳定，水体富营养化风险较高。2011 年之后，小江 TLI 有明显降低，其后几年中略有波动，总体变化不大，较为稳定。从区域看，小江 6 个监测断面均呈现轻度富营养状态，各监测断面差异不显著，黄石和渠口断面略高，养鹿和河口断面略高。单因子营养状态指数中，TN 的营养状态最高，在监测调查期间持续处于中度甚至重度富营养状态，其次为 Chl-a 和 TP，监测期间基本处于中度富营养状态和轻度富营养状态。综合 10 年监测数据，小江总体处于轻度富营养状态。

表 2.1 2007～2018 年小江营养状态综合评价结果

年份	单因子营养状态指数					综合营养状态指数 TLI	营养状态
	TP	TN	COD$_{Mn}$	SD	Chl-a		
2008	55.18	74.56	88.76	36.52	53.71	61.17	中度富营养
2009	56.36	60.66	61.61	39.27	69.53	58.50	轻度富营养
2010	57.44	63.00	56.18	45.81	66.66	58.57	轻度富营养

续表

年份	单因子营养状态指数					综合营养状态指数 TLI	营养状态
	TP	TN	COD~Mn~	SD	Chl-a		
2011	57.17	62.09	36.94	40.56	56.17	51.07	轻度富营养
2012	48.58	62.85	39.75	46.91	67.80	54.45	轻度富营养
2013	51.33	63.47	33.98	42.52	70.02	53.79	轻度富营养
2014	58.78	65.66	25.73	41.81	60.51	51.36	轻度富营养
2015	58.03	65.55	20.81	46.03	67.72	53.00	轻度富营养
2016	53.67	64.23	31.58	43.14	66.88	53.19	轻度富营养
2017	53.91	62.30	30.71	44.09	58.64	50.69	轻度富营养

表 2.2　2007～2018 年小江各断面营养状态综合评价结果

断面	单因子营养状态指数					综合营养状态指数 TLI	营养状态
	TP	TN	COD~Mn~	SD	Chl-a		
渠口	56.18	64.00	42.72	44.31	67.63	56.05	轻度富营养
养鹿	53.96	63.92	39.46	40.63	61.99	52.86	轻度富营养
高阳	52.05	63.17	43.42	41.66	64.73	54.03	轻度富营养
黄石	55.78	65.08	45.03	44.27	68.42	56.81	轻度富营养
双江	57.03	65.63	40.68	43.36	63.65	54.90	轻度富营养
河口	56.16	65.59	29.38	42.76	61.95	52.10	轻度富营养

　　2008～2017 年，小江基本每年均有水华发生。藻类生长既与营养盐、pH、微量元素等化学因素有关，也与竞争、捕食、化感作用等生物因素有关，还与水动力、温度、光照强度等水文气象因素有关（潘晓洁 等，2015）。小江 Chl-a 浓度在春、夏季较高，冬季较低，这与藻类生长的自然规律一致。相关研究还发现，支流水体分层尤其是回水区复杂的分层流动类型，影响了营养盐的转化，同时也影响到藻类的生长（彭福利 等，2017）。水库蓄水期间，水体混合较强，打破了水体分层，在垂向上对流交换频繁，影响藻类生长，导致 Chl-a 浓度较低。而水体处于分层状态，此状态限制了各层藻类和环境因子的垂向交换，一方面底层藻类无法获得充足的光照，生长较慢；而另一方面，表层藻类由于分层状态而处于相对稳定的水环境中，且能够获得充足有效的光照而快速增殖，Chl-a 浓度也就随之增大（邹曦 等，2017）。2017 年小江流域汛期大范围降水，尽管带来了营养盐的输入，但是降水加速水体的扰动，该年度水华基本未大规模暴发。因此，打破水体分层，对促进水华的消失、降低水体 Chl-a 浓度有一定的作用。

2.1.2　重点断面水环境变化影响因素分析

三峡水库小江中游高阳断面河道较宽，受到长江回水顶托的影响，在此处形成了一个流速较慢的较大水面，是小江水华发生的敏感水域（潘晓洁 等，2015），也是历年小江水华暴发较为严重的区域。其中，2013 年 5 月暴发了较为严重的蓝藻水华且持续时间超过 20 d。本节以小江高阳断面为研究对象，设置左（I）、中（II）、右（III）3 个采样断面（图 2.8），开展水文、营养盐、Chl-a 等因子长期、定点、系统监测，对各断面表层（水下 0.5 m）、中层（1/2 最大水深）、底层（底部以上 0.5 m）分层采集水样，了解库湾水体 Chl-a 与环境因子的时空变化特征及其相互关系，探讨时空异质性及其原因。

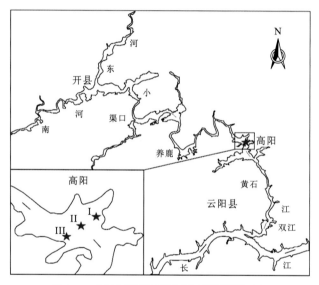

图 2.8　小江高阳断面位置和采样断面示意

1. 环境因子时空变化

1）理化因子变化特征

2013 年小江回水区高阳断面表层 WT 为 12.93～31.66 ℃，底层 WT 为 12.43～30.79 ℃，四季 WT 变化明显。表底温差全年为 0.02～6.13 ℃。从图 2.9 中可以看出，自 2 月开始，表底温差为 1.36 ℃，随后直至 9 月，表底温差呈现上升趋势，在 3～4 ℃，7 月达到最大，为 4.7 ℃，这段时间高阳断面水温分层现象明显；10 月～次年 1 月，水体表底温差较小，均低于 1 ℃，表明水体基本没有分层，处于同温状态，且在 11～12 月，由于气温较低，高阳断面还出现了表层 WT 低于底层 WT 的逆温分布现象。

高阳断面各层水体 DO 浓度全年变化为 1.99～10.66 mg/L，冬季高、夏季低；5 月水华暴发期间，DO 浓度出现了极低值。从垂向分布来看，4～9 月，表、中、底层水体 DO 浓度均有明显差异，除 5 月水华外，其他各月表层 DO 浓度明显高于中、底层；1～3

月及 10～12 月，DO 浓度分层变化不明显。pH 全年在 7.09～9.11，偏碱性；整体来看，pH 全年变化不显著。

　　高阳断面全年的浊度（turbidity，Turb）和 SD 变化差异显著。SD 呈现升高—降低—再升高的趋势，1～4 月 SD 在 2 m 左右，而 4 月底暴发水华后一直持续到 8 月，高阳断面 SD 均小于 1 m，这与小江水体浮游植物繁殖和生长有极大关系；从 9 月开始，气温转低，水库蓄水，水体 SD 逐渐上升，10 月回升到 2 m 以上。水体 Turb 与 SD 变化趋势相反，在 6～7 月达到高值，为 40～50 NTU，其他各月均维持在 10 NTU 左右。从全年 SD 和 Turb 变化趋势来看，两者基本呈反向关系，SD 高的月份，其 Turb 则低。究其原因，从理论上看，Turb 与 SD 并没有直接关系，Turb 表征的悬浮物对光线透过时所发生的阻碍程度，主要是水中不溶解物质引起；而 SD 则是表明水的透光性，也存在水体中悬浮物较少、水色较深而导致水体 SD 低的情况。据此，在 5 月和 8 月，其 SD 和 Turb 均处于较低水平，可能是由水体藻类密度较高、水色较深引起。

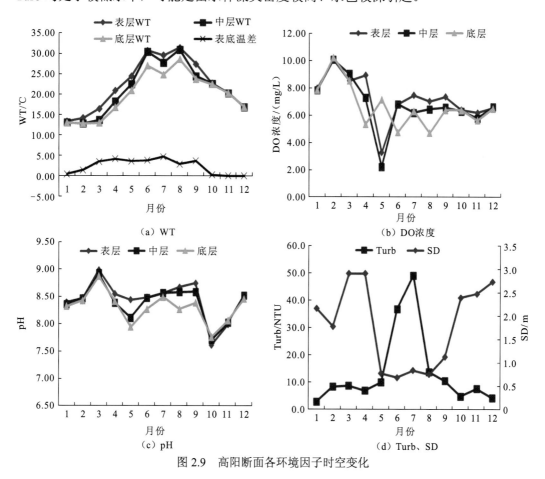

图 2.9　高阳断面各环境因子时空变化

2）水文因子变化特征

2013 年小江高阳断面各月流速变化规律见图 2.10。可见全年流速有一定变幅，各层水体均值在 0.06～0.35 m/s，3 月、9 月、10 月较高，其他各月较低，与水库蓄水和泄水有一定关系；而从各层水的流速变化来看，在蓄泄水过程中，中底层水体的流速要略高于表层，这与水库蓄水泄水过程中干流对支流库湾的顶托扰动有关。

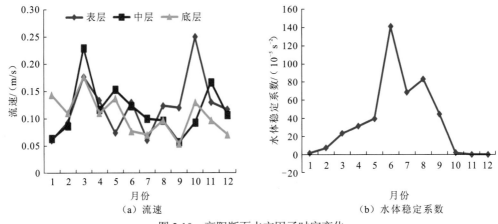

图 2.10　高阳断面水文因子时空变化

水体稳定系数是评价水体混合、分层情况的参数。由于小江属于三峡水库支流，受干流回水影响较大，水体分层状态及 WT 空间分布差异较大。采用 Reynolds 和 Bellinger（1992）的 N^2 法计算水体稳定系数。该方法考虑到水体垂向密度梯度，更适用于评价水体的分层状态，其计算式为

$$N^2 = \frac{g}{\rho_{avg}} \frac{\rho_H - \rho_0}{H} \tag{2.1}$$

式中：N^2 为水体稳定系数；ρ_H 和 ρ_0 分别为底层和表层的水体密度；ρ_{avg} 为水体垂向平均密度；H 为水深；g 为重力加速度。

本书忽略水体中泥沙对水体体积的影响关系，不同水温（T）对应水体密度（ρ_T）按照以下公式计算：

$$\rho_T = 1000\left[1 - \frac{T + 288.9414}{508929.2(T + 68.12963)}(T - 3.9863)^2\right] \tag{2.2}$$

当 $N^2 < 5 \times 10^{-5}$ s^{-2} 时，评价为混合水体；当 $N^2 > 5 \times 10^{-4}$ s^{-2} 时，评价为分层水体；当 5×10^{-5} s$^{-2} \leqslant N^2 \leqslant 5 \times 10^{-4}$ s^{-2} 时，评价为弱分层水体。

由图 2.10（b）可以看出，2013 年小江高阳断面 N^2 在 5～9 月较高，1 月和 10～12 月较低。在 1 月、10～12 月，N^2 均低于 5×10^{-5} s^{-2}，表明水体为混合状态；在 2～5 月、9 月，N^2 在 5×10^{-5}～5×10^{-4} s^{-2}，表明水体为弱分层状态；而在 6～8 月，N^2 均大于 5×10^{-4} s^{-2}，表明水体处于分层状态。

3）营养盐变化特征

（1）氮变化特征。

2013 年高阳断面 TN 平均浓度在 1.10～2.31 mg/L，全年整体呈现夏季较低，春、秋

季略高的规律。单因素方差分析显示（表 2.3），各层水体 TN 浓度逐月变化存在显著差异（中层 $P<0.01$；表、底层 $P<0.05$）。从图 2.11 可以看出，1～4 月，水体处于混合状态及弱分层状态时，表、中、底层 TN 浓度差别不明显，但表层要略低于中、底层；5 月，高阳断面发生水华，表层 TN 浓度明显高于中、底层；水华消失后，6 月、7 月底层 TN 浓度明显高于表、中层，分层浓度差异明显，可能与藻类死亡下沉有关；9 月，水库蓄水，受干流倒灌影响，表层水体 TN 浓度也低于中、底层；随后进入冬季，水体处于混合状态，TN 浓度的差异均不明显。

表 2.3　高阳断面水体不同深度营养盐和 Chl-a 浓度单因素方差分析

指标	单因素方差分析	取样水层		
		表层	中层	底层
Chl-a	F	12.118	1.962	1.640
	P	0.000	0.081	0.150
	浓度均值/（μg/L）	25.06±27.90	7.66±8.59	4.70±7.27
TN	F	2.607	22.769	2.920
	P	0.024	0.000	0.014
	浓度均值/（mg/L）	1.544±0.374	1.611±0.345	1.600±0.335
TP	F	30.919	39.398	17.562
	P	0.000	0.000	0.000
	浓度均值/（mg/L）	0.058±0.023	0.057±0.029	0.065±0.033
NO_3^--N	F	17.348	7.716	7.840
	P	0.000	0.000	0.000
	浓度均值/（mg/L）	0.837±0.378	1.037±0.338	1.857±0.304
NH_3-N	F	2.480	1.665	2.280
	P	0.030	0.143	0.044
	浓度均值/（mg/L）	0.314±0.120	0.268±0.118	0.259±0.122
$PO_4^{3-}-P$	F	48.953	20.094	24.399
	P	0.000	0.000	0.000
	浓度均值/（mg/L）	0.030±0.024	0.038±0.028	0.042±0.025

NO_3^--N 全年平均浓度在 0.29～1.69 mg/L，是水体氮的主要组成部分，全年变化规律与 TN 类似，夏季较低，春、秋季较高。单因素方差分析显示（表 2.4），表、中、底层水体 NO_3^--N 浓度逐月变化均存在极显著差异（$P<0.01$）。在水体混合状态的 1～2 月、10～12 月，NO_3^--N 浓度分层差异均不显著，而从 3 月水体开始弱分层时，表层 NO_3^--N 浓度就明显低于中、底层，尤其在水华暴发的 5 月，表层 NO_3^--N 浓度达到了全年最低值。

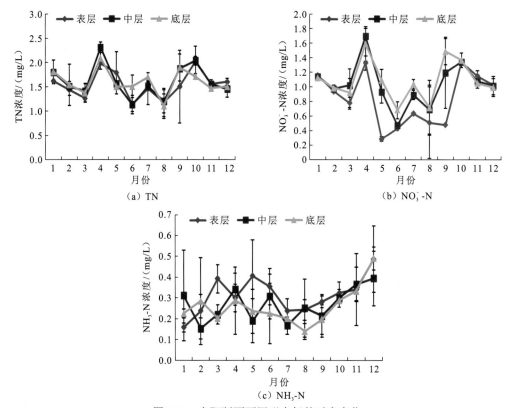

图 2.11 高阳断面不同形态氮的时空变化

表 2.4 高阳断面各环境因子的因子负荷

因子	主成分因子（表层）			主成分因子（中层）			主成分因子（底层）		
	第一	第二	第三	第一	第二	第三	第一	第二	第三
NH_3-N	0.125	0.422	0.241	0.396	0.244	0.348	0.498	0.263	-0.314
NO_3^--N	0.871	-0.113	0.057	0.801	0.032	-0.314	0.472	0.433	0.611
TN	0.529	0.187	-0.514	0.725	0.153	-0.443	0.298	0.315	0.814
PO_4^{3-}-P	0.821	0.390	0.137	0.862	0.396	0.140	0.436	0.833	0.101
TP	0.452	0.799	-0.002	0.687	0.632	0.239	-0.011	0.916	-0.062
N/P	-0.014	-0.850	-0.276	-0.364	-0.754	-0.400	0.158	-0.828	0.371
WT	-0.726	0.559	-0.031	-0.601	0.711	0.005	-0.762	0.476	-0.225
pH	-0.479	-0.407	0.374	-0.438	-0.318	0.312	-0.036	-0.384	0.327
DO	0.124	-0.689	0.382	0.125	-0.507	0.405	0.521	-0.588	0.011
Turb	-0.766	0.162	-0.072	-0.595	0.391	0.210	-0.639	0.226	0.208
SD	0.793	-0.120	0.417	0.728	-0.307	0.444	0.771	0.097	-0.013
N^2	-0.847	0.189	0.064	-0.815	0.338	0.030	-0.906	-0.032	0.153
WD	0.778	-0.156	-0.392	0.795	-0.145	-0.263	0.765	0.135	0.087
表层流速	0.179	0.187	0.720	-0.079	-0.339	0.455	0.271	-0.431	-0.182
表底温差	-0.706	-0.024	-0.043	-0.580	0.195	-0.281	-0.655	-0.088	0.580

注：WD 表示水深，water depth。

NH$_3$-N 全年平均浓度在 0.14～0.49 mg/L，全年变化与 NO$_3^-$-N 略呈相反趋势，且表层的 NH$_3$-N 浓度一般高于中、底层，尤其在水华发生的 5 月，差异更为明显；而在冬季水体呈现混合状态时，各层水体 NH$_3$-N 浓度变化不明显。单因素方差分析显示（表 2.3），表、底层水体 NH$_3$-N 逐月变化存在显著差异（$P<0.05$），而中层水体 NH$_3$-N 逐月变化不显著。

（2）磷变化特征。

2013 年高阳断面 TP 平均浓度在 0.024～0.115 mg/L，随时间变化整体呈现逐步上升规律，在 5 月和 7 月出现了较高值。单因素方差分析显示（表 2.4），表、中、底层水体 TP 逐月变化均存在极显著差异（$P<0.01$）。从图 2.12 中可以看出，与 TN 垂向分布变化情况类似，1～4 月，水体处于混合状态及弱分层状态时，表、中、底层 TP 浓度差别不明显；5 月，水华发生期间，表层 TP 浓度明显高于中、底层；而在 7～8 月水体处于分层状态时，底层 TP 浓度要明显高于表、中层；随着水库逐步蓄水，水体逐渐进入混合状态，TP 的垂向变化又逐步减小，各层差异也随之变小。

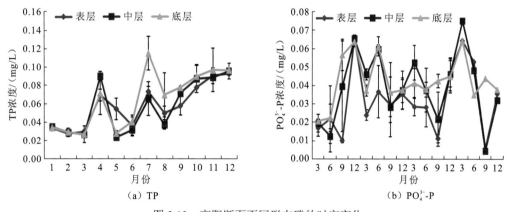

图 2.12　高阳断面不同形态磷的时空变化

PO$_4^{3-}$-P 浓度在 0.024～0.115 mg/L，总体上夏季 PO$_4^{3-}$-P 浓度要低于冬季。单因素方差分析显示（表 2.4），与 TP 规律类似，表、中、底层水体 PO$_4^{3-}$-P 浓度逐月变化均存在极显著差异（$P<0.01$）。4～9 月水体处于分层状态时，表层 PO$_4^{3-}$-P 浓度均低于中、底层，且浓度垂向变化显著，而其他时期，各层水体 PO$_4^{3-}$-P 浓度差异不大。在水库高水位运行期间（1～4 月和 10～12 月），也就是水体处于混合状态时，PO$_4^{3-}$-P 是 TP 的主要组成，占比为 68%～88%；而在低水位运行期间，水体处于分层状态时，PO$_4^{3-}$-P 占比仅为 15%～52%。

4）环境因子主成分分析

分别对高阳断面表、中、底层水体的 15 个环境因子进行主成分分析。总体来说，表层和中层水体主成分特征相近，与底层水体有一定差异。

表层水体第一主成分因子的方差贡献率为 38.5%，在 NO$_3^-$-N、PO$_4^{3-}$-P、SD、N^2、

WT、Turb、WD 等上有较高的载荷绝对值，反映了表层水体理化因子和可溶性营养盐的特征，说明可溶性营养盐、理化因子及分层状态是影响表层水体的主要因素；第二主成分因子的方差贡献率为 18.1%，在氮磷比（N/P）、TP 和 DO 上有较高的载荷绝对值，反映的是表层水体磷盐和水体生物光合作用特征。

中层水体第一主成分因子的方差贡献率为 38.4%，在 $NO_3^- \text{-N}$、TN、$PO_4^{3-}\text{-P}$、SD、N^2、WD 等上有较高的载荷绝对值，与表层水体相似，也反映的是水体可溶性营养盐、理化因子及分层状态特征；第二主成分因子的方差贡献率为 17.4%，在 N/P、TP 和 WT 上有较高的载荷绝对值，反映的是水体磷盐和 WT 特征。

底层水体第一主成分因子的方差贡献率为 30.3%，在 WT、Turb、SD、N^2、WD 等上有较高的载荷绝对值，反映的是水体理化因子和水体分层方面特征；第二主成分因子的方差贡献率为 23.8%，在 N/P、TP 和 $PO_4^{3-}\text{-P}$ 上有较高的载荷绝对值，反映的是水体磷盐特征，且该主成分因子的方差贡献率与第一主成分因子的方差贡献率差别不大。

从各层水体的主成分分析可以看出，N^2 是表、中、底层水体中载荷最大因子，表明 N^2 是小江高阳断面水体各层变化的共性因子，水体分层对高阳断面水环境影响程度较大。从第二主成分因子可以看出，各层水体在磷盐上有极高的载荷。综上可知，水体的分层状态和磷盐是影响高阳断面水环境的主要因素。

5）水体分层变化对高阳断面环境因子的影响

从 2013 年高阳断面各层水体环境因子分析结果来看，WT 分层变化是影响水体环境演变的主要因子（董春颖 等，2013；邱华北 等，2011）。从时间上看：1～2 月，高阳断面水体属于水库冬季的混合期，N^2 较低，接近全同温的混合状态；3 月，气候开始变暖，表层水体逐渐升温，底部升温滞后，加之水库逐步泄水的影响，干流水体以中层异重流的形式潜入库湾，水温分层逐步呈现，N^2 逐步升高，水体由弱分层状态逐步过渡到稳定分层状态；9 月，气候开始变冷，表底温差逐步降低，水库蓄水导致干流倒灌水体流速流量较大，N^2 降低，逐步恢复到混合状态（李媛 等，2012；杨正健 等，2012）；由于表层水库降温较快，底层水库降温滞后，在 11～12 月形成了逆温分布的混合状态。

高阳断面营养盐的年内变化特征显示，TN、TP 浓度均呈现出冬季较高、夏季略低的趋势。对小江干流对照断面的监测显示，2013 年长江对照断面表层 TN 浓度均值为 2.14 mg/L，TP 浓度均值为 0.12 mg/L，远远超过高阳断面 TN 和 TP 浓度均值，2013 年高阳断面的监测结果表明，冬季蓄水期的氮、磷浓度明显高于夏季泄水期，可以推测冬季蓄水干流倒灌对高阳断面营养盐的季节分布有一定影响；同时，干流倒灌加之水体的分层也会对支流库湾营养盐的垂向分布造成影响（张宇 等，2012）。当水体处于混合状态时，高阳断面表、中、底层氮、磷浓度较为接近；3～4 月，水体处于弱分层状态，随着水库逐步泄水，干流水体以中层异重流的形式潜入库湾，受干流倒灌的一定影响，中层水体氮、磷浓度有所上升，5 月发生水华现象，藻类聚集在表层，藻类中所含的大量氮、磷元素均集中在表层水体，导致表层水体 TN、TP 浓度明显高于中、底层水体。随后 6～8 月，水华消失，水体处于稳定分层状态，较高的温度和厌氧状态均有利于沉积物的营养盐释放，而稳定的分层状态和较大的表底温差限制了底层营养盐向表层迁移，因此，此期间底层水体的氮、磷浓度要明显高于中、表层水体（黄钰铃，2009；李家兵 等，2007；范成新，1995）。NO_3^--N 和可溶性磷盐浓度的时空变化与 TN 和 TP 浓度相似，NO_3^--N 和 $PO_4^{3-}-P$ 是浮游植物生长的主要营养源，其时空变化特征不仅与干流倒灌和水体分层有关，浮游植物季节性的生消也是影响其变化的重要因素，夏季 NO_3^--N 和 $PO_4^{3-}-P$ 浓度总体偏低，且表层水体浓度明显低于底层水体，这可能是夏季浮游植物在表层大量繁殖，易消耗大量可溶性营养盐，导致水体营养盐总体偏低；冬季浓度较低且分层变化不明显，与此时期浮游植物量较少、对 NO_3^--N 和可溶性磷盐消耗较少、易造成其在水体中积累有关。

2. Chl-a 浓度时空变化

2013 年高阳断面 Chl-a 平均浓度在 1.58～92.23 μg/L，单因素方差分析显示（表 2.3），表层水体 Chl-a 浓度逐月变化存在极显著差异（$P<0.01$）；而中、底层水体差异不显著。3～9 月，表层水体 Chl-a 浓度明显高于中、底层水体，中、底层水体 Chl-a 浓度较低，且差别不大；5～8 月，随着水华的发生和消退，中、底层 Chl-a 浓度呈现出缓慢的增长过程，到 8 月达到峰值，随后在 9 月水库蓄水后又迅速回落；表层 Chl-a 浓度从 3 月水体开始弱分层时就加速增长，到 5 月水华期达到峰值，之后一直持续较高水平，10 月水库蓄水完成后，水体处于混合状态，表层 Chl-a 浓度才降低到较低水平，与中、底层接近（图 2.13）。

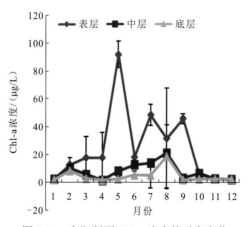

图 2.13　高阳断面 Chl-a 浓度的时空变化

3. Chl-a 浓度与环境因子的关系

各层水体 Chl-a 浓度与环境因子的相关性分析结果见表 2.5。可以看出，各层水体 Chl-a 浓度与环境因子的关系各不相同。表层 Chl-a 浓度与 NO_3^--N、$PO_4^{3-}-P$、DO、SD 呈极显著负相关（$P<0.01$），与 WT、表底温差呈极显著正相关（$P<0.01$）；中层水体 Chl-a 浓度与 NO_3^--N、TN、$PO_4^{3-}-P$、SD、WD 呈极显著负相关（$P<0.01$），与 WT、N^2 呈极显著正相关（$P<0.01$）；底层水体由于光照强度低，Chl-a 浓度全年维持较低水平，与环境

因子相关性不如表、中层明显，但也与 NO_3^--N（$P<0.01$）、PO_4^{3-}-P（$P<0.05$）、WD（$P<0.05$）呈极显著或显著负相关。

表 2.5　高阳断面 Chl-a 与环境因子的相关性分析

指标	表层	中层	底层
NH_3-N	0.048	-0.389*	-0.207
NO_3^--N	-0.742**	-0.583**	-0.540**
TN	-0.003	-0.520**	-0.461
PO_4^{3-}-P	-0.612**	-0.503**	-0.384*
TP	-0.049	-0.333*	-0.144
N/P	-0.113	0.023	-0.093
WT	0.466**	0.490**	0.325
N^2	0.345*	0.497**	0.282
pH	0.169	0.160	0.005
DO	-0.511**	-0.011	-0.086
Turb	0.326	0.243	0.085
SD	-0.622**	-0.453**	-0.282
WD	-0.300	-0.524**	-0.414*
流速	-0.229	-0.053	0.075
表底温差	0.526**	0.169	-0.024

注：*表示显著相关，$P<0.05$；**表示极显著相关，$P<0.01$。

藻类的生长既与营养盐、pH、微量元素等化学因素有关，也与竞争、捕食、化感作用等生物因素有关，还与水动力、温度、光照强度等水文气象因素有关（潘晓洁 等，2015）。一般来说，藻类生长的适宜条件为 WT 20～30℃、pH 7～9、流速小于 0.3 m/s 等（李艳红 等，2016；王震 等，2014；张浏 等，2007）。高阳断面 4～9 月水体的理化指标均符合以上条件，Chl-a 浓度明显高于其他时间。相关研究还发现，水体分层也可以影响到 Chl-a 的垂向分布，混合层的大小影响 Chl-a 浓度的变化。水库蓄水期间，水体混合较强，在垂向上对流交换频繁，影响藻类生长，导致 Chl-a 浓度较低。水体处于分层状态期间，此状态限制了各层藻类和环境因子的垂向交换，一方面底层藻类无法获得充足的光照，生长较慢；而另一方面，表层藻类由于分层状态而处于相对稳定的水环境中，且能够获得充足有效的光照而快速增殖，Chl-a 浓度也就随之增大（陈洋 等，2013）。

可溶性营养盐是藻类生长可以直接利用的营养形态，与藻类生长密切相关，藻类倾向于吸收水体中的 NH_3-N、NO_3^--N 等来合成细胞所需要的氨基酸等物质（王震 等，2014）。从 Chl-a 浓度与各环境因子相关性分析可以发现，高阳断面各层水体 Chl-a 浓度与 NO_3^--N 和 PO_4^{3-}-P 呈显著负相关，表明浮游植物合成细胞的氮源主要是 NO_3^--N，与相关研究结论一致（郭劲松 等，2011），说明营养盐是小江高阳 Chl-a 生长的限制因素。从不同分层

Chl-a 浓度与各环境因子的关系可以看出，表层水体 Chl-a 浓度与营养盐、DO、SD、WT、表底温差等呈极显著相关（$P<0.01$），表明以上因子是表层水体藻类生长重要的影响因子；中层水体 Chl-a 浓度与环境因子的相关性与表层类似，略有不同的是中层 Chl-a 浓度与 N^2 呈极显著相关（$P<0.01$），表明水体的扰动是中层水体 Chl-a 浓度增长的关键因素；底层水体 Chl-a 浓度则与可溶性营养盐和水深呈显著负相关，表明底层 Chl-a 浓度增长的关键因子还是营养盐，而水深对其的影响可以解释为水深越深、光照强度越低、Chl-a 浓度也越低。综上可以看出，各层水体藻类生长的主要相关因子还是营养盐；除此之外，表层水体藻类生长受水文气象因子影响较大，而中层水体藻类生长则受水体的扰动分层影响较大，底层水体藻类生长则受水深和光照强度的影响。

2.1.3　小江 Chl-a 浓度的时空演变特征及驱动因子分析

2008～2020 年，分别于每年 3 月、6 月、9 月、12 月监测各个断面的 Chl-a 浓度及水体主要理化因子，采集水面下约 30 cm 的表层水。监测指标包括 WT、pH、DO、Cond、Turb、总碱度（total alkalinity，TA）、SD、TN、TP、NH_3-N、NO_3^--N、PO_4^{3-}-P、COD_{Mn}、Chl-a 等 14 项。对 Chl-a 浓度与水体环境因子进行皮尔逊（Pearson）相关分析和双侧显著性检验，采用逐步线性回归筛选对小江 Chl-a 浓度影响相对重要的环境因子，采用通径分析解析各个重要环境因子在不同季节、不同断面对 Chl-a 浓度的作用大小，采用线性及非线性拟合构建小江全河段 Chl-a 浓度与其主要环境因子的回归方程。

1. 小江 Chl-a 浓度时空动态变化分析

2008～2020 年，研究区域内小江 Chl-a 年平均浓度为（20.69±9.41）μg/L，变幅范围在 5.96～33.90 μg/L，最小值出现在 2008 年，最大值出现在 2019 年（图 2.14）。整体趋势表现为上下波动，波动周期大约为 3 年。同时发现，Chl-a 浓度中位数也呈上下波动变化，但波动幅度较均值小。两者比较可知，各年中 Chl-a 浓度的均值高于中位数，表明数据中较低值的数量相对较多，而较高值的数值比较低值的数值大得多。实际中，我们可能更加关注 Chl-a 在高浓度的变化情况，故采用均值比中位数更符合实际需要。此外，异常值数值有所增加。

小江 5 个监测断面 Chl-a 浓度时空变化如图 2.15 所示。在季节上，整体表现为春季、夏季、秋季 3 个季节远高于冬季的变化规律，Chl-a 浓度由高到低依次为，春季（34.48 μg/L）、秋季（27.61 μg/L）、夏季（20.21 μg/L）、冬季（2.01 μg/L）。其中，春季、夏季 Chl-a 浓度均在黄石断面最高，分别为 59.11 μg/L、31.98 μg/L；秋季 Chl-a 浓度在高阳断面最高，为 37.95 μg/L；冬季 Chl-a 浓度在渠口断面最高，为 3.24 μg/L。Chl-a 浓度除了随季节变化外，还呈现出不同的空间差异性，即在空间上呈一个倒 "N" 形分布特征，Chl-a 年平均浓度最高值出现在黄石断面，为 29.55 μg/L，最低值出现在养鹿断面，为 15.23 μg/L。

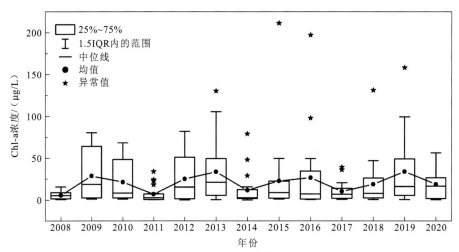

图 2.14　小江 Chl-a 浓度的年度变化

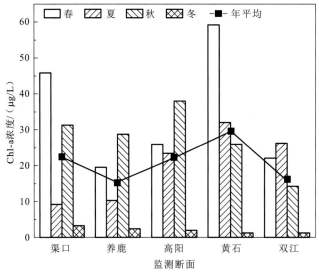

图 2.15　小江各监测断面 Chl-a 浓度的时空变化

2. 小江 Chl-a 浓度与环境因子影响分析

1）Chl-a 浓度与环境因子相关性分析

由 Pearson 相关分析可知，小江各监测断面 Chl-a 浓度与环境因子的相关性有所差异（表 2.6）。渠口断面，Chl-a 浓度与 Cond 和 DO 呈极显著正相关（$P<0.01$）；养鹿断面，Chl-a 浓度与 NO_3^--N 呈显著负相关，与 COD_{Mn} 呈极显著正相关；高阳断面，Chl-a 浓度与 PO_4^{3-}-P、WT、Cond 和 DO 相关性较强，其中，与 PO_4^{3-}-P 呈极显著负相关，与 WT、Cond 呈极显著正相关，与 DO 呈显著正相关；黄石断面，Chl-a 浓度与 NO_3^--N 呈显著负相关，与 PO_4^{3-}-P 呈极显著负相关，与 COD_{Mn}、DO 呈极显著正相关，与 pH 呈显著正相关；双江断面，Chl-a 浓度与 NO_3^--N、SD 呈显著负相关，与 PO_4^{3-}-P 呈极显著负相关，

与 DO 呈极显著正相关。全河段上，与小江 Chl-a 浓度显著相关的环境因子包括 NO_3^--N、$PO_4^{3-}-P$、COD_{Mn}、Cond、pH、DO 和 SD，其中，与 NO_3^--N、$PO_4^{3-}-P$、SD 呈负相关关系，与 COD_{Mn}、Cond、pH、DO 呈正相关关系。

表 2.6 小江各监测断面 Chl-a 浓度与环境因子的 Pearson 相关分析

指标	监测断面					
	渠口	养鹿	高阳	黄石	双江	小江全河段
TN	-0.306	-0.063	0.059	-0.130	-0.005	0.003
NH_3-N	-0.001	0.311	-0.275	-0.163	-0.073	-0.046
NO_3^--N	-0.302	-0.360*	-0.300	-0.390*	-0.394*	-0.258**
TP	-0.102	0.193	-0.104	0.040	-0.092	0.022
$PO_4^{3-}-P$	-0.226	-0.196	-0.547**	-0.567**	-0.577**	-0.302**
COD_{Mn}	0.337	0.525**	0.218	0.718**	0.320	0.428**
TA	0.201	-0.134	-0.299	0.051	0.047	-0.069
WT	0.085	0.317	0.494**	-0.087	0.194	0.095
Cond	0.546**	0.156	0.475**	0.060	0.198	0.229**
pH	-0.038	0.207	0.236	0.374*	0.069	0.238**
DO	0.485**	0.326	0.434*	0.736**	0.606**	0.462**
Turb	-0.204	-0.161	-0.093	-0.189	-0.092	-0.096
SD	-0.011	-0.220	-0.220	-0.208	-0.389*	-0.187*
TN/TP	-0.009	-0.214	0.022	-0.229	0.055	-0.110

注：*表示显著相关，$P<0.05$；**表示极显著相关，$P<0.01$。

2）Chl-a 浓度与环境因子的逐步回归分析

为进一步分析 Chl-a 浓度与环境因子之间的定量关系及其主要影响因子，以 Chl-a 浓度为因变量，以环境因子为自变量，采用逐步回归分析，分别建立不同季节、不同监测断面的 Chl-a 浓度与环境因子间的回归关系，逐步剔除不显著的变量，最终得到逐步回归方程，结果见表 2.7 和表 2.8。

表 2.7 小江不同季节 Chl-a 浓度与环境因子的回归方程

季节	逐步回归方程	R^2	F	P
春	Chl-a$=-71.269-100.110NH_3-N+13.018COD_{Mn}+0.102Cond+6.729Turb$	0.83	45.02	0.001
夏	Chl-a$=-63.192+15.210DO-14.744SD$	0.37	11.16	0.000
秋	Chl-a$=-154.342+149.699NH_3-N-25.387NO_3^--N+22.713pH-0.314Turb$	0.34	4.509	0.004
冬	Chl-a$=11.237-1.269TN+46.270TP-47.923PO_4^{3-}-P-0.504WT$	0.25	2.916	0.035

表 2.8 小江不同监测断面 Chl-a 浓度与环境因子的回归方程

监测断面	逐步回归方程	R^2	F	P
渠口	Chl-a$=-17.555-10.341$TN$+5.292$COD$_{Mn}+0.075$Cond	0.48	7.698	0.001
养鹿	Chl-a$=-238.489+8.182$COD$_{Mn}+1.840$WT$+23.416$pH-0.239Turb	0.49	6.736	0.001
高阳	Chl-a$=-45.327+177.942$TP-643.827PO$_4^{3-}$-P$+0.210$Cond	0.53	10.48	0.000
黄石	Chl-a$=-54.525-357.689$PO$_4^{3-}$-P$+8.297$COD$_{Mn}+9.528$DO	0.81	39.5	0.000
双江	Chl-a$=-26.609-191.011$PO$_4^{3-}$-P$+3.573$COD$_{Mn}+7.319$DO-7.702SD	0.75	21.51	0.000
小江全河段	Chl-a$=-22.528-7.181$NO$_3^-$-N-168.726PO$_4^{3-}$-P$+4.980$COD$_{Mn}+6.646$DO-4.722SD	0.51	32.07	0.000

根据逐步回归方程分析可知,小江不同季节影响 Chl-a 浓度的环境因子有明显差异。其中,春季在极显著水平下共有 4 个环境因子入选,分别为 NH$_3$-N、COD$_{Mn}$、Cond 和 Turb;夏季有 DO 和 SD 共 2 个环境因子入选,秋季有 NH$_3$-N、NO$_3^-$-N、pH 和 Turb 等 4 个环境因子入选,冬季有 TN、TP、PO$_4^{3-}$-P、WT 等 4 个环境因子入选。具体回归方程结果见表 2.7。

如表 2.8 所示,通过逐步回归分析,筛选出对小江全河段 Chl-a 浓度影响最重要的 5 个环境因子,分别为 NO$_3^-$-N、PO$_4^{3-}$-P、COD$_{Mn}$、DO 和 SD。其中,小江全河段 Chl-a 浓度与 COD$_{Mn}$、DO 呈极显著正相关,与 NO$_3^-$-N、PO$_4^{3-}$-P、SD 呈极显著负相关。不同断面筛选出来的对 Chl-a 浓度有显著影响的环境因子各不相同,渠口断面为 TN、COD$_{Mn}$ 和 Cond,养鹿断面有 COD$_{Mn}$、WT、pH 和 Turb,高阳断面为 TP、PO$_4^{3-}$-P、Cond;黄石断面为 PO$_4^{3-}$-P、COD$_{Mn}$、DO;双江为 PO$_4^{3-}$-P、COD$_{Mn}$、DO、SD。其中,黄石、双江断面构建的回归方程相关系数相对较大,分别为 0.81、0.75。

3）Chl-a 浓度与环境因子的通径分析

在逐步回归分析结果上,采用通径分析计算各个重要环境因子对小江不同季节 Chl-a 浓度的作用大小,其结果如表 2.9 和图 2.16 所示。不同季节,各环境因子对水体 Chl-a 浓度的影响有明显差异。春季时,对小江 Chl-a 浓度间接作用最大的环境因子为 NH$_3$-N（间接通径系数 $\sum r_{ij}P_j=0.266$）,直接作用最大的环境因子为 Turb（直接通径系数 $P_i=0.753$）,均为正向影响;夏季时,对小江 Chl-a 浓度间接作用最大的环境因子为 SD（$\sum r_{ij}P_j=0.083$）,直接作用最大的因子为 DO（$P_i=0.415$）,均为正向影响;秋季时,对小江 Chl-a 浓度间接作用最大的环境因子为 pH（$\sum r_{ij}P_j=-0.131$）,为负向影响,而直接作用最大的因子为 NH$_3$-N（$P_i=0.413$）,为正向影响;冬季时,对小江 Chl-a 浓度间接作用最大的环境因子为 TP（$\sum r_{ij}P_j=-0.787$）,为负向影响,而直接作用最大的因子为 TP（$P_i=0.727$）,为正向影响。总体上,对水体 Chl-a 浓度影响最显著的环境因子分别为,春季（Turb,通径系数 $P_{ij}=0.76$）、夏季（DO,$P_{ij}=0.49$）、秋季（NH$_3$-N,$P_{ij}=0.34$）、冬季（WT,$P_{ij}=-0.30$）。

表 2.9　小江不同季节 Chl-a 浓度与环境因子的通径分析表

季节	因变量	自变量	间接通径系数 $r_{ij}P_j$												$\sum r_{ij}P_j$	直接通径系数 P_i	决定系数 d_{ij}
			$NH_3\text{-}N$	$NO_3^-\text{-}N$	TN	$PO_4^{3-}\text{-}P$	TP	COD_{Mn}	WT	Cond	pH	DO	Turb	SD			
春	Chl-a	$NH_3\text{-}N$	—	—	—	—	—	0.066	—	0.012	—	—	0.188	—	0.266	-0.206	0.003
		COD_{Mn}	-0.040	—	—	—	—	—	—	0.009	—	—	0.120	—	0.090	0.440	0.053
		Cond	-0.021	—	—	—	—	0.026	—	—	—	—	0.015	—	0.020	0.150	0.221
		Turb	-0.067	—	—	—	—	0.070	—	0.003	—	—	—	—	0.007	0.753	0.303
夏	Chl-a	DO	—	—	—	—	—	—	—	—	—	—	—	0.075	0.075	0.415	0.240
		SD	—	—	—	—	—	—	—	—	—	0.083	—	—	0.083	0.377	0.212
秋	Chl-a	$NH_3\text{-}N$	—	0.068	—	—	—	—	—	—	-0.043	—	-0.098	—	-0.073	0.413	0.116
		$NO_3^-\text{-}N$	-0.111	—	—	—	—	—	—	—	0.068	—	-0.004	—	-0.047	-0.253	0.090
		pH	-0.070	-0.068	—	—	—	—	—	—	—	—	0.007	—	-0.131	0.251	0.014
		Turb	0.111	-0.003	—	—	—	—	—	—	-0.005	—	—	—	0.104	-0.364	0.068
冬	Chl-a	TN	—	—	—	-0.292	0.356	—	-0.018	—	—	—	—	—	0.047	-0.307	0.068
		$PO_4^{3-}\text{-}P$	—	—	-0.144	—	0.655	—	-0.050	—	—	—	—	—	0.460	-0.620	0.026
		TP	—	—	-0.150	-0.558	—	—	-0.079	—	—	—	—	—	-0.787	0.727	0.004
		WT	—	—	-0.015	-0.087	0.160	—	—	—	—	—	—	—	0.058	-0.358	0.090

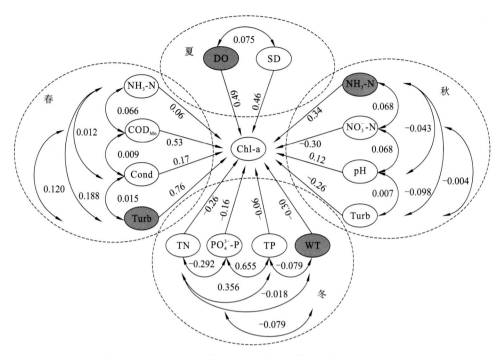

图 2.16　小江不同季节 Chl-a 浓度与环境因子的通径分析图

如图 2.17 所示，对小江全河段 Chl-a 浓度影响最显著的环境因子为 DO（$P_{ij}=0.55$），且自上游渠口到下游双江的 5 个监测断面，对 Chl-a 浓度影响最显著的环境因子依次为，渠口（Cond，$P_{ij}=0.55$）、养鹿（COD_{Mn}，$P_{ij}=0.53$）、高阳（PO_4^{3-}-P，$P_{ij}=-0.55$）、黄石（Cond，$P_{ij}=0.74$）、双江（DO，$P_{ij}=0.61$）。其中，渠口断面，对小江 Chl-a 浓度间接作用最大的环境因子为 TN（$\sum r_{ij}P_j=-0.080$），为负向影响，直接作用最大的因子为 Cond（$P_i=0.534$），为正向影响；养鹿断面，对小江 Chl-a 浓度间接作用和直接作用最大的环境因子均为 Turb（$\sum r_{ij}P_j=0.290$、$P_i=-0.450$）；高阳断面，对小江 Chl-a 浓度间接作用最大的环境因子为 TP（$\sum r_{ij}P_j=-0.550$），直接作用最大的因子为 PO_4^{3-}-P（$P_i=-0.568$），均为负向影响；黄石断面，对小江 Chl-a 浓度间接作用最大的环境因子为 COD_{Mn}（$\sum r_{ij}P_j=0.333$），直接作用最大的因子为 DO（$P_i=0.530$），均为正向影响；双江断面，对小江 Chl-a 浓度间接作用最大的环境因子为 PO_4^{3-}-P（$\sum r_{ij}P_j=-0.301$），为负向影响，直接作用最大的因子为 DO（$P_i=0.627$），为正向影响。小江全河段，对 Chl-a 浓度间接作用最大的环境因子为 COD_{Mn}（$\sum r_{ij}P_j=0.204$），最小的环境因子为 PO_4^{3-}-P（$\sum r_{ij}P_j=0.022$）；直接作用最大的环境因子为 DO（$P_i=0.451$），为正向影响，最小的环境因子为 NO_3^--N（$P_i=-0.159$），为负向影响。DO、COD_{Mn} 决定系数 d_{ij} 分别为 0.303、0.221，其值远高于其他 3 个环境因子，两者占 d_{ij} 之和的 77.5%。由此可知，DO、COD_{Mn} 是影响小江 Chl-a 浓度最主要的环境因子（表 2.10）。

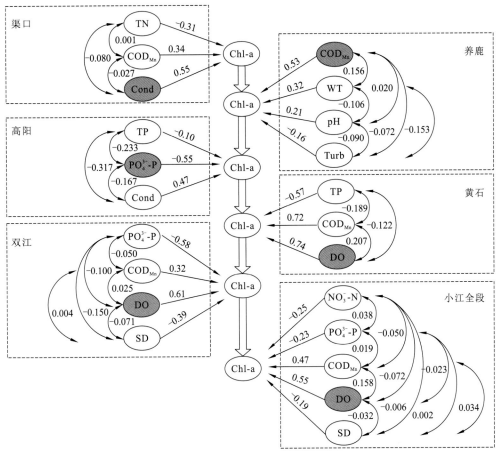

图 2.17　小江不同监测断面 Chl-a 浓度与环境因子的通径分析图

4）Chl-a 浓度与关键环境因子的拟合分析

采用线性函数、指数函数、幂函数 3 种常用函数拟合分析小江 Chl-a 浓度与最主要环境因子（DO、COD_{Mn}）的关系。如图 2.18 所示，Chl-a 浓度与 DO、Chl-a、COD_{Mn} 的拟合结果均表现为：幂函数的拟合效果最好，其次是指数函数，最后是线性函数。其中，Chl-a 浓度与 DO 呈极显著正相关（$P<0.01$），相关系数 R^2 为 0.38，构建的幂函数方程为 $y=1.062e^{0.369}+0.707$；Chl-a 浓度与 COD_{Mn} 呈极显著正相关（$P<0.01$），相关系数 R^2 为 0.35，构建的幂函数方程为 $y=3.185e^{0.460}+3.406$。

3. 小江富营养化发生机制初探

不同季节、不同采样点影响水体 Chl-a 浓度的环境因子往往存在差异（杨子超 等，2020；葛优 等，2017）。小江 Chl-a 浓度在季节上表现为春季、夏季、秋季远高于冬季的变化规律。有关研究表明（Zhu et al.，2013），温度是影响浮游植物生长的关键因子，随着 WT 的升高，浮游植物光合作用加强，生长速度加快，故冬季 Chl-a 浓度往往较低。此外，三峡库区冬季持续蓄水，使得小江水位升高，水环境容量增大，这可能是 Chl-a 浓

表 2.10 小江不同监测断面 Chl-a 浓度与环境因子的通径分析表

监测断面	因变量	自变量	间接通径系数 $r_{ij}P_j$											直接通径系数 P_i	决定系数 d_{ij}
			NO_3^--N	TN	PO_4^{3-}-P	TP	COD_{Mn}	WT	Cond	DO	Turb	SD	$\sum r_{ij}P_j$		
渠口	Chl-a	TN	—	—	—	—	0.000	—	-0.080	—	—	—	-0.080	-0.230	0.096
		COD_{Mn}	—	0.000	—	—	—	—	-0.027	—	—	—	-0.027	0.367	0.116
		Cond	—	0.034	—	—	-0.018	—	—	—	—	—	0.016	0.534	0.303
茅鹿	Chl-a	COD_{Mn}	—	—	—	—	—	0.156	—	—	0.020	—	0.103	0.427	0.281
		WT	—	—	—	—	0.158	—	—	—	-0.106	—	-0.101	0.421	0.102
		pH	—	—	—	—	0.021	-0.114	—	—	—	—	-0.182	0.392	0.044
		Turb	—	—	—	—	0.068	0.143	—	—	0.078	—	0.290	-0.450	0.026
高阳	Chl-a	TP	—	—	-0.233	—	—	—	-0.317	—	—	—	-0.550	0.450	0.010
		PO_4^{3-}-P	—	—	—	0.184	—	—	-0.167	—	—	—	0.018	-0.568	0.303
		Cond	—	—	0.170	-0.256	—	—	—	—	—	—	-0.086	0.556	0.221
黄石	Chl-a	PO_4^{3-}-P	—	—	—	—	-0.189	—	—	-0.122	—	—	-0.311	-0.259	0.325
		COD_{Mn}	—	—	0.127	—	—	—	—	0.207	—	—	0.333	0.387	0.518
		DO	—	—	0.060	—	0.151	—	—	—	—	—	0.210	0.530	0.548
双江	Chl-a	PO_4^{3-}-P	—	—	—	—	-0.050	—	—	-0.100	—	-0.150	-0.301	-0.279	0.336
		COD_{Mn}	—	—	0.061	—	—	—	—	0.025	—	0.004	0.090	0.230	0.102
		DO	—	—	0.045	—	0.009	—	—	—	—	-0.071	-0.017	0.627	0.372
		SD	—	—	-0.106	—	-0.002	—	—	0.113	—	—	0.004	-0.394	0.152
小江全段	Chl-a	NO_3^--N	—	—	0.038	—	-0.050	—	—	-0.072	—	-0.006	-0.091	-0.159	0.063
		PO_4^{3-}-P	0.024	—	—	—	0.019	—	—	-0.023	—	0.002	0.022	-0.252	0.053
		COD_{Mn}	0.030	—	-0.018	—	—	—	—	0.158	—	0.034	0.204	0.266	0.221
		DO	0.025	—	0.013	—	0.093	—	—	—	—	-0.032	0.099	0.451	0.303
		SD	-0.005	—	0.003	—	-0.042	—	—	0.068	—	—	0.023	-0.213	0.036

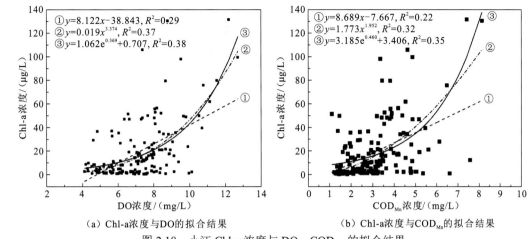

(a) Chl-a 浓度与 DO 的拟合结果　　　　　(b) Chl-a 浓度与 COD_{Mn} 的拟合结果

图 2.18　小江 Chl-a 浓度与 DO、COD_{Mn} 的拟合结果

度冬季最低的另一个原因。小江 WT 常年保持在 5℃以上，除冬季外，其他时间 WT 基本都在 20℃以上，适宜的 WT 条件有利于藻类生长，导致小江春、夏、秋 3 个季度 Chl-a 浓度整体高于冬季。本研究中，Chl-a 浓度在春季最高，夏季 Chl-a 浓度较春季有所下降，这主要与上游来水流量明显增加有关，水体交换频率加快，水力停留时间缩短，不利于藻类的附着和大量生长（李哲 等，2015）。在当前全球气候变暖的背景下，WT 的升高促进藻类在春季的提前生长，尤其是蓝藻等，故春季水华值得重点关注（Lv et al.，2014）。小江 Chl-a 浓度空间分布上呈现一个倒 "N" 型分布特征，在黄石最高而养鹿最低。同时发现，不同断面影响 Chl-a 浓度的环境因子有所差异。各监测断面所构建的逐步回归方程中，除高阳外，其他断面 Chl-a 浓度均与 COD_{Mn} 有关，且呈正相关关系。高阳及下游的 3 个监测断面 Chl-a 浓度均与 PO_4^{3-}-P 密切相关，这可能与下游回水有关。

　　通过逐步回归分析，选出对小江 Chl-a 浓度影响最重要的 5 个环境因子，分别为 NO_3^--N、PO_4^{3-}-P、COD_{Mn}、DO 和 SD。营养盐是浮游植物生长的必要元素，而浮游生物代谢及死亡也能增加水体营养盐含量，两者相互作用。与目前普遍认为，浮游藻类的生物量与水体中的营养盐浓度变化趋势相同（王俊 等，2011；赵汉取 等，2011），小江 Chl-a 浓度与 TN、TP 也呈正相关关系。NO_3^--N、PO_4^{3-}-P 作为可溶解性营养盐，易被浮游植物吸收利用，故有时与 Chl-a 浓度呈显著负相关（吴怡 等，2013）。可看出，溶解态氮、磷才是小江浮游生物生长的限制因素。小江 Chl-a 浓度与 COD_{Mn} 有一定的正相关关系。DO 是浮游植物代谢过程中的重要能源物质，浮游植物生消会引起水体 DO 浓度变化，两者互为作用。小江 Chl-a 浓度与 DO 呈正相关关系，这与藻类光合作用释放 DO 有关，即 Chl-a 浓度越高，浮游植物数量越多，浮游植物在光合作用中释放氧分子，就会使水体中 DO 浓度增加也因此，DO 常常作为 Chl-a 浓度变化的被动因子（张光贵，2016）。小江 Chl-a 浓度与 SD 呈负相关，水体 SD 是藻类数量的直观表现，SD 越高，藻密度就越低，反之，SD 越低，藻密度越高。已有研究表明，藻类生长的最佳 N/P 为 7.2∶1，如果 N/P 高于 7.2，则磷为限制因子，而低于 7.2 则氮为限制因子（Klausmeier et al.，2004）。小江 N/P 为 22.4，故小江可能是磷限制水体，这与回归分析结果一致。磷也是洞庭湖、太湖等国内很多富营养化水体中的主要影响因子，而氮通常十分丰富不再成为影响分布的限制因子（武晗琪 等，2022；杨世莉 等，2022；张光贵，2016）。此外，除了以上影响因子，流速、光照强度、调水及生物因素也会影响藻类的生长（Song et al.，2018；温新利 等，2017；王晓青和黄舸，2013；Desortová and Punčochářb，2011）。

2.2 小江浮游植物群落演替及影响分析

三峡水库蓄水后，支流水体富营养化程度加剧，回水区水华频发，受干流顶托作用、支流中上游来水影响，营养来源、水文条件更有利于浮游植物的生长和繁殖。本节对小江浮游植物群落结构特征进行跟踪监测，阐述小江重点断面及水库蓄泄水时期浮游植物生态学特征变化，比较不同支流浮游植物种类、功能类群差异，旨在进一步分析三峡水库水文、水质等环境因子变化对支流浮游植物群落结构的影响。

2.2.1 小江浮游植物群落结构特征研究

2014～2018 年，每年 3 月、6 月、9 月和 12 月分别对小江渠口、养鹿、高阳、黄石、双江、河口等 6 个监测断面开展浮游植物调查，分析小江浮游植物种类、密度等年际变化情况。

1. 浮游植物种类变化

2014～2018 年小江浮游植物种类数存在年际变化（图 2.19），介于 135～209 种，其中 2015 年种类数最高，2018 年种类数最少。2014 年、2015 年分别检出 8 门 151 种、8 门 209 种，有指示水体清洁的金藻门（Chrysophyta）种类出现，2016 年、2017 年分别检出 7 门 172 种、7 门 181 种，2018 年仅检出 6 门 135 种。2014～2018 年小江浮游植物种类组成差异不大，除 2016 年和 2017 年未发现金藻种类、2018 年未发现黄藻门（Xanthophyta）和金藻门种类外，其群落结构表现为绿藻-硅藻-蓝藻型，其他种类所占比例较小。

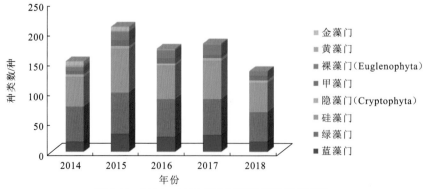

图 2.19 2014～2018 年小江浮游植物种类变化

2014～2018 年小江各监测断面浮游植物种类数存在一定的差异，从图 2.20 中可以看出，2015 年各采样点浮游植物种类数明显高于其他年份，上游渠口（QK）和养鹿（YL）、中游高阳（GY）和黄石（HS）、下游双江（SJ）和河口（HK），其种类分别为 181 种和 179 种、197 种和 163 种、150 种和 163 种；2017 年种类数次之，但明显低于 2015 年。同一采样年份，又以高阳断面种类数最多，主要表现为蓝藻门种类的增加。

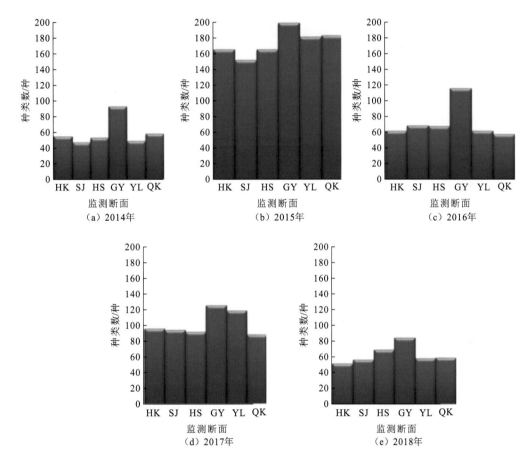

图 2.20　2014～2018 年各断面浮游植物种类变化

2. 浮游植物密度变化

2014～2018 年小江浮游植物密度呈现显著的年际差异，但总体上呈现递增的趋势，介于 8.6×10^5～4.59×10^6 cells/L 变化，其中 2018 年浮游植物密度最高，2014 年最低（图 2.21）。2014～2018 年各门类浮游植物密度均以蓝藻门占绝对优势，其次除 2014 年为金藻门外，其他年份表现为硅藻门次之，再次为绿藻门，其他门类浮游植物密度所占比例较小。

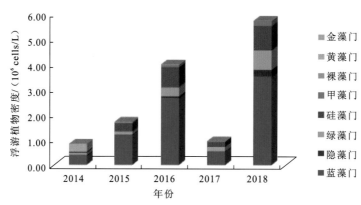

图 2.21　2014～2018 年浮游植物密度变化

2014～2018 年从上游渠口至下游河口浮游植物密度变化差异较大（图 2.22）。2014 年呈现递增的变化趋势，介于 $2.3×10^5$～$1.54×10^6$ cells/L 变化，均值 $8.6×10^5$ cells/L；2016 年和 2017 年则呈现递减的变化趋势，介于 $1.60×10^6$～$3.59×10^6$ cells/L；2015 年和 2018 年变化趋势相对较大，主要是由于 2015 年养鹿断面蓝藻门和 2018 年高阳断面蓝藻门浮游植物密度显著增加。

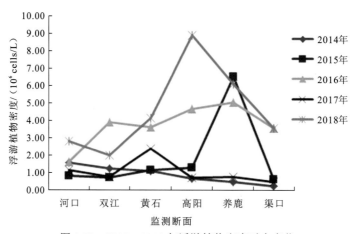

图 2.22　2014～2018 年浮游植物密度时空变化

2014～2018 年小江浮游植物密度垂直分布稍有差异，但总体表现为表层水明显高于中层和低层。表层浮游植物密度在 $4.3×10^5$～$8.63×10^6$ cells/L 变化，均值 $3.77×10^6$ cells/L，中层在 $4.8×10^5$～$4.48×10^6$ cells/L 变化，均值 $2.06×10^6$ cells/L，底层在 $4.2×10^5$～$5.04×10^6$ cells/L 变化，均值 $1.86×10^6$ cells/L（图 2.23）。

3. 浮游植物优势种变化

2014～2018 年小江浮游植物优势种具有典型的年际变化（表 2.11），2014 年有 5 门 18 种，包括蓝藻门 7 种、绿藻门 5 种、硅藻门 3 种、隐藻门 2 种、甲藻门 1 种；2015 年有 5 门 24 种，包括蓝藻门 9 种、绿藻门 4 种、硅藻门 9 种、甲藻门 1 种、裸藻门 1 种；

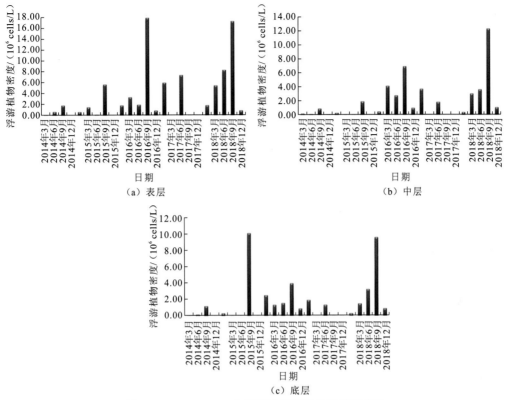

图 2.23　2014～2018 年不同水深浮游植物密度变化

2016 年有 5 门 20 种，包括蓝藻门 7 种、绿藻门 4 种、硅藻门 7 种、隐藻门 1 种、甲藻门 1 种；2017 年有 5 门 21 种，包括蓝藻门 10 种、绿藻门 1 种、硅藻门 7 种、隐藻门 2 种、甲藻门 1 种；2018 年有 5 门 16 种，包括蓝藻门 4 种、绿藻门 3 种、硅藻门 6 种、隐藻门 2 种、甲藻门 1 种。其中硅藻门的颗粒直链藻（*Melosira granulata*）和小环藻（*Cyclotella* sp.）在 5 年都为优势种类，蓝藻门的水华束丝藻（*Aphanizomenon flos-aquae*）、微小平裂藻（*Merismopedia tenuissima*）、绿藻门的空球藻（*Eudorina elegans*）、硅藻门的尖针杆藻（*Synedra acus*）和隐藻门的尖尾蓝隐藻（*Chroomonas acuta*）在其中 4 年都为优势种。

表 2.11　2014～2018 年小江浮游植物优势种及优势度

采样期	门类	种名	拉丁名	优势度
2018 年	蓝藻	弯曲尖头藻	*Raphidiopsis curvata*	0.02
		水华束丝藻	*Aphanizomenon flos-aquae*	0.46
		微小平裂藻	*Merismopedia tenuissima*	0.27
		小颤藻	*Oscillatoria tenuis*	0.02
	绿藻	螺旋纤维藻	*Ankistrodesmus spiralis*	0.02
		空球藻	*Eudorina elegans*	0.15
		被甲栅藻	*Scenedesmus armatus*	0.02

续表

采样期	门类	种名	拉丁名	优势度
2018 年	硅藻	颗粒直链藻	*Melosira granulata*	0.12
		颗粒直链藻极狭变种	*Melosira granulata* var. *angustissima*	0.13
		具槽直链藻	*Melosira sulcata*	0.07
		尖针杆藻	*Synedra acus*	0.05
		美丽星杆藻	*Asteronella formosa*	0.17
		小环藻	*Cyclotella* sp.	0.12
	隐藻	卵形隐藻	*Cryptomonas ovata*	0.03
		尖尾蓝隐藻	*Chroomonas acuta*	0.04
	甲藻	二角多甲藻	*Peridinium bipes*	0.19
2017 年	蓝藻	铜绿微囊藻	*Microcystis aeruginosa*	0.04
		不定微囊藻	*Microcystis incerta*	0.02
		微囊藻	*Microcystis* spp.	0.33
		浮游念珠藻	*Nostoc planktonicum*	0.02
		小席藻	*Phormidium tenue*	0.02
		固氮鱼腥藻	*Anabaena azotica*	0.14
		水华束丝藻	*Aphanizomenon flos-aquae*	0.44
		点形平裂藻	*Merismopedia punctata*	0.07
		微小平裂藻	*Merismopedia tenuissima*	0.11
		阿氏颤藻	*Oscillatoria agardhii*	0.03
	绿藻	空球藻	*Eudorina elegans*	0.10
	硅藻	美丽星杆藻	*Asteronella formosa*	0.08
		颗粒直链藻	*Melosira granulata*	0.11
		具槽直链藻	*Melosira sulcata*	0.16
		变异直链藻	*Melosira varians*	0.02
		颗粒直链藻极狭变种	*Melosira granulata* var. *angustissima*	0.04
		小环藻	*Cyclotella* sp.	0.08
		尖针杆藻	*Synedra acus*	0.02
	隐藻	卵形隐藻	*Cryptomonas ovata*	0.04
		尖尾蓝隐藻	*Chroomonas acuta*	0.03
	甲藻	二角多甲藻	*Peridinium bipes*	0.02
2016 年	蓝藻	铜绿微囊藻	*Microcystis aeruginosa*	0.06
		固氮鱼腥藻	*Anabaena azotica*	0.06
		微小平裂藻	*Merismopedia tenuissima*	0.05

续表

采样期	门类	种名	拉丁名	优势度
2016 年	蓝藻	点形平裂藻	*Merismopedia punctata*	0.07
		浮游念珠藻	*Nostoc planktonicum*	0.03
		水华束丝藻	*Aphanizomenon flos-aquae*	0.37
		依莎束丝藻	*Aphanizomenon issatschenkoi*	0.15
	绿藻	衣藻	*Chl-amydomonas* sp.	0.02
		螺旋纤维藻	*Ankistrodesmus spiralis*	0.02
		四尾栅藻	*Scenedesmus quadricauda*	0.02
		双对栅藻	*Scenedesmus bijuga*	0.03
	硅藻	意大利直链藻	*Melosira italica*	0.03
		颗粒直链藻	*Melosira granulata*	0.13
		颗粒直链藻极狭变种	*Melosira granulata* var. *angustissima*	0.03
		具槽直链藻	*Melosira sulcata*	0.05
		尖针杆藻	*Synedra acus*	0.04
		两头针杆藻	*Synedra amphicephala*	0.02
		小环藻	*Cyclotella* sp.	0.13
	隐藻	尖尾蓝隐藻	*Chroomonas acuta*	0.08
	甲藻	角甲藻	*Ceratium hirundinella*	0.05
2015 年	蓝藻	水华微囊藻	*Microcystis flos-aquae*	0.10
		微囊藻	*Microcystis* spp.	0.08
		弯曲尖头藻	*Raphidiopsis curvata*	0.05
		席藻	*Phormidium* sp.	0.07
		固氮鱼腥藻	*Anabaena azotica*	0.14
		伪鱼腥藻	*Pseudanabaena* sp.	0.02
		小颤藻	*Oscillatoria tenuis*	0.05
		颤藻	*Oscillatoria* sp.	0.05
		粘球藻	*Gloeocapsa* sp.	0.02
	绿藻	小球藻	*Chlorella vulgaris*	0.05
		空球藻	*Eudorina elegans*	0.02
		卵形衣藻	*Chlamydomonas ovalis*	0.19
		新月藻	*Closterium* spp.	0.02
	硅藻	颗粒直链藻	*Melosira granulata*	0.33
		针杆藻	*Synedra* spp.	0.08
		尖针杆藻	*Synedra acus*	0.06

采样期	门类	种名	拉丁名	优势度
2015 年	硅藻	近缘针杆藻	*Synedra affinis*	0.08
		小环藻	*Cyclotella* sp.	0.02
		谷皮菱形藻	*Nitzschia palea*	0.04
		新月形桥弯藻	*Cymbella cymbiformis*	0.03
		近头端羽纹藻	*Pinnularia subcapitata*	0.03
		狭轴舟形藻	*Navicula verecunda*	0.02
	甲藻	飞燕角甲藻	*Ceratium hirundinella*	0.07
	裸藻	奇形扁裸藻	*Phacus anomalus*	0.05
2014 年	蓝藻	水华束丝藻	*Aphanizomenon flos-aquae*	0.56
		束丝藻	*Aphanizomenon* sp.	0.04
		细小平裂藻	*Merismopedia tenuissima*	0.12
		点形平裂藻	*Merismopedia punctata*	0.03
		类颤鱼腥藻	*Anabaena oscillarioides*	0.20
		伪鱼腥藻	*Pseudanabaena* sp.	0.04
		浮丝藻	*Planktothrix* sp.	0.06
	绿藻	空球藻	*Eudorina elegans*	0.07
		粗肾形藻	*Nephrocytium obesum*	0.02
		华美十字藻	*Crucigenia lauterbornii*	0.03
		小球藻	*Chlorella vulgaris*	0.02
		衣藻	*Chlamydomonas* sp.	0.02
	硅藻	小环藻	*Cyclotella* sp.	0.02
		颗粒直链藻	*Melosira granulata*	0.02
		美丽星杆藻	*Asteronella formosa*	0.22
	隐藻	尖尾蓝隐藻	*Chroomonas acuta*	0.13
		啮蚀隐藻	*Cryptomonas erosa*	0.04
	甲藻	角甲藻	*Ceratium hirundinella*	0.05

2.2.2　小江重点断面浮游植物群落结构特征分析

　　小江在坝前 145 m 回水末端为小江中游的高阳段，随三峡水库运行该段呈现出"浅水河道性湖泊－深水湖泊"的交替变化特征，为小江富营养化严重、水华频发的区域。本小节根据 2013 年开展的高阳段逐月水生态监测调查，分析浮游植物现存量、群落结构及功能组特征，以及与环境因子的关系。

1. 浮游植物现存量

小江高阳断面不同月份浮游植物密度变化较大（图 2.24），为 $4.2×10^5$～$3.085×10^7$ cells/L。其中，1 月各样点浮游植物密度相对较小，2 月后开始增加，至 5 月增加至年度最大，6 月骤然降低，7 月和 8 月再次大幅增加，然后逐渐降低。

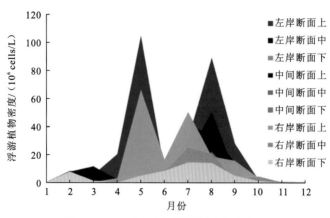

图 2.24　小江高阳断面浮游植物周年变化

高阳左岸、中间、右岸断面间浮游植物密度存在差异（图 2.24），以左岸断面浮游植物密度最大，年度变化范围为 $4.0×10^5$～$4.948×10^7$ cells/L；右岸断面浮游植物密度次之，年度变化范围为 $4.4×10^5$～$3.05×10^7$ cells/L；中间断面浮游植物密度最低，年度变化范围为 $3.3×10^5$～$2.17×10^7$ cells/L。

高阳不同水层水体浮游植物密度存在较大差异（图 2.24），表层水体浮游植物密度最高，年度变化范围为 $5.0×10^5$～$7.591×10^7$ cells/L；中层水体浮游植物密度次之，年度变化范围为 $2.5×10^5$～$3.124×10^7$ cells/L；底层水体浮游植物密度最低，年度变化范围为 $1.4×10^5$～$1.528×10^7$ cells/L。

2. 浮游植物群落组成

以浮游植物各种类密度占总密度的比例来反映浮游植物种群的时空变化情况，如图 2.25 所示。浮游植物种群组成在空间分布上差别不大，高阳左岸、中间、右岸断面在各月份的种群组成相似，且表、中、底层水体浮游植物种群组成亦相似。但浮游植物种群组成在时间分布上差别较大。其中，1 月蓝藻较多，2～3 月绿藻较多，4 月蓝藻逐渐增多，到 8 月增加至占比 99%以上，而后蓝藻逐渐减少，硅藻和绿藻逐渐增加，11 月和 12 月隐藻也开始增加。

3. 浮游植物功能组特征

根据 Padisák 等（2006）对藻类功能的分组方法，对小江监测期间的藻类进行功能群划分，共识别出 23 个浮游植物功能组（图 2.26 和表 2.12）。根据出现频率，H1、X2

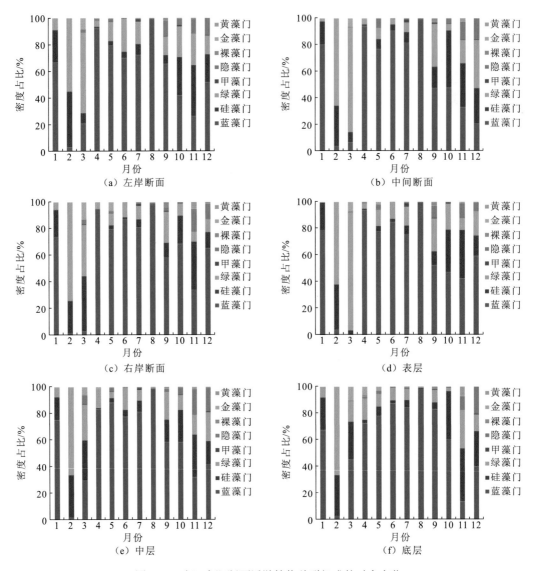

图 2.25　小江高阳断面浮游植物种群组成的时空变化

是小江回水区主要代表性功能组，L_M、L_0、$S1$、M、J、B、D、P、$X1$、Y 等亦为较常
见功能组且占较大比重。以鱼腥藻（*Anabaena*）和蓝隐藻（*Chroomonas*）为主要代表的
H1 和 X2 功能群，从生理特征方面一般具有生长快速和对环境变化有较强适应性等特点，
从而在浮游生态系统中占据优势地位。其生态学意义具体体现在对小江生态系统初级生
产力的贡献，以及它们在食物网中作为能量和营养的来源方面。其他功能群如 L_M、L_0、
$S1$、M、J、B、D、P、$X1$ 和 Y 等的出现，表明了小江回水区浮游植物群落的多样性和
复杂性。不同的功能群可能具有不同的生长速率、营养需求及对环境压力的适应能力，
在生态系统中扮演着多样化的角色，如为不同营养级的生物提供食物资源、参与水体中
的营养循环和能量流动。

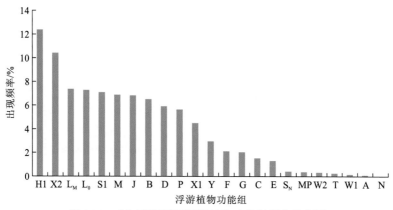

图 2.26　小江高阳断面浮游植物功能组频率分布图

表 2.12　小江回水区浮游植物功能组的代表性藻种（属）及其 C-R-S 生长策略

功能组	代表性藻种（属）	生长策略
A	根管藻（*Rhizosolenia*）、长菎藻（*Neidium*）	R
B	小环藻（*Cyclotella*）、冠盘藻（*Stephanodiscus*）	CR
C	星杆藻（*Asterionella*）	R
D	针杆藻（*Synedra*）	R
N	鼓藻（*Cosmarium*）	R
P	直链藻（*Melosira*）、等片藻（*Diatoma*）	R
MP	异极藻（*Gomphonema*）、舟形藻（*Navicula*）	CR
T	黄丝藻（*Tribonema*）	R
S1	浮丝藻（*Planktothrix*）、伪鱼腥藻（*Pseudanabaena*）、泽丝藻（*Limnothrix*）	CS
S_N	尖头藻（*Raphidiopsis*）	R
X2	衣藻（*Chlamydomonas*）、棕鞭藻（*Ochromonas*）、蓝隐藻（*Chroomonas*）	C
X1	小球藻（*Chlorella*）、弓形藻（*Schroederia*）	C
E	鱼鳞藻（*Mallomonas*）	C
Y	隐藻（*Cryptomonas*）、裸甲藻（*Gymnodinium*）	CRS
F	卵囊藻（*Oocystis*）、肾形藻（*Nephrocytium*）、蹄形藻（*Kirchneriella*）	CS
G	实球藻（*Pandorina*）、空球藻（*Eudorina*）	CS
J	栅藻（*Scenedesmus*）、盘星藻（*Pediastrum*）、十字藻（*Crucigenia*）	CR
H1	鱼腥藻（*Anabaena*）、束丝藻（*Aphanizomenon*）	CS
L_0	平裂藻（*Merismopedia*）、多甲藻（*Peridinium*）	S
L_M	角甲藻（*Ceratium*）	S
M	微囊藻（*Microcystis*）	S
W1	裸藻（*Euglena*）、扁裸藻（*Phacus*）	R/CS
W2	囊裸藻（*Trachelomonas*）	R/CS

根据浮游植物功能群对物质和能量供给变化划分其 C-R-S 生长策略，C 型在物质和能量均充分的条件下占优，R 型对能量限制的情况下具有耐受性，S 型在物质限制下占优。小江各功能组代表藻属及其 C-R-S 生长策略见表 2.12。从生长策略角度来看，小江浮游植物中具有 R、CS 生长策略的类群出现频率较高，而 C、S 和 CR 类群较少。具有 R 生长策略的种类较多表明小江浮游植物种类对环境变化具有较高的适应性，能够在环境条件多变或资源有限的情况下生存。而由于具有 C 生长策略的浮游植物通常在资源充足的环境中具有竞争优势，这与小江水体具有较高的营养盐基础是一致的。CR 生长策略的浮游植物结合了 C 生长策略和 R 生长策略的特点，它们在资源充足时能够快速生长，在资源有限时也能保持一定的生长速率。鱼腥藻作为出现频率最高的 H1 功能组的主要种类，属于典型的 CS 生长策略种类，该类浮游植物不仅在资源充足时能够快速生长，在资源有限时也能保持一定的生长速率。例如，富营养条件对鱼腥藻生长是十分有利的，但缺氮环境条件下鱼腥藻可以利用自身异形胞开展固氮，以适应不利条件，使得它们能够在多种环境条件下生存和繁衍。

由主要浮游植物功能组相对丰度随时间变化结果可知（图 2.27），1～12 月优势浮游植物功能组分别为 X2、M、C/X2、L_M、L_M、L_0/J、L_0/J、H1/L_0、H1、S1/D、X2/B/D、X2；H1/L_M/L_0/M 等功能组在部分月份未出现，其他功能组在各月份均有出现，但出现频率变化较大。分析可知，小江浮游植物群落具有明显的演替规律：春季 X2/M/C 组混生，春末 L_M 开始出现，夏季 L_M 占绝对优势，夏末秋初 L_0/J 组比重较大，秋季 H1 占绝对优势群，冬季 S1/D/B 组开始出现。

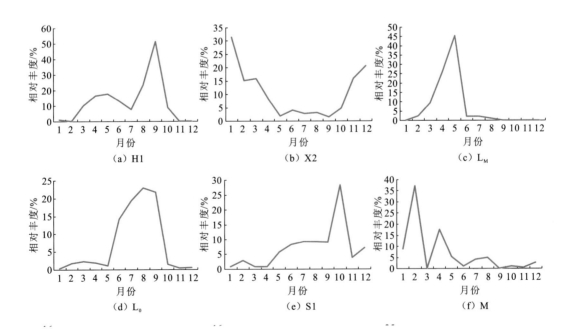

（a）H1　　　　　　（b）X2　　　　　　（c）L_M

（d）L_0　　　　　　（e）S1　　　　　　（f）M

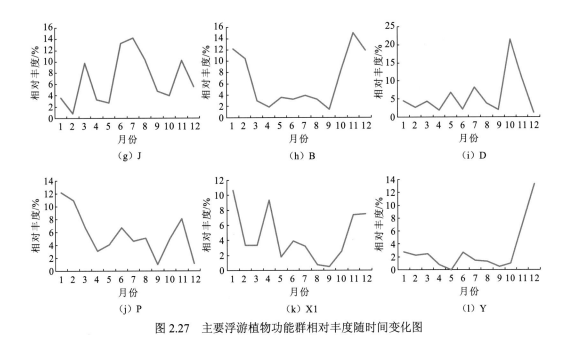

图 2.27　主要浮游植物功能群相对丰度随时间变化图

4. 浮游植物与环境因子的关系分析

浮游植物与水质因子的冗余分析（redundancy analysis，RDA）结果表明，WT、Chl-a、Turb、NH$_3$-N、pH、TA 等是与小江浮游植物功能组变化显著相关的主要环境因子（$P<0.05$），其中 WT 的重要值远远大于其他因子（表 2.13）。RDA 图进一步表明（图 2.28），各季节浮游植物功能组均与 Chl-a 浓度相关，说明各功能组是浮游植物的主要组成类群。其中，春季 X2/M/C 组混生主要受 pH 和 WT 影响，夏季功能组 L$_M$ 变化与 pH 相关性最大，夏末秋初功能组 L$_0$/J 的出现受 Turb、WT 的变化影响大，秋季功能组 H1 的变化与 WT、NH$_3$-N 显著相关，冬季功能组 S1/D/B 混生是多个因子的影响结果。

表 2.13　RDA 冗余分析中环境因子的显著性检验

环境因子	P	F
WT	0.002	8.73
Chl-a	0.002	4.07
TD	0.002	3.48
NH$_3$-N	0.004	2.68
pH	0.020	2.06
TA	0.018	1.95
Cond	0.056	1.67
NO$_3^-$-N	0.120	1.48

环境因子	P	F
DO	0.196	1.30
TN	0.280	1.21
PO_4^{3-}-P	0.244	1.17
SD	0.392	1.05
TP	0.496	0.94
COD_{Mn}	0.728	0.75

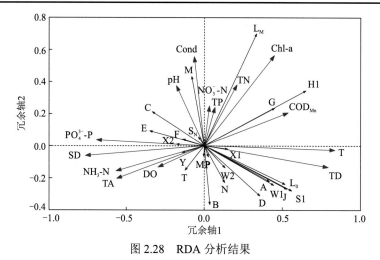

图 2.28　RDA 分析结果

2.2.3　泄蓄水期小江浮游植物群落结构特征及影响分析

根据小江水华发生情况，在小江回水区水华易发生的高阳水域设置左岸、中间、右岸监测断面，于三峡水库泄水期（6 月，坝前水位由 150.4 m 下降至 145.0 m）和蓄水期（10 月，坝前水位由 167.6 m 上升至 172.6 m）实施加密监测，每周监测 1 次，即分别于 6 月 1 日、6 月 8 日、6 月 15 日、6 月 22 日、6 月 29 日、10 月 4 日、10 月 11 日、10 月 18 日、10 月 25 日开展监测。

1. 浮游植物群落结构特征

1）种类组成

三峡水库 6 月泄水过程调查期，在小江共鉴定出浮游植物 6 门、70 属、136 种（变种）。浮游植物种类以绿藻门（27 属、49 种）和硅藻门（21 属、46 种）为主，分别占总种类数的 36.03%和 33.82%；其次是蓝藻门（12 属、24 种），而裸藻门（4 属、8 种）、甲藻门（4 属、5 种）和隐藻门（2 属、4 种）较少。从泄水过程看，浮游植物的种数为 51～65 种，且随着泄水过程的推进先升高、后降低，以 6 月中下旬较多、上旬较少（图 2.29）。

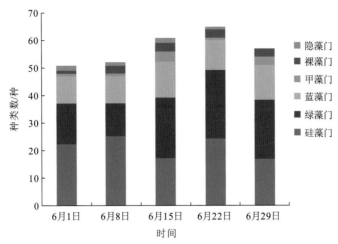

图 2.29　6 月三峡水库泄水过程小江浮游植物种类组成

三峡水库 10 月蓄水过程调查期，在小江共鉴定出浮游植物 7 门、70 属、136 种（变种）。以绿藻门（30 属、55 种）为主，占总种类数的 40.44%；其次是蓝藻门（12 属、29 种）和硅藻门（12 属、26 种），裸藻门（5 属、8 种）、金藻门（5 属、7 种）、甲藻门（4 属、7 种）均较少；隐藻门（2 属、4 种）最少。从蓄水过程看（图 2.30），浮游植物的种数为 57～66 种，且随着蓄水过程的推进总体呈降低趋势，以 10 月下旬最少。

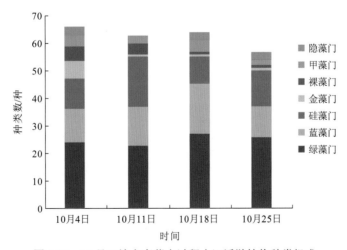

图 2.30　10 月三峡水库蓄水过程小江浮游植物种类组成

总体上，三峡水库泄、蓄水过程中，小江浮游植物种类均以绿藻、硅藻、蓝藻为主，但种类组成略有差异，且随着泄、蓄水过程的推进产生差异。

2）现存量

由图 2.31（a）所示，6 月浮游植物密度变化范围为 $8.1 \times 10^4 \sim 1.272 \times 10^6$ cells/L，且

随着泄水过程的推进总体呈增加趋势，6 月中下旬较多、上旬较少。浮游植物组成以硅藻门最多，占浮游植物总密度的比例均在 50% 以上；裸藻门次之，占比为 27.0%～41.7%；然后是甲藻门和隐藻门，蓝藻门和绿藻门最少；此外，从垂直分布上看 [图 2.31（b）]，浮游植物密度在上旬（6 月 1 日和 8 日）差异不显著，但在中下旬（6 月 15～29 日）均以表层水体最高、中层次之、底层最低。

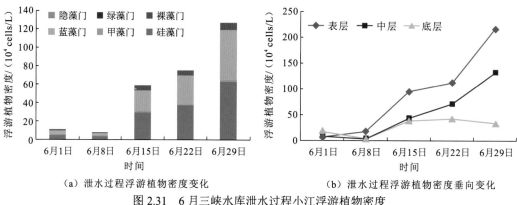

（a）泄水过程浮游植物密度变化　　　　　（b）泄水过程浮游植物密度垂向变化

图 2.31　6 月三峡水库泄水过程小江浮游植物密度

如图 2.32（a）所示，10 月浮游植物密度为 2.44×10^5～9.99×10^5 cells/L，且随着蓄水过程的推进总体呈减少趋势，10 月上旬较多、下旬较少。浮游植物组成以蓝藻门最多，占浮游植物总密度的比例为 54.9%～94.4%；硅藻门次之，占比为 2.2%～29.1%；然后是绿藻门和隐藻门；金藻门、甲藻门、裸藻门较少；此外，从垂直分布上看，如图 2.32（b），浮游植物密度除在调查下旬（10 月 25 日）表层水体低于中层水体外，其他时间均以表层水体最高、中层次之、底层最低。

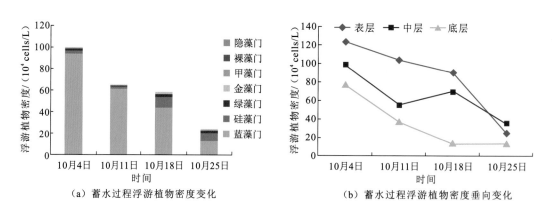

（a）蓄水过程浮游植物密度变化　　　　　（b）蓄水过程浮游植物密度垂向变化

图 2.32　10 月三峡水库蓄水过程小江浮游植物密度

总体上，三峡水库泄、蓄水过程中，小江浮游植物密度分别呈增加、减少趋势，且泄水过程略高于蓄水过程，分别以硅藻门、蓝藻门为主；垂直分布上，浮游植物密度在表层最高，中层次之，底层最低。

3）浮游植物多样性

由图 2.33 所示，6 月香农-维纳（Shannon-Wiener）多样性指数、贝格-派克（Berger-Parker）优势度指数、马格列夫（Margalef）丰富度指数、辛普森（Simpson）多样性指数的变化范围相对较小，分别为 3.05～3.72、2.90～3.45、0.79～0.86、0.68～0.87。调查后期较调查初期的 Shannon-Wiener 多样性指数和 Berger-Parker 优势度指数低，Simpson 多样性指数高，而 Margalef 丰富度指数虽略有波动但变化不大。

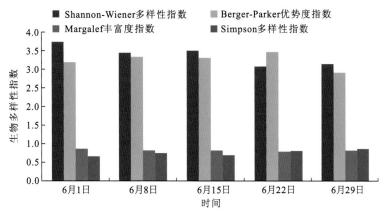

图 2.33　6 月三峡水库泄水过程小江浮游植物多样性分析

由图 2.34 所示，10 月 Shannon-Wiener 多样性指数、Berger-Parker 优势度指数、Margalef 丰富度指数、Simpson 多样性指数的变化范围相对较大，分别为 1.80～3.68、3.13～3.29、0.09～0.61、0.70～0.91。调查后期较调查初期的 Shannon-Wiener 多样性指数显著升高，Margalef 丰富度指数显著降低，Berger-Parker 优势度指数和 Simpson 多样性指数也略降低。

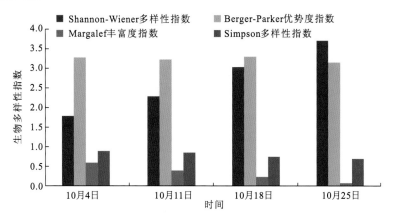

图 2.34　10 月三峡水库蓄水过程小江浮游植物多样性分析

总体上，三峡水库泄水过程与蓄水过程相比，Shannon-Wiener 多样性指数和 Margalef 丰富度指数明显较高，Berger-Parker 优势度指数和 Simpson 多样性指数相差不大；且随着泄、蓄水过程的推进，浮游植物多样性指数产生差异。

4）浮游植物群落聚类

聚类分析结果表明，三峡水库泄水过程和蓄水过程的浮游植物群落分别聚在 1 组内（图 2.35），且 2 个过程内浮游植物群落的变化不相同：泄水过程调查初期首先聚为 1 支，中后期则不在 1 支内；而蓄水过程调查后期首先聚为 1 支，与初期距离较远。

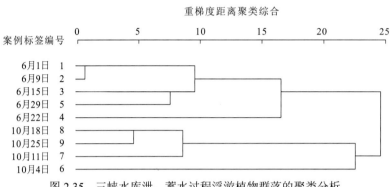

图 2.35　三峡水库泄、蓄水过程浮游植物群落的聚类分析

三峡水库泄、蓄水过程中的小江浮游植物种类组成以绿藻、硅藻、蓝藻为主，数量组成分别以硅藻和蓝藻占优势（50%以上），说明泄、蓄水过程中小江浮游植物表现为湖泊型类群，与水库运行其他时间的浮游植物群落构成基本一致（郭劲松 等，2010；潘晓洁 等，2009；陈杰，2008）。浮游植物密度分别为 $8.1×10^4 \sim 1.272×10^6$ cells/L 和 $2.44×10^5 \sim 9.99×10^5$ cells/L；参照况琪军等（2005）利用浮游植物密度评价水质的标准，可见蓄水过程的小江水质比泄水过程好，且均比水华发生过程的水质状况好（浮游植物密度高达 $1.0×10^7$ cells/L 以上）；此外，小江浮游植物密度随着泄水过程的推进显著增加，随蓄水过程持续减少。因此，泄、蓄水过程水华发生潜在风险存在差别，水位越低水华发生的风险越大。已有研究表明，三峡水库支流在 6～9 月的低水位运行期易发生水华（陈小娟 等，2013；田泽斌 等，2012；王岚 等，2009；朱孔贤 等，2012）。三峡水库蓄水过程调查期与泄水过程调查期相比，Shannon-Wiener 多样性指数和 Margalef 丰富度指数变化幅度大，说明泄水过程浮游植物群落的稳定性较好，而蓄水过程受环境影响较大，中后期较前期浮游植物群落组成及丰富性变化大。利用浮游植物多样性指数对小江的水质状况进行评价（况琪军 等，2005），发现除三峡水库蓄水过程初期小江水质为中污染水平外，其他调查时间小江水质均为轻污染水平。综上，三峡水库泄、蓄水过程调查期浮游植物种类组成、现存量分布、群落组成、生物多样性指数等均略有差异。聚类分析结果也进一步表明，三峡水库泄、蓄水过程浮游植物群落结构存在差异，且浮游植物群落随着泄水过程的推进处于不断变化中，而随着蓄水过程的推进逐渐趋于稳定。

2. 浮游植物群落与水文、水质因子的关系

1）水文因子

三峡水库泄、蓄水过程中，小江流速分别为 0.06～0.12 m/s、0.04～0.08 m/s，流量

分别为 31.90~212.44 m³/s、10.09~49.08 m³/s；且随着三峡水库泄水过程的推进，小江流速和流量总体上逐渐减少；泄水过程的小江流速、流量较蓄水过程变化大。流速、流量与浮游植物密度的回归分析结果显示，泄水过程中浮游植物密度与流速和流量均呈负相关关系，且浮游植物密度与流量显著相关的 Pearson 相关性检验结果达到显著性水平 0.05 以下（$P<0.05$）；而蓄水过程中浮游植物与流速、流量均呈正相关关系，但相关性均不显著（$P>0.05$）（图 2.36）。

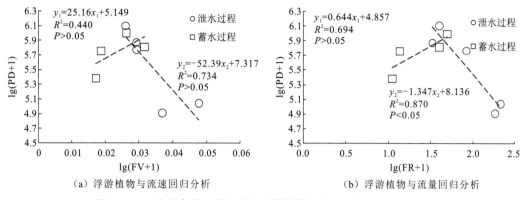

（a）浮游植物与流速回归分析　　　　（b）浮游植物与流量回归分析

图 2.36　三峡水库泄、蓄水过程浮游植物与流速、流量的回归分析

PD：浮游植物密度；FV：流速；FR：流量

2）水质因子

如表 2.14 所示，三峡水库泄、蓄水过程各水质指标变化范围均较大，其中泄水过程 TN、TP、COD$_{Mn}$、WT、pH、Turb 等指标平均值高于蓄水过程，泄水过程 TA、Cond 等指标平均值低于蓄水过程。根据三峡水库营养状态评价标准（郑丙辉 等，2006），三峡水库泄、蓄水过程，TN 均处于中度富营养水平，TP 分别处于轻度富营养水平或中营养水平。

表 2.14　三峡水库泄、蓄水过程水质指标变化情况

指标	泄水过程			蓄水过程		
	最大值	最小值	平均值	最大值	最小值	平均值
TN 浓度/（mg/L）	3.12	0.95	1.80	2.09	0.81	1.38
NH$_3$-N 浓度/（mg/L）	0.53	0.03	0.25	0.57	0.08	0.21
NO$_3^-$-N 浓度/（mg/L）	1.95	0.42	1.09	1.50	0.43	0.92
TP 浓度/（mg/L）	0.49	0.02	0.09	0.11	0.02	0.06
PO$_4^{3-}$-P 浓度/（mg/L）	0.06	0.00	0.03	0.09	0.00	0.03
COD$_{Mn}$浓度/（mg/L）	4.35	1.26	2.75	4.61	1.09	2.39
TA/（mg/L）	112.61	65.07	84.73	131.38	8.00	86.79

续表

指标	泄水过程			蓄水过程		
	最大值	最小值	平均值	最大值	最小值	平均值
WT/℃	31.36	20.17	25.86	25.83	20.72	23.52
Cond/(μS/cm)	450.00	230.00	324.22	501.00	322.00	385.58
pH	9.11	7.40	8.33	8.36	7.09	7.92
DO 浓度/(mg/L)	7.71	3.41	5.94	7.06	2.76	5.93
Turb/NTU	199.00	13.73	71.47	42.57	2.03	8.91

Pearson 相关性分析结果（表 2.15）表明，三峡水库泄水过程，浮游植物密度与 WT、Cond、DO 等极显著正相关（$P<0.01$），与 NO_3^--N、TN、Turb、PO_4^{3-}-P、COD_{Mn} 等极显著负相关（$P<0.01$），与 TA 显著正相关（$P<0.05$）；三峡水库蓄水过程，浮游植物密度与 WT、TA 等极显著正相关（$P<0.01$），与 PO_4^{3-}-P、TP、NO_3^--N、TN 等极显著负相关（$P<0.01$），与 Cond 显著正相关（$P<0.05$）。

表 2.15　三峡水库泄、蓄水过程浮游植物密度与水质指标的相关分析

指标	泄水过程	蓄水过程
TN	-0.63**	-0.48**
NH₃-N	-0.09	-0.41*
NO_3^--N	-0.71**	-0.55**
TP	-0.33*	-0.73**
PO_4^{3-}-P	-0.58**	-0.74**
COD_{Mn}	-0.39**	0.15
TA	0.30*	0.50**
WT	0.81**	0.60**
Cond	0.77**	0.42*
pH	0.12	0.32
DO	0.57**	0.31
Turb	-0.61**	0.07

注：*表示显著相关，$P<0.05$；**表示极显著相关，$P<0.01$（双尾检验）。

三峡水库泄水期间，受水库调度方式的影响，水体泥沙含量高，导致营养盐、有机质、Turb 等浓度均较高，加上此期间天气炎热、WT 较高，较蓄水过程更利于浮游植物生长；但此期间浮游植物群落组成以硅藻类为主，表现为河流型的浮游植物群落特征，这可能与泄水过程中水体存在流动环境有关。已有研究表明，水动力变化是三峡水库支流及库湾浮游植物生长的关键影响因素（章国渊，2012；曾辉 等，2007；李锦秀 等，2005）。

本小节结果表明，WT、营养盐对浮游植物的生长起到了很重要的作用，温度越高、营养盐浓度越低，浮游植物密度越高；而水文特征变化会对浮游植物生长产生影响，但影响作用十分有限。这可能与三峡水库泄、蓄水过程调查期间流速变化幅度较小、但 WT 及营养盐等浓度变化幅度较大有关。温度是影响浮游植物生长和生存最重要的环境因子之一。一般而言，适宜浮游植物生长的温度为 15～30℃，高于 30℃或低于 15℃时其生长繁殖均受到很大的影响。三峡水库泄水过程 WT 变化范围为 20.17～31.36℃、蓄水过程 WT 变化范围为 20.72～25.83℃，较适宜于浮游植物生长，因此三峡水泄、蓄水过程浮游植物生长与 WT 呈显著正相关关系。氮、磷等营养盐也是影响浮游植物生长和生存的最重要的环境因子之一，一般情况下，浮游植物会随着水体中氮、磷浓度的增加而快速增殖，在合适的 N/P 范围内，浮游植物的增殖速度与水体氮、磷含量呈正相关关系。本小节中，TN、TP 均与浮游植物呈显著的负相关关系，这可能与三峡水库泄、蓄水过程中的氮、磷浓度水平较高（TN 均处于中度富营养水平、TP 分别处于轻度富营养水平或中营养水平）、不成为浮游植物生长的限制因子有关。

2.2.4　典型支流河口浮游植物群落与水环境相关性分析

2015 年 4 月于三峡库区库首、库中、库尾分别选取香溪河、小江、御临河共计 3 条典型支流开展浮游植物群落特征监测。采样断面设置在 3 条典型支流的回水区距河口 2～3 km 处，每个采样断面设置左、中、右 3 个采样点。

1. 浮游植物群落结构和功能类群

1）种类组成

调查期间，香溪河、小江、御临河 3 条支流共鉴定出浮游植物 8 门 46 属 68 种（表 2.16）。以绿藻门（23 种）和硅藻门（22 种）种类最多，其次是裸藻门（9 种）和蓝藻门（5 种），这 4 门藻占浮游植物总数的 86.8%，其他 4 门藻种类数较少，均不超过 3 种。从空间分布特征来看，浮游植物种类数由库尾至库首逐渐减少，库尾御临河（50 种）明显高于库中小江（33 种）、库首香溪河（20 种）。但 3 个河口浮游植物种类组成相似，均以硅藻门和绿藻门的种类居多。

表 2.16　3 条典型支流浮游植物功能群及其代表种

典型支流	功能类群	代表种
御临河	A	小环藻（*Cyclotella*）
	B	冠盘藻（*Stephanodiscus*）
	C	梅尼小环藻（*Cyclotella meneghiniana*）
	D	尖针杆藻（*Synedra acus*）、肘状针杆藻（*Synedra ulna*）
	E	具尾鱼鳞藻（*Mallomonas caudata*）

典型支流	功能类群	代表种
御临河	F	波吉卵囊藻（*Oocystis borgei*）、肥壮蹄形藻（*Kirchneriella obesa*）
	G	实球藻（*Pandorina morum*）
	H1	水华鱼腥藻（*Anabaena flos-aquae*）
	J	二角盘星藻（*Pediastrum duplex*）
	L_0	多甲藻（*Peridinium*）
	L_M	角甲藻（*Ceratium*）
	M	微囊藻（*Microcystis*）
	P	颗粒直链藻（*Melosira granulata*）、沃切里脆杆藻小头端变种（*Fragilaria vaucheriae* var. *capitellata*）
	S_1	泽丝藻（*Limnothrix*）、土生伪鱼腥藻（*Pseudanabaena mucicola*）
	S_N	尖头藻（*Raphidiopsis*）
	TB	直链藻（*Melosira* spp.）
	W_0	小球藻（*Chlorella vulgaris*）、衣藻（*Chlamydomonas*）
	W_1	裸藻（*Euglena*）
	W_2	囊裸藻（*Trachelomonas*）
	X_1	镰形纤维藻（*Ankistrodesmus falcatus*）
	X_2	尖尾蓝隐藻（*Chroomonas acuta*）
	Y	啮蚀隐藻（*Cryptomonas erosa*）
	A	小环藻（*Cyclotella*）
小江	A	小环藻（*Cyclotella*）
	B	广缘小环藻（*Cyclotella bodanica*）
	C	美丽星杆藻（*Asteronella formosa*）
	D	尖针杆藻（*Synedra acus*）、肘状针杆藻（*Synedra ulna*）
	E	具尾鱼鳞藻（*Mallomonas caudate*）
	G	美丽团藻（*Volvox aureus*）
	J	二角盘星藻（*Pediastrum duplex*）
	L_M	角甲藻（*Ceratium*）
	MP	扁圆卵形藻多孔变种（*Cocconeis placentula* var. *euglypta*）
	P	颗粒直链藻（*Melosira granulata*）、具槽直链藻（*Melosira sulcata*）
	TB	纤细异极藻（*Gomphonema gracile*）
	W_0	小球藻（*Chlorella vulgaris*）、衣藻（*Chlamydomonas*）
	W_1	梭形裸藻（*Euglena acus*）、圆形扁裸藻（*Phacus orbicularis*）
	W_2	珍珠囊裸藻（*Trachelomonas margaritifera*）
	X_1	狭形纤维藻（*Ankistrodesmus angustus*）

典型支流	功能类群	代表种
小江	X_2	尖尾蓝隐藻（*Chroomonas acuta*）
	Y	啮蚀隐藻（*Cryptomonas erosa*）
香溪河	A	小环藻（*Cyclotella*）
	D	尖针杆藻（*Synedra acus*）
	E	具尾鱼鳞藻（*Mallomonas caudate*）
	F	椭圆卵囊藻（*Oocystis elliptica*）、单生卵囊藻（*Oocystis solitaria*）
	G	空球藻（*Eudorina elegans*）
	L_0	多甲藻（*Peridinium*）
	L_M	角甲藻（*Ceratium*）
	MP	尖头舟形藻（*Navicula cuspidata*）
	P	颗粒直链藻（*Melosira granulata*）
	S_N	尖头藻（*Raphidiopsis*）
	TB	简单舟形藻（*Navicula simples*）
	W_0	小球藻（*Chlorella vulgaris*）、衣藻（*Chlamydomonas*）
	X_1	镰形纤维藻（*Ankistrodesmus falcatus*）
	Y	裸甲藻（*Gymnodinium aeruginosum*）

2）现存量

调查期间，御临河、小江、香溪河浮游植物平均总密度均处于较低水平，分别为 $6.1×10^5$ cells/L、$4×10^4$ cells/L、$3×10^4$ cells/L；浮游植物的平均生物量差别较大，分别为 0.64 mg/L、0.07 mg/L、0.035 mg/L。从空间分布特征来看，库尾御临河浮游植物密度较其他 2 条支流高 1 个数量级；就生物量而言，库尾御临河分别是库中小江、库首香溪河的 9.14 倍、18.28 倍（图 2.37）。

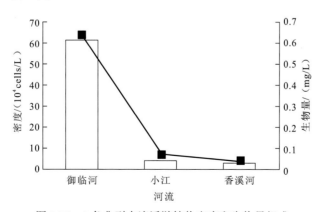

图 2.37　3 条典型支流浮游植物密度和生物量组成

3）功能类群

根据功能群分类方法，对本次采样鉴定出的浮游植物进行功能类群划分，共得到 23 个功能群类。从空间分布特征来看，浮游植物功能类群数量从库尾到库首逐渐减少，库尾御临河、库中小江、库首香溪河的浮游植物功能类群分别为 22 个、17 个、14 个。此外，3 条典型支流的优势浮游植物功能类群各不相同；其中，御临河是以硅藻为代表的 C、P 功能组及以绿藻为代表的 G 功能组，小江是以甲藻为代表的 L_M 功能组和以硅藻为代表的 MP 功能组，而香溪河则是以绿藻为代表的 F 功能组和以甲藻为代表的 Y 功能组。

三峡水库运行对库尾至库首 3 条典型支流河口的影响形成了不同的生境条件，生境条件的不同也影响到浮游植物组成。总体来看，3 条支流浮游植物主要由硅藻和绿藻组成，与相关研究结果一致（朱爱民 等，2013；张远 等，2006；周广杰 等，2006），但优势功能群之间却差异较大（表 2.17）。御临河的优势功能群为 G、C 和 P，其中 C 功能类群代表种为硅藻门的梅尼小环藻，其能适应弱光条件（Padisák et al.，2009），御临河的 SD 均值仅为 0.8 m 左右，是 3 个支流中最浑浊的，这与梅尼小环藻为优势功能类群相吻合。P 功能类群代表种为硅藻门的颗粒直链藻，其占比较大，适应水体扰动的环境，在水流紊乱的环境中已形成优势。G 功能类群代表种为绿藻门的实球藻，此类群适应富营养化水体，这与水质评价结果相吻合。有研究表明，同期小江河口的优势功能群为 L_M（李哲 等，2011），代表种为角甲藻，这与本结果一致；而香溪河的优势功能类群为 F 和 Y，本次调查期间，三峡水库处于泄水期，位于库首的香溪河，干流倒灌明显增强（李媛 等，2012）。河口区一方面流速减缓，呈静置状态；另一方面得到干流稀释，营养水平下降。F 功能类群的物种耐受低营养的环境，Y 功能类群的分布特征为静水环境，因此二者占有优势。

表 2.17　3 条典型支流优势浮游植物功能类群

河流	优势功能类群	环境特征	代表种
御临河	G	富营养、停滞水体	实球藻
	C	富营养、中小型水体	梅尼小环藻
	P	持续或半持续的混合水层	颗粒直链藻
小江	L_M	贫到富营养、中到大型水体可深可浅	角甲藻
	MP	经常性搅动、浑浊	扁圆卵形藻多孔变种
香溪河	F	中到富营养、洁净、混合强	椭圆卵囊藻、单生卵囊藻
	Y	静水环境	裸甲藻

2. 浮游植物主要功能群的相关性

浮游植物总现存量、各功能群现存量与环境因子的相关性（表 2.18）表明，3 条典型支流浮游植物总密度和总生物量与水质状况密切相关，但浮游植物功能组除 C、P 组与水质状况密切相关外，其他功能组与水质状况均不相关。

表 2.18　3 条典型支流浮游植物现存量和与环境因子的 Pearson 相关性分析

指标	密度	生物量	G	C	P	L_M	MP	F	Y
TN	-0.92**	-0.90**	-0.72*	-0.88**	-0.65	0.09	0.03	0.21	0.50
NO_3^--N	-0.93**	-0.91**	-0.61	-0.84**	-0.74*	0.08	0.10	0.44	0.43
NH_3-N	0.84*	0.81*	0.54	0.73	0.62	0.07	0.02	-0.57	-0.40
TP	-0.99**	-0.99**	-0.67	-0.91**	-0.84**	0.18	0.23	0.20	0.24
COD_{Mn}	0.92**	0.94**	0.65	0.85**	0.87**	-0.09	-0.30	-0.30	-0.25
Chl-a	0.94**	0.92**	0.42	0.75*	0.89**	-0.12	-0.12	-0.23	-0.34
SD	-0.99**	-0.99**	-0.64	-0.90**	-0.84**	0.16	0.28	0.26	0.27
WT	0.97**	0.96**	0.66	0.91**	0.83*	-0.31	-0.29	-0.19	-0.17
S	0.87**	0.87**	0.59	0.79*	0.77*	-0.04	-0.04	-0.46	-0.40
DO	-0.72*	-0.59	-0.39	-0.62	-0.43	0.56	-0.17	0.16	0.36
ORP	-0.95**	-0.94**	-0.61	-0.86**	-0.86**	0.27	0.09	0.28	0.41
TDS	0.99**	0.96**	0.65	0.91**	0.83*	-0.30	-0.28	-0.20	-0.25
pH	-0.78*	-0.83*	-0.50	-0.68**	-0.65	-0.36	0.02	0.29	0.45
TLI	0.83*	0.84**	0.57	0.75*	0.74*	0.04	-0.05	-0.49	-0.36
Q	-0.64	-0.65	-0.64	-0.70	-0.23	-0.28	0.32	0.62	0.34

注：*表示显著相关，$P<0.05$；**表示极显著相关，$P<0.01$；G、C、P、L_M、MP、F、Y 分别表示不同功能组。

计算库尾御临河、库中小江、库首香溪河的 TLI 分别为 50.58、40.67、38.03，即从空间分布上看 TLI 从库尾至库首逐渐降低。通过 TLI 分析的水质评价结果显示：御临河为轻度富营养状态，小江处于中度富营养状态，香溪河处于中营养状态。比较 3 条典型支流各水质指标对 TLI 的贡献发现（图 2.38），各支流 TLI（TN）和 TLI（TP）均较高，御临河最低，但与其他两条支流差异较小，而 TLI（SD）、TLI（COD_{Mn}）和 TLI（Chl-a）御临河均明显高于其他支流。

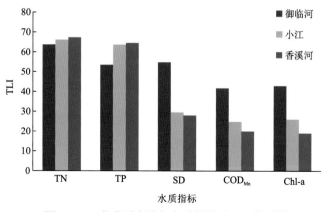

图 2.38　3 条典型支流各水质指标对 TLI 的贡献

3 条典型支流浮游植物现存量与功能群的差异与水质状况关系密切,而本次调查期间,3 条支流河口的水质状况一方面受到上游污染的影响,另一方面也受到水库运行的影响。三峡水库水位为 165 m 左右,属于高水位运行,库首(香溪河)及库中(小江)支流受干流影响较库尾支流明显,支流河口流速较缓且 SD 均高于 3 m,而库尾(御临河)位于重庆市渝北区,属于水位在 175 m 的库尾区域,水位在 165 m 时受回水影响相对较小,现场观测中,发现御临河有较为明显的流速且水体较浑浊,浑浊水体中所携带的泥沙是御临河 COD_{Mn} 较高 SD 较低的主要原因。同时,影响御临河污染的主要因素为水土流失、沿江城镇污水,在此影响下,御临河 COD_{Mn}、WT 和 NH_3-N 浓度均明显高于其他两条支流。除此,本次调查中 3 条支流的 TN、TP 浓度远高于 0.2 mg/L、0.02 mg/L的富营养化临界浓度,但除浮游植物现存量,功能组 G、C、P 组现存量与 TN、TP 密切相关外,其他功能组与 TN、TP 均无显著相关,TN 和 TP 均不再是限制因子。较高的WT、COD_{Mn} 及 NH_3-N 浓度,会促进御临河浮游植物的生长,这与御临河的 Chl-a 浓度和浮游植物现存量明显高于其他支流的结果一致。

2.3　小江水华发生状况及影响分析

三峡水库蓄水后,库区水文、水动力条件发生了很大的变化,流速减缓、营养物质滞留,水体富营养化程度加剧,库区 50%的一级支流回水区均持续发生水华,小江是库区水华发生最频繁、最典型的支流之一。本节以小江水华高发的高阳江段为监测对象,开展水华期水质、浮游植物等指标的跟踪监测,分析小江水华的逐年演变特征,并对水华期藻类的时空变化及其关键影响因子进行系统分析,为库区支流水华防控提供支撑。

2.3.1　小江水华基本特征

小江在 2005 年春季开始出现甲藻水华,2007 年 4 月开始小江河口、双江、高阳等河段大规模暴发束丝藻水华。2008 年以来,小江水华发生已成为常态,每年 4~6 月双江或高阳断面均会出现以蓝藻为优势种的水华。2013 年以来,对小江水华的跟踪监测发现,2013~2022 年小江水华具有暴发时间逐年提前、持续时间延长、强度越来越大的趋势;小江水华暴发以坝前 145 m 回水影响区高阳平湖为核心区域,逐渐向上下游延伸;水华期浮游植物群落结构简单,以绿藻、硅藻和蓝藻为主,呈湖泊相藻类特征;优势种以指示α-ms 富营养型水体的微囊藻和鱼腥藻为主,水华暴发初期角甲藻出现频次较高;浮游植物密度呈显著的垂直分布且有逐年增加的趋势,藻类水华来自表层蓝藻的贡献率高达 90%。小江历年水华发生情况见表 2.19。

表 2.19　小江历年水华发生情况

指标	2013 年	2014 年	2015 年	2016 年	2017 年	2018 年	2019 年	2020 年	2021 年
水华发生时间	5 月 10 日	4 月 21 日	4 月 22 日	4 月 21 日	4 月 30 日	4 月 18 日	4 月 22 日	4 月 4 日	4 月 6 日
水华发生位置	双江大桥至双江渡口	双江大桥至双江码头、高阳小江电站至团堡	双江大桥至双江码头、高阳小江电站至团堡	双江大桥至双江码头、高阳小江电站至团堡	双江码头	以高阳为暴发点、上至渠马下至团堡	以高阳为暴发点、上至渠马下至双江码头	以高阳为暴发点、上至养鹿下至双江码头	以高阳为暴发点、上至养鹿下至双江码头
水华优势藻种	微囊藻	角甲藻、微囊藻、鱼腥藻	水华微囊藻、不定微囊藻、铜绿微囊藻	微囊藻	—	铜绿微囊藻、浮游念珠藻	微囊藻	微囊藻	微囊藻
水华持续时间/d	21	31	高阳：37 双江：26	高阳：25 双江：20	2	2	36	50	72
浮游植物密度 /(cells/L)	10^6	10^6	10^7	10^6	—	10^7	10^7	10^7	10^7

1. 2022 年水华情况

　　2022 年 4 月 12 日，小江流域发生大暴雨后，水质观感明显变差，渠口江段呈现褐色，高阳江段呈现绿色，初步判断水华有大面积暴发迹象。13～17 日，小江持续阴雨天气，水华未见明显扩散；18～20 日，天气转好，气温上升，小江水质急剧下降，水华扩散非常快，渠口江段呈现酱油色，高阳江段呈现深绿色，水色见图 2.39。从上游渠口至下游河口，水面均可见蓝藻悬浮颗粒，尤以高阳江段持续时间长、整个河段如绿色染料。经检测，水华初期以甲藻（角甲藻）为优势种，逐渐演变为以蓝藻（微囊藻）为优势种，藻类密度在 10^7 cells/L 以上。图 2.40 为显微镜拍摄照片。图 2.41 为高阳断面水华从初期至中期逐渐发展的演变过程。

（a）水华初期　　　　　　　　　　　　　　（b）水华中期

图 2.39　小江水华照片

拍摄时间 2022 年 4 月 20 日

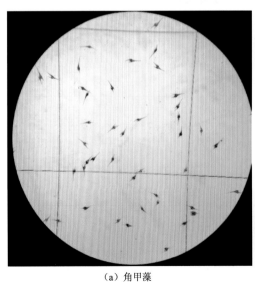
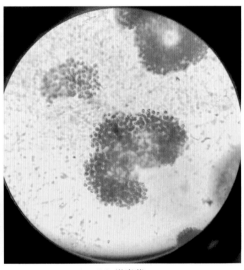

（a）角甲藻　　　　　　　　　　　　　　（b）微囊藻

图 2.40　小江水华优势种照片

（a）水华暴发前期

（b）水华演变初期

（c）水华演变中期

（d）重度水华

图 2.41　小江高阳断面水华演变过程

据观察，2022 年小江水华发生期较长，8 月在高阳、黄石江段还能见到绿色的蓝藻水华少量聚集。初步分析小江水华发生除因三峡水库蓄水导致水流减缓、营养盐滞留外，降水尤其是强降水对藻类水华的生消过程具有至关重要的作用。往年的 3~6 月，高阳江段的水色首先呈现黑褐色，在河湾岸边会漂浮有少量的绿色藻类颗粒，当天气连续晴朗 3 d 以上，藻类会异常增殖，在水面形成肉眼可见的蓝绿色颗粒，迅速布满整个河段，直到遇到流域内发生持续降水过程或大暴雨，河水浑浊，藻类会迅速消失，由此水华发生反复，与天气（晴天和暴雨）息息相关。往年小江水华基本上在 6 月底会消退，而 2022 年是 100 年一遇的干旱年，三峡水库库水补给量少，在营养盐和温度合适的条件下，2022 年小江水华发生程度及规模较往年更大。

2. 种类变化特征

2022 年水华发生期间，共监测到浮游植物种类 6 门 77 种，其中蓝藻门 9 种（11.69%）、绿藻门 28 种（36.36%）、硅藻门 32 种（41.56%）、甲藻门 2 种（2.60%）、隐藻门 4 种（5.19%）、金藻门 2 种（2.60%）。主要优势种为蓝藻门微囊藻（优势度为 0.69）、鱼腥藻（优势度为 0.10）、伪鱼腥藻（优势度为 0.06）和隐球藻（优势度为 0.02）。对水华期间浮游植物种类出现频度分析，大于 80% 的种类有小环藻、角甲藻、微囊藻、伪鱼腥藻、尖尾蓝隐藻、鱼腥藻、似月形衣藻（*Chlamydomonas pseudolunata*）和团藻（*Volvox*）。水华期间种类组成见图 2.42。

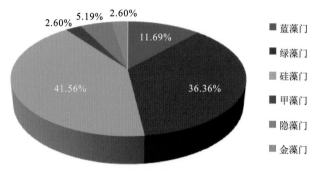

图 2.42　水华期间高阳断面浮游植物种类组成

分析各监测时间采集的浮游植物种类，从图 2.43 中可以看出，不同采样时间种类数不同，介于 14～46 种。其中 4 月 21 日种类数最多，有 46 种，蓝藻 5 种，绿藻 11 种，硅藻 26 种，隐藻 2 种，甲藻和金藻各 1 种。其次为 4 月 27 日和 6 月 11 日，分别有 33 种和 22 种，其种类组成也基本相同，5 月 20 日种类数最少，仅 17 种。

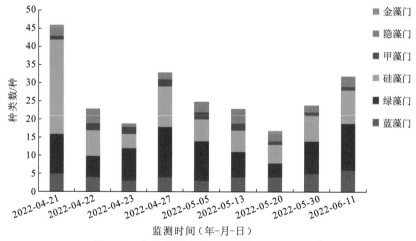

图 2.43　水华期间高阳断面浮游植物种类变化

3. 密度变化特征

2022 年水华暴发期间，小江高阳断面浮游植物密度均值为 $3.985×10^7$ cells/L，不同采样时间浮游植物密度呈现数量级的变化，整体来说在水华初级藻类密度要明显低于藻类后期，在 $5.02×10^6$～$8.485×10^7$ cells/L 变化。分析整个水华监测过程藻类密度变化，4 月 22～23 日因该区域有降水过程，气温有所下降，藻类密度值显著低于水华期其他采样时间，随着天气晴朗，气温上升，藻类密度开始上升，至 5 月 30 日达到峰值后，高阳断面水华程度有所下降。从图 2.44 中可以看出，水华期间各采样时间均以蓝藻密度占绝对优势，除 5 月 5 日蓝藻密度占总藻密度的 85.82%以外，其他采样时间蓝藻密度均超过总藻类密度的 95%。

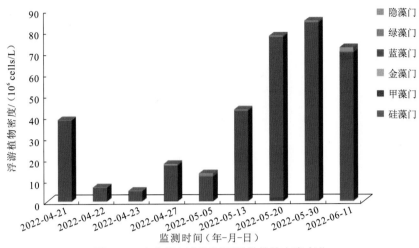

图 2.44 水华期间高阳断面浮游植物密度变化

小江 2022 年水华暴发期间高阳断面浮游植物不同水层浮游植物密度变化差异显著（图 2.45），可见，浮游植物呈现典型的垂直分布特征，且表层浮游植物对水华暴发的贡献值占绝对优势，中层和底层浮游植物相对表层占比较小。其中表层水浮游植物密度在 10^8 cells/L 以上，各采样时间浮游植物密度均值为 $1.061\ 1\times10^8$ cells/L，在 $9.15\times10^6\sim2.249\times10^8$ cells/L 变化；中层水浮游植物密度均值为 8.76×10^6 cells/L，在 $2.81\times10^6\sim1.994\times10^7$ cells/L 变化；底层水浮游植物密度均值为 4.67×10^6 cells/L，在 $7.4\times10^5\sim1.379\times10^7$ cells/L 变化。从图 2.45 中可以看出，不同水层浮游植物密度以蓝藻占绝对优势，其中表层蓝藻 $1.037\ 1\times10^8$ cells/L，占该水层总藻类数的 97.74%；中层蓝藻 7.83×10^6 cells/L，占该水层总藻类数的 89.34%；底层蓝藻 3.99×10^6 cells/L，占该水层总藻类数的 85.55%。

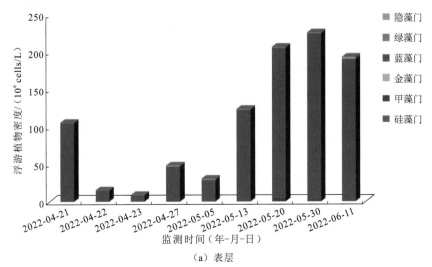

（a）表层

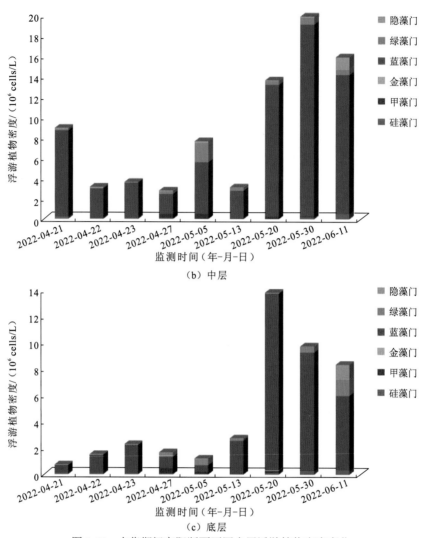

图 2.45　水华期间高阳断面不同水层浮游植物密度变化

2.3.2　小江水华暴发期浮游植物结构及其驱动因子分析

2014～2021 年，每年 4～6 月对水华高发的高阳河段开展浮游植物及环境因子监测。其中，2017 年因水华暴发后降水强度与频次较高，水华持续时间较短，故未做监测。采用单因素相似性分析（one-way analysis of similarities，One-way ANOSIM）检验浮游植物群落结构在各组之间的差异是否在统计学上显著，并采用百分比相似性（similarity percentage，SIMPER）分析获得引起不同组之间浮游植物群落结构差异的主要种类。最后，基于 SIMPER 分析结果，采用下列公式计算这些主要种类在不同聚类组间的密度变化：

$$\text{ADG} = G_{i+1} - G_i \tag{2.3}$$

式中：ADG 为主要种类在不同聚类组之间的密度变化；G_i 和 G_{i+1} 分别为主要物种在聚

类组 i 和聚类组 $i+1$ 中的密度（10^6 cells/L）。

采用基于距离的线性模型方法（distance-based linear model，DistLM），分别构建小江水华暴发期内不同水层浮游植物群落结构与不同水层环境要素的关系模型。

1. 水体理化因子分析

采样期间，小江高阳河段表、中和底层 WT 逐年呈上升趋势，且在各年内均显示表层 WT 显著高于中、底层 WT 的特征（P 均小于 0.05）。除 2019 年外，Cond 的平均值在相同年份不同水层间无显著性的差异。各层 pH 在年际间均呈现先下降，后上升，再继续下降的趋势；2014～2016 年，pH 在不同水层间无显著性的差异，然而，2018～2021 年，pH 在各水层间有差异显著。各水层中的 COD$_{Mn}$ 在总体上呈上升趋势，除 2014 年和 2016 年以外，其他年份 COD$_{Mn}$ 的平均值在不同水层间均呈显著性差异。除 2016 年外，DO 和 Chl-a 在表层的平均浓度显著高于其在中、底层的平均浓度，且在年际间呈现振荡变动的趋势。各水层的 TP 在 2014～2016 年呈下降趋势，随后又呈上升的趋势；除 2020 年外，TP 在各水层间差异不显著。各水层 TN 的年际变动趋势与 TP 的年际变动趋势相同（图 2.46）。

2. 浮游植物的种类组成、密度及优势种组成

1）浮游植物种类

2014～2021 年监测期间，共采集到浮游植物 7 门 157 种，其中 2016 年种类数最多（70 种），2020 年最少（43 种）；浮游植物种类以硅藻门、蓝藻门和绿藻门为主（图 2.47）。2015 年以后，采集到的蓝藻门种类数明显减少；2018 年以后，硅藻门种类数明显减少（图 2.47）。

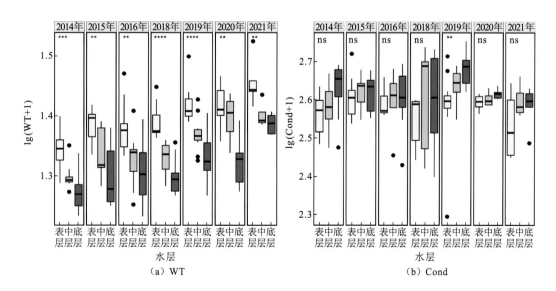

（a）WT　　　　　　　　　　　　　　　（b）Cond

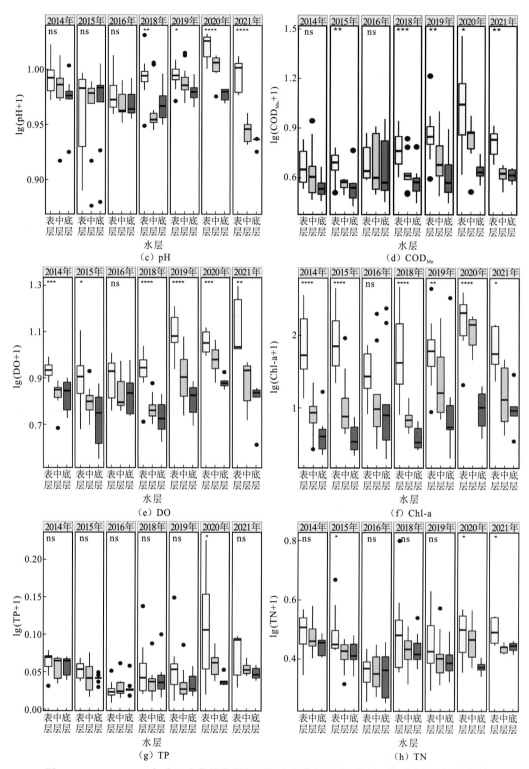

图 2.46　2014～2021 年小江水华暴发期间不同水环境因子在不同年份不同水层间的差异

ns：$P > 0.05$；*：$P \leqslant 0.05$；**：$P \leqslant 0.01$；***：$P \leqslant 0.001$；****：$P \leqslant 0.000\,1$

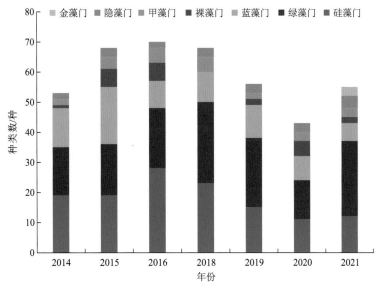

图 2.47　2014～2021 年小江水华期间浮游植物不同门类种类数的年际变化

2）浮游植物密度在不同年份不同水层间的变动特征

2014～2021 年监测期间，小江浮游植物的平均密度在 $6.6×10^5$～$6.128×10^7$ cells/L，平均值为 $2.938×10^7$ cells/L，其中 2014 年平均值最低，2021 年平均值最高（图 2.48）。2014 年，密度主要由蓝藻和甲藻贡献，分别占总密度的 50.39%和 22.74%；2015～2019年时，蓝藻密度占绝对优势，均占各年总密度的 90%以上；2020 年，蓝藻密度比例下降，但甲藻密度比例上升；2021 年，蓝藻密度比例又增加到 90.41%，同时绿藻密度比例也有所增加，而甲藻密度比例则明显下降（图 2.48）。

2014～2021 年监测期间，各年小江浮游植物的平均密度均呈现表层明显高于中层和底层的规律，其中表层平均密度在 $1.46×10^6$～$1.37×10^8$ cells/L，年平均值为 $6.15×10^7$ cells/L；中层平均密度在 $3.0×10^5$～$2.772×10^7$ cells/L，年平均值为 $1.527×10^7$ cells/L；底层密度在 $2.1×10^5$～$2.348×10^7$ cells/L，年平均值为 $1.048×10^7$ cells/L。2014 年，表层密度主要由蓝藻和隐藻贡献，分别占总密度的 57.20%和 24.40%，中层和底层均以蓝藻为主；2015～2021 年，各水层蓝藻密度均占绝对优势地位，其他种类所占比例很小（图 2.48）。

3）浮游植物群落结构的时间变动特征

聚类分析结果显示：在表层和中层水体中，各年不同月份浮游植物群落结构的分类聚组结果是一致的，均为：2014 年 4 月（a）和 5 月（m）的浮游植物群落结构可聚类为一组（组 1 或组 4），2015 年及 2016 年 4 月和 5 月的浮游植物群落结构可聚类为另外一组（组 2 或组 5）；同时，其他年份不同月份的浮游植物群落结构可聚为一大组（组 3 或

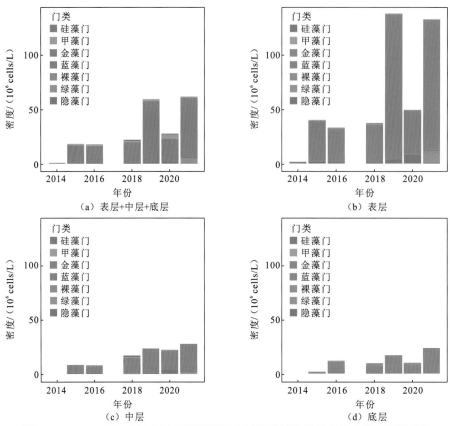

图 2.48　2014～2021 年小江水华期间不同水层浮游植物密度的组成及其年际变化

组 6）（图 2.49）。One-way ANOSIM 检验显示各组间的浮游植物群落结构在统计学上差异显著（表层：全局 R=0.759，P=0.1%，迭代次数 999 次；中层：全局 R=0.736，P=0.01%，迭代次数 999 次）。同时，聚类分析结果也显示，在底层水体中，2014 年 4 月（a）和 5 月（m）的浮游植物群落结构也可聚类为一组（组 7），其他年份不同月份的浮游植物群落则聚类为一组（组 8）（图 2.49）。One-way ANOSIM 检验也显示浮游植物群落结构在组 7 和组 8 间差异显著（全局 R=0.999，P=0.8%，迭代次数 120 次）。

SIMPER 分析显示：引起水体表层浮游植物群落结构差异的主要种类有水华微囊藻、铜绿微囊藻、不定微囊藻等 10 种，这些种类在不同组间的平均密度或呈现组 2>组 1>组 3 的规律（铜绿微囊藻和不定微囊藻），或呈现组 3>组 2>组 1 的规律（其他 8 种藻类），表明这些种类的密度在年际间或呈现逐年上升的趋势，或呈现先上升后下降的趋势（表 2.20）。引起水体中层浮游植物群落差异的主要种类有水华微囊藻、铜绿微囊藻、不定微囊藻等 6 种，这些藻类在各组间的密度变动趋势也与引起表层浮游植物结构差异的主要种类在各组间的密度变动趋势相一致（表 2.20）。此外，引起水体底层浮游植物群落差异的种类也有 6 种，这 6 种藻类在组 7 中的平均密度均小于其在组 8 中的平均密度（表 2.20）。总体而言，小江研究区域浮游植物群落结构的显著变化主要为 10 种优势种类在年际间密度的变化，且这种变化主要表现为密度增加。

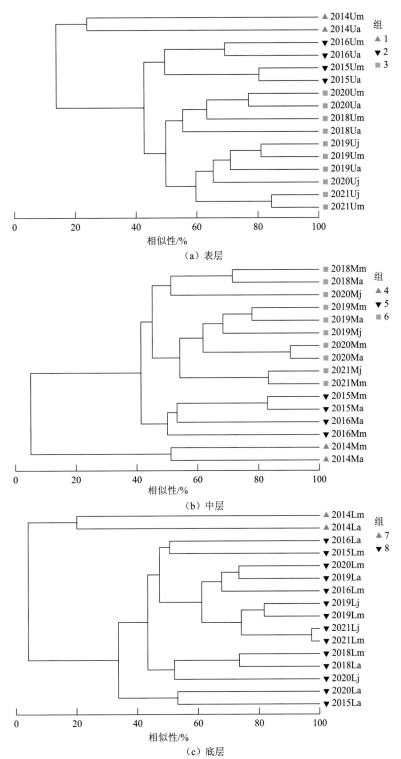

图 2.49　2014～2021 年小江水华暴发期不同月份浮游植物群落结构的聚类分析图

a：4 月；m：5 月；j：6 月；U：表层；M：中层；L：底层；1～8：聚类组

表 2.20　引起浮游植物群落结构在各个聚类组（组 1、2、3、4、5、6、7 和 8）间差异的
主要种类组成

组	统计参数	水华微囊藻	铜绿微囊藻	不定微囊藻	角甲藻	卷曲鱼腥藻（Anabaena circinalis）	水华束丝藻	水华鱼腥藻	浮游念珠藻（Nostoc planktonicum）	空球藻	伪鱼腥藻
1 对比 2	DC	36.89	18.30	16.80	9.22	6.42	—	—	—	—	—
	ADG	-2.85	-1.45	-1.50	-0.72	-0.26	—	—	—	—	—
1 对比 3	DC	34.36	—	—	9.02	—	5.18	14.4	11.00	5.51	5.25
	ADG	-3.63	—	—	-0.72	—	-0.67	-1.51	-1.16	-0.50	-0.61
2 对比 3	DC	10.63	15.05	13.10	—	—	5.20	14.73	9.51	5.30	5.33
	ADG	-0.78	1.50	1.30	—	—	-0.43	-1.63	-1.02	-0.60	-0.63
4 对比 5	DC	41.48	12.97	22.07	7.03	—	—	—	—	—	—
	ADG	-1.54	-0.51	-0.82	-0.22	—	—	—	—	—	—
4 对比 6	DC	45.72	—	—	9.22	—	—	11.92	8.88	—	—
	ADG	-2.46	—	—	-0.47	—	—	-0.68	-0.60	—	—
5 对比 6	DC	17.20	9.42	15.28	8.90	—	5.34	12.89	8.87	—	—
	ADG	-0.92	0.51	0.70	-0.25	—	-0.31	-0.74	-0.55	—	—
7 对比 8	DC	49.77	—	6.61	5.90	—	5.42	6.94	5.89	—	—
	ADG	-2.04	—	-0.25	-0.23	—	-0.32	-0.37	-0.32	—	—

注：DC 表示差异贡献率，%；ADG 表示不同组间的平均密度差异，10⁶ cells/L。

4）浮游植物优势种在不同年份不同水层间的变动特征

2014～2021 年，小江浮游植物的优势种有 5 门 18 种，包括蓝藻门 8 种、硅藻门 6 种、绿藻门 2 种、甲藻门和隐藻门各 1 种。其中α-ms 富营养型水体的指示种类 7 种，α-β-ms 中-富营养型水体的指示种类 3 种，β-ms 中营养型水体的指示种类 5 种（表 2.21）。2014 年和 2018 年优势种分别有 12 种和 10 种，其他年份在 4～5 种之间变化。除水华微囊藻和角甲藻每年均有外，其他优势种在各年间交叉或演替出现。

表 2.21　2014～2021 年小江水华暴发期间浮游植物的组成优势种特征（数字表示优势度）

年份	门类	优势种	学名	表层	中层	底层	水体指示状态
2014	硅藻	变异直链藻	Melosira varians	—	—	0.02	—
		钝脆杆藻	Fragilaria capucina	—	—	0.02	β-ms
		颗粒直链藻	Melosira granulata	—	—	0.03	α-β-ms
	甲藻	角甲藻	Ceratium hirundinella	0.24	0.20	0.15	α-ms

续表

年份	门类	优势种	学名	表层	中层	底层	水体指示状态
2014	蓝藻	水华鱼腥藻	*Anabaena flos-aquae*	0.04	—	—	α-ms
		伪鱼腥藻	*Pseudanabaena* sp.	—	0.03	0.04	α-ms
		卷曲鱼腥藻	*Anabaena circinalis*	0.03	—	—	—
		铜绿微囊藻	*Microcystis aeruginosa*	0.05	—	—	α-ms
		水华微囊藻	*Microcystis flos-aquae*	0.03	0.02	—	α-ms
	绿藻	空球藻	*Eudorina elegans*	0.02	—	—	β-ms
		衣藻	*Chlamydomonas* sp.	—	0.03	0.02	β-ms
	隐藻	尖尾蓝隐藻	*Chroomonas acuta*	0.06	0.03	0.02	α-ms
		优势种密度占比/%		81.19	65.30	60.27	—
2015	甲藻	角甲藻	*Ceratium hirundinella*	0.03	0.06	0.10	α-ms
	蓝藻	不定微囊藻	*Microcystis incerta*	0.17	0.10	0.15	α-ms
		水华微囊藻	*Microcystis flos-aquae*	0.41	0.42	0.53	α-ms
		铜绿微囊藻	*Microcystis aeruginosa*	0.30	0.08	—	α-ms
		优势种密度占比/%		96.92	98.70	91.60	—
2016	甲藻	角甲藻	*Ceratium hirundinella*	—	0.06	0.03	α-ms
	蓝藻	水华微囊藻	*Microcystis flos-aquae*	0.71	0.67	0.57	α-ms
		铜绿微囊藻	*Microcystis aeruginosa*	0.09	0.02	0.03	α-ms
		卷曲鱼腥藻	*Anabaena circinalis*	0.04	0.04	0.02	—
		水华束丝藻	*Aphanizomenon flos-aquae*	0.02	0.03	0.02	α-ms
		优势种密度占比/%		93.15	85.55	92.75	—
2018	硅藻	颗粒直链藻	*Melosira granulata*	—	0.02	0.06	α-β-ms
		尖针杆藻	*Synedra acus*	—	—	0.04	α-β-ms
		连接脆杆藻	*Fragilaria construens*	—	0.04	0.04	β-ms
		小环藻	*Cyclotella* sp.	—	—	0.02	α-β-ms
	蓝藻	水华微囊藻	*Microcystis flos-aquae*	0.31	0.32	0.29	α-ms
		不定微囊藻	*Microcystis incerta*	0.04	0.02	0.02	α-ms
		浮游念珠藻	*Nostoc planktonicum*	0.31	0.26	0.20	β-ms
		水华鱼腥藻	*Anabaena flos-aquae*	0.03	0.02	—	α-ms
		水华束丝藻	*Aphanizomenon flos-aquae*	—	0.02	—	α-ms
	甲藻	角甲藻	*Ceratium hirundinella*	0.05	0.03	0.03	α-ms
		优势种密度占比/%		87.81	86.32	83.20	—

年份	门类	优势种	学名	表层	中层	底层	水体指示状态
2019	蓝藻	水华微囊藻	*Microcystis flos-aquae*	0.85	0.91	0.91	α-ms
		伪鱼腥藻	*Pseudanabaena* sp.	0.02	0.03	0.04	α-ms
		水华鱼腥藻	*Anabaena flos-aquae*	0.04	0.02	—	α-ms
	甲藻	角甲藻	*Ceratium hirundinella*	0.02	0.02	0.02	α-ms
		优势种密度占比/%		92.59	94.45	92.81	—
2020	硅藻	颗粒直链藻	*Melosira granulata*	—	—	0.02	α-β-ms
	甲藻	角甲藻	*Ceratium hirundinella*	0.15	0.14	0.03	α-ms
	隐藻	尖尾蓝隐藻	*Chroomonas acuta*	0.02	—	—	α-ms
	蓝藻	水华微囊藻	*Microcystis flos-aquae*	0.53	0.55	0.43	α-ms
		水华鱼腥藻	*Anabaena flos-aquae*	0.05	0.06	0.03	α-ms
		浮游念珠藻	*Nostoc planktonicum*	0.10	0.04	0.05	β-ms
		水华束丝藻	*Aphanizomenon flos-aquae*	0.07	0.03	0.05	α-ms
		优势种密度占比/%		94.82	87.90	84.57	—
2021	蓝藻	水华鱼腥藻	*Anabaena flos-aquae*	0.16	0.11	0.10	α-ms
		水华微囊藻	*Microcystis flos-aquae*	0.72	0.78	0.79	α-ms
	绿藻	空球藻	*Eudorina elegans*	0.09	0.07	0.06	β-ms
	甲藻	角甲藻	*Ceratium hirundinella*	0.02	0.02	—	α-ms
		优势种密度占比/%		96.66	96.52	94.25	—

不同水层优势种的种类数存在少许差异，表层和中层水体中的优势种种类数通常多于底层，表层优势种以蓝藻种类居多，中、底层水体优势种以硅藻种类居多（表 2.21）。部分在不同水层均出现的优势种如角甲藻、不定微囊藻、水华微囊藻等存在该优势种在表层的优势度大于其在中、底层的优势度（表 2.21）。

3. 小江水华暴发期浮游植物群落结构及其与环境因子之间的关系

DistLM 分析表明：不考虑各个因子之间的交互效应时，能够显著影响表、中和底层水体浮游植物群落结构时间变动的环境因子分别为表层-WT、DO、RF（不同月份采样期间降水发生日数占该月总采样天数的比例）、WL（不同月份采样期间的日平均水位）和 DWLQ（不同月份第一次采样到最后一次采样期间采样点水位的日平均变幅）；中层-WT 和 DWLQ；底层-WT、WL 和 DWLQ（表 2.22，边际检验）。当考虑各个因子之间的交互效应时，能够显著影响表层和中层水体浮游植物群落结构时间变动的环境因子只有 DWLQ，该变量能够分别解释表层和中层水体浮游植物群落结构时间变异的 28.79%和

30.25%,而能够显著影响底层水体浮游植物群落结构时间变动的环境因子有 2 个,DWLQ 和 WL,其分别解释了 28.52%和 10.80%的变异(表 2.22,序列检验);同时,除上述 2 个显著性因子,其他环境因子也对不同水层浮游植物群落结构的时间变动存在一定的影响,其中在表层水体中,一起施加影响的因子为 pH、DO、Chl-a、RF 和 WL,中层水体中的影响因子为 WT、pH、DO、Chl-a 和 RF,底层水体中的影响因子为 Cond、pH、DO、Chl-a 和 RF。由此可见,能够同时显著影响研究区域表层、中层和底层水体浮游植物群落结构时间变动的环境因子为 DWLQ,其他非显著性因子为 pH、DO、Chl-a 和 RF。

表 2.22 基于 DistLM 对 2014～2021 年小江水华暴发期浮游植物群落结构的时间变动与环境变量变动的关系分析

水层	环境变量	边际检验		序列检验	
		P	解释变异比例/%	P	解释变异比例/%
表层	WT	0.002	20.77	—	—
	pH	0.585	5.66	0.359	5.26
	DO	0.027	14.17	0.105	8.45
	Chl-a	0.491	6.20	0.247	6.41
	RF	0.026	13.53	0.324	5.50
	WL	0.021	14.94	0.374	4.87
	DWLQ	0.001	28.79	0.001	28.79
中层	WT	0.011	17.19	0.208	5.99
	pH	0.253	8.27	0.189	6.44
	DO	0.158	10.40	0.069	9.03
	Chl-a	0.180	10.13	0.315	5.26
	RF	0.138	10.50	0.365	4.61
	DWLQ	0.001	30.25	0.004	30.25
底层	WT	0.035	13.54	—	—
	Cond	0.848	3.38	0.357	5.06
	pH	0.400	6.75	0.350	5.09
	DO	0.398	7.08	0.372	5.09
	Chl-a	0.215	8.81	0.185	6.42
	RF	0.138	9.61	0.286	5.48
	WL	0.009	16.22	0.024	10.80
	DWLQ	0.001	28.52	0.002	28.52

对环境因子 DWLQ 与不同水层中浮游植物优势种在各年不同月份的平均密度的关系进行拟合，结果发现指数函数的判定系数最大，表明三峡库区水位的日变幅与不同水层中浮游植物的平均密度呈明显的指数函数关系，即：随着三峡库区水位日变幅的增加，不同水层中浮游植物的平均密度会呈指数级的减少，其中当日水位变幅（日水位下降）在 0.5 m 以上时，不同水层中浮游植物的密度会明显减少（图 2.50）。

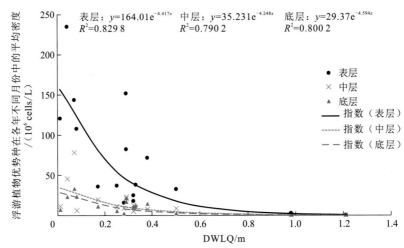

图 2.50　2014～2021 年不同月份采样期间水位日平均变幅与浮游植物优势种月平均密度关系

2.3.3　小江水华暴发期浮游动物群落演变及其与浮游植物关系的分析

在小江高阳断面水华发生时期，对浮游动物的种类组成和数量进行同步监测，分析浮游动物群落结构变化趋势，探讨水华过程中各类浮游生物之间的相关关系。

1. 浮游动物群落组成

小江水华发生期，浮游动物密度在 1 523～3 702 ind./L 变动（图 2.51）。其中，原生动物数量较大，是浮游动物总量的主要贡献者，占浮游动物总量的比例在 30.54%～98.70% 变动；桡足类数量在水华发生监测末期逐渐增加，占浮游动物总量的比例上升至 66.85%（图 2.52）。

小江水华发生期，浮游动物生物量在 0.55～4.46 mg/L 变动（图 2.53）。其中，桡足类是浮游动物总生物量的主要贡献者，占浮游动物总量的比例在 23.64%～91.70% 变动；枝角类生物量也较大，占浮游动物总量的比例在 4.55%～73.64% 变动；轮虫生物量在监测初期所占比例较大，为浮游动物总量的 45.54%，后逐渐降低，至监测末期检测结果为零；原生动物生物量所占比例有两个峰值，分别为浮游动物总量的 12.73% 和 16.30%（图 2.54），这两个峰值出现的时间与浮游植物生长高峰期的时间一致。

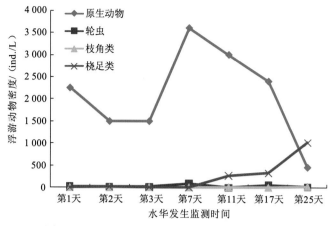

图 2.51　小江水华发生期浮游动物密度变化情况

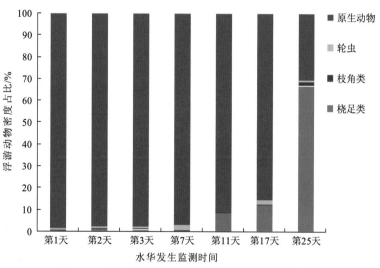

图 2.52　小江水华发生期浮游动物密度所占比例变化

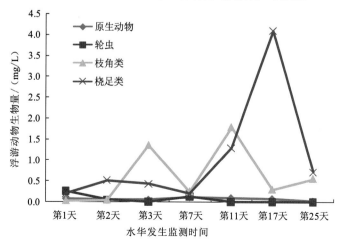

图 2.53　小江水华发生期浮游动物生物量变化情况

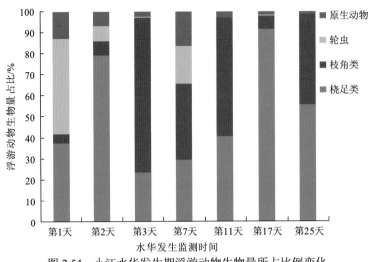

图 2.54　小江水华发生期浮游动物生物量所占比例变化

2. 浮游动物与浮游植物的相关关系分析

相关性分析结果（表 2.23）表明，水华发生期间，原生动物生物量与隐藻生物量、蓝藻生物量、水华优势种微囊藻生物量、浮游植物总生物量等显著正相关（$P<0.01$ 或 $P<0.05$），轮虫生物量也与蓝藻生物量、水华优势种微囊藻生物量、浮游植物总生物量等显著正相关（$P<0.01$），但枝角类和桡足类均不与各类型浮游植物密度、生物量相关。此外，浮游动物总密度与蓝藻密度、金藻密度、隐藻密度、浮游植物总密度等显著正相关（$P<0.01$ 或 $P<0.05$），但与水华优势种微囊藻密度的相关性不显著。

表 2.23　小江水华发生期浮游生物相关性分析

种类	密度					生物量				
	原生动物	轮虫	枝角类	桡足类	浮游动物	原生动物	轮虫	枝角类	桡足类	浮游动物
蓝藻门	0.60*	0.23	-0.04	-0.29	0.53*	0.62**	0.72**	0.27	-0.12	0.05
硅藻门	-0.03	-0.02	0.28	0.15	-0.06	-0.01	-0.27	0.23	0.20	0.22
绿藻门	0.34	-0.15	-0.02	0.33	0.25	0.35	0.00	0.06	0.45	0.29
甲藻门	0.08	0.53	0.30	-0.29	0.08	0.11	0.39	0.13	-0.36	-0.18
金藻门	0.45	0.74**	-0.10	0.30	0.53*	0.45	0.45	-0.16	0.25	0.30
隐藻门	0.82**	0.00	0.39	0.17	0.72**	0.83**	0.16	0.47	0.15	0.33
裸藻门	-0.21	0.25	-0.20	-0.20	-0.21	-0.21	0.11	-0.33	-0.46	-0.40
黄藻门	-0.24	0.00	0.45	0.17	-0.24	-0.24	-0.23	0.24	0.17	0.17
微囊藻	0.54*	0.13	-0.06	-0.37	0.45	0.55*	0.69**	0.26	-0.18	-0.04
浮游植物	0.60**	0.23	-0.04	-0.29	0.53*	0.62**	0.72**	0.27	-0.12	0.05

注：*表示显著相关，$P<0.05$；**表示显著相关，$P<0.01$（双尾检验）。

第 *3* 章

三峡水库鱼类资源
状况

3.1　库区干流鱼类群落结构

三峡库区鱼类资源丰富，是长江流域和中国生物多样性保护的重点区域之一。长期以来，库区江段一直是探讨鱼类群落结构短期和长期变化的重要研究区域之一，受到广泛关注。水库蓄水后，干流鱼类群落的种类组成及其丰度、不同种类的年龄结构在空间纵向梯度上分布会发生变化。许多喜流水性的鱼类种类在水库的河流带和过渡带之间迁徙，而适应静水生境的肉食性鱼类和浮游生物食性鱼类则往往在水库湖沼带鱼类群落中占据主导地位。本节将基于 2011～2018 年库区干流秭归、巫山、云阳和涪陵的渔获物调查，开展三峡库区干流鱼类群落结构研究，分析其时空变动特征。

3.1.1　鱼类种类组成

调查期间，共采集到鱼类样本 138 825 尾、90 种，隶属于 7 目 16 科，其中鲤科鱼类种类数最多，共 55 种，占总采集鱼类种类数的 61.11%，其次为鲿科和鳅科，各 9 种，各占 10.00%，银鱼科、平鳍鳅科、鮨科和虾虎鱼科各 2 种，各占 2.22%，胭脂鱼科、合鳃鱼科、鲢科、钝头鮠科、鳢科、真鲈科、沙塘鳢科、鳢科和鳀科各 1 种，各占 1.11%。53 种鱼类在所有采样年份所有采样点渔获物中的相对丰度大于 0.01%，为调查区域较为常见的种类。这 53 种鱼类中，相对丰度最高的物种是贝氏鳘（*Hemiculter bleekeri*），其占所有年份所有采样点总采集尾数的 19.38%，其次为光泽黄颡鱼（*Pelteobagrus nitidus*）（14.76%），蛇鮈（*Saurogobio dabryi*）（10.98%），银鮈（*Squalidus argentatus*）（7.45%）和瓦氏黄颡鱼（6.64%）（表 3.1）。

表 3.1　整个调查期间（2011～2018）主要鱼类种类在三峡水库各个采样点及
所有采样点渔获物中的相对丰度　　　　　　（单位：%）

种类	拉丁名	缩写	秭归	巫山	云阳	涪陵	三峡水库
贝氏鳘	*Hemiculter bleekeri*	HB	35.19	14.69	9.01	12.04	19.38
光泽黄颡鱼	*Pelteobagrus nitidus*	PN	4.16	23.70	22.75	13.74	14.76
蛇鮈	*Saurogobio dabryi*	SD	3.72	15.06	9.32	17.47	10.98
银鮈	*Squalidus argentatus*	SA	13.04	5.27	6.61	3.57	7.45
瓦氏黄颡鱼	*Pelteobagrus vachelli*	PV	3.33	4.46	11.19	8.43	6.64
似鳊	*Pseudobrama simoni*	PS	7.83	7.97	3.50	3.52	5.39
圆筒吻鮈	*Rhinogobio cylindricus*	RC	0.20	0.97	0.68	10.21	2.60
翘嘴鲌	*Culter alburnus*	CAL	4.13	1.04	3.34	0.71	2.38
达氏鲌	*Culter dabryi*	CD	5.03	2.19	2.71	0.10	2.37

续表

种类	拉丁名	缩写	秭归	巫山	云阳	涪陵	三峡水库
鲢	*Hypophthalmichthys molitrix*	HM	1.86	4.08	1.66	0.55	2.35
铜鱼	*Coreius heterodon*	CH	0.12	1.62	2.06	4.73	2.18
鲫	*Carassius auratus*	CA	1.60	1.14	3.39	2.54	2.10
鲤	*Cyprinus carpio*	CC	1.41	1.35	3.86	0.82	1.89
鲇	*Silurus asotus*	SAS	0.19	1.46	0.93	4.48	1.56
圆口铜鱼	*Coreius guichenoti*	CG	0.00	0.08	2.18	2.72	1.34
中华倒刺鲃	*Spinibarbus sinensis*	SS	0.19	3.10	1.39	0.15	1.34
鳌	*Hemiculter leucisculus*	HL	1.25	0.32	1.45	2.00	1.28
光唇蛇鉤	*Saurogobio gymnocheilus*	SG	0.25	1.59	0.88	2.15	1.06
鳊	*Parabramis pekinensis*	PP	2.25	0.48	0.86	0.03	1.06
鳜	*Siniperca chuatsi*	SC	2.89	0.46	0.21	0.26	0.88
中华鳑鲏	*Rhodeus sinensis*	RS	1.82	0.64	0.43	0.07	0.85
子陵吻虾虎鱼	*Rhinogobius giurinus*	RG	1.37	0.60	0.30	0.88	0.85
鳙	*Hypophthalmichthys nobilis*	HN	0.45	1.55	0.80	0.02	0.78
大鳍鱊	*Acheilognathus macropterus*	AM	1.63	0.43	0.22	0.00	0.64
长吻鮠	*Leiocassis longirostris*	LL	0.05	1.02	0.39	0.66	0.59
草鱼	*Ctenopharyngodon idella*	CI	0.54	0.28	0.86	0.46	0.59
赤眼鳟	*Squaliobarbus curriculus*	SCU	0.39	0.16	1.35	0.19	0.59
吻鉤	*Rhinogobio typus*	RT	0.00	0.17	1.20	0.58	0.57
黄颡鱼	*Pelteobagrus fulvidraco*	PF	0.65	0.57	0.43	0.66	0.52
蒙古鲌	*Culter mongolicus*	CM	0.58	0.02	1.05	0.01	0.49
鳡	*Elopichthys bambusa*	EB	0.96	0.56	0.05	0.07	0.46
粗唇鮠	*Leiocassis crassilabris*	LC	0.02	0.01	0.02	1.69	0.35
长鳍吻鉤	*Rhinogobio ventralis*	RV	0.02	0.00	0.73	0.25	0.31
大鳞副泥鳅	*Paramisgurnus dabryanus*	PD	0.04	0.05	0.95	0.43	0.30
泥鳅	*Misgurnus anguillicaudatus*	MAN	0.17	0.56	0.11	0.09	0.26
棒花鱼	*Abbottina rivularis*	AR	0.73	0.02	0.08	0.09	0.26
红鳍原鲌	*Cultrichthys erythropterus*	CE	0.07	0.00	0.64	0.00	0.23
岩原鲤	*Procypris rabaudi*	PR	0.03	0.18	0.64	0.16	0.23
马口鱼	*Opsariichthys bidens*	OB	0.12	0.41	0.03	0.04	0.19

种类	拉丁名	缩写	秭归	巫山	云阳	涪陵	三峡水库
麦穗鱼	*Pseudorasbora parva*	PPA	0.25	0.15	0.24	0.13	0.19
短颌鲚	*Coilia brachygnathus*	CB	0.30	0.68	0.17	0.00	0.19
飘鱼	*Pseudolaubuca sinensis*	PSI	0.24	0.06	0.01	0.37	0.18
胭脂鱼	*Myxocyprinus asiaticus*	MA	0.07	0.27	0.03	0.28	0.17
大鳍鳠	*Mystus macropterus*	MMA	0.00	0.02	0.03	0.71	0.14
中华纹胸鮡	*Glyptothorax sinense*	GS	0.00	0.01	0.01	0.49	0.10
黄尾鲴	*Xenocypris davidi*	XD	0.08	0.01	0.09	0.10	0.08
宜昌鳅鮀	*Gobiobotia filifer*	GF	0.00	0.00	0.00	0.40	0.07
异鳔鳅鮀	*Xenophysogobio boulengeri*	XB	0.00	0.00	0.01	0.35	0.06
花斑副沙鳅	*Parabotia fasciata*	PF	0.03	0.01	0.01	0.26	0.06
宽鳍鱲	*Zacco platypus*	ZP	0.02	0.00	0.00	0.26	0.05
鲂	*Megalobrama skolkovii*	MS	0.00	0.01	0.12	0.00	0.03
银鲴	*Xenocypris argentea*	XA	0.12	0.00	0.00	0.00	0.03
厚颌鲂	*Megalobrama pellegrini*	MP	0.00	0.00	0.11	0.02	0.02
合计	—		99.39	99.48	99.09	99.94	99.42

3.1.2　鱼类群落结构的时空变动特征

聚类分析结果显示：2011~2018 年三峡库区 4 个采样点的鱼类群落结构可分为 4 个主要聚类组：组 1（G1）、组 2（G2）、组 3（G3）和组 4（G4）分别包括秭归、巫山、云阳和涪陵江段 2011~2018 年的鱼类群落结构（图 3.1）。One-way ANOSIM 检验显示各组间的鱼类群落结构在统计学上差异显著（全局 $R=0.846$，$P=0.001$，迭代次数 999 次）。这 4 个主要聚类组又能够在不同相似性水平上进一步分为 8 个小聚类组（G1A，G1B；G2A，G2B；G3A，G3B；G4A，G4B）（图 3.1）。One-way ANOSIM 检验也显示鱼类群落结构在不同小聚类组间存在显著性的差异（G1A 对比 G1B，$R=0.948$，$P=0.029$，迭代次数 35 次；G2A 对比 G2B，$R=0.896$，$P=0.029$，迭代次数 35 数；G3A 对比 G3B，$R=0.959$，$P=0.018$，迭代次数 56 次；G4A 对比 G4B，$R=0.918$，$P=0.018$，迭代次数 56 次）（图 3.1）。不同采样点不同年份的鱼类群落结构能够被清楚地划分为 4 个不同的地理组群（图 3.1），这种划分与距三峡大坝的距离密切相关，表明在整个采样期间，三峡库区鱼类群落存在沿上下游纵向梯度的固有的空间分布格局。

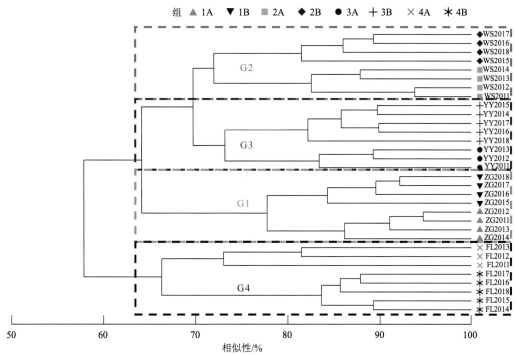

图 3.1　长江上游三峡库区鱼类群落结构聚类分析

不同颜色的标志表示鱼类群落结构的不同时空分组。4 个采样点分别为涪陵（FL）、云阳（YY）、巫山（WS）和秭归（ZG）采样点。G1～G4 组分别表示秭归、巫山、云阳和涪陵采样点 8 年间的鱼类群落结构；每个主要聚类组又可以分为 2 个小聚类组（G1A，G1B；G2A，G2B；G3A，G3B；G4A，G4B）

　　鱼类群落结构在不同采样点间的平均相似性在年际间呈现先上升后下降的趋势（图 3.2）。然而，鱼类群落结构在不同采样点间的平均相似性在各采样年份间无显著性的差异（方差分析，ANOVA，$F=0.340$，$P=0.930$）。

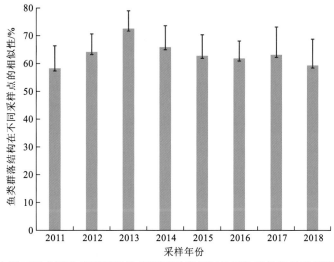

图 3.2　长江上游三峡水库鱼类群落结构在不同采样点间的平均相似性及其标准差的年际变化

　　SIMPER 分析显示：引起鱼类群落结构在聚类组 G1、G2 和 G3 间差异的主要种类为适应静缓流生境的广适性种类和湖沼型种类，然而引起聚类组 G4 和其他 3 个聚类组（G1、G2 和 G3）鱼类群落结构差异的主要种类中，有很大部分种类为适应流水生境的喜流水性种类（表 3.2）。喜流水性种类在聚类组 G4 中的相对丰度明显大于其在其他 3 个聚类组中的相对丰度（表 3.2）。

表 3.2　引起各组（G1～G4）间群落结构差异的主要种类组成及其流速偏好

种类	差异贡献率/%						相对丰度在不同聚类组间的变动/%						FP
	G1对比G2	G2对比G3	G3对比G4	G1对比G3	G1对比G4	G2对比G4	G1对比G2	G2对比G3	G3对比G4	G1对比G3	G1对比G4	G2对比G4	
光泽黄颡鱼	7.06	—	—	6.77	—	—	92.55	—	—	94.41	—	—	EU
蛇鮈	5.53	—	—	—	4.45	—	76.47	—	—	—	88.89	—	EU
中华倒刺鲃	5.28	—	—	—	—	5.16	676.47	—	—	—	—	-91.67	EU
鳜	4.43	—	—	4.94	—	—	-74.62	—	—	-86.15	—	—	EU
翘嘴鲌	4.25	4.08	4.14	—	—	—	-57.86	116.42	-69.66	—	—	—	L
瓦氏黄颡鱼	—	4.69	—	4.80	—	—	—	49.38	—	75.36	—	—	EU
鲢	—	4.09	—	—	—	4.21	—	-30.30	—	—	—	-69.70	EU
贝氏䱗	—	—	—	—	5.81	—	—	—	—	-36.52	—	—	L
鲤	—	4.04	—	—	—	—	—	87.65	—	—	—	—	EU
圆筒吻鮈	—	—	7.42	—	6.85	7.36	—	—	406.82	—	1 211.77	284.48	R
达氏鲌	—	—	4.91	—	5.11	4.41	—	—	-93.02	—	-95.58	-91.74	L
铜鱼	—	—	—	—	5.01	4.15	—	—	—	—	1 390.91	105.00	R
鲇	—	—	—	—	4.73	—	—	—	—	—	841.18	—	EU
银鮈	—	—	—	—	4.04	—	—	—	—	—	-47.15	—	EU

注：FP 表示流速偏好；EU 表示广适性鱼类；R 表示喜流水性鱼类；L 表示湖沼型鱼类。

　　引起鱼类群落结构在各个主要聚类组（G1～G4）中组 A 和组 B 间差异的主要种类如表 3.3 所示，其中在组 G1 中，对鱼类群落结构在组 A 和组 B 间差异贡献排在前 3 位的种类为达氏鲌，瓦氏黄颡鱼和鲫；在组 G2 中，前 3 位的种类为鲢，铜鱼和光泽黄颡鱼；在组 G3 中，前 3 位的种类为圆口铜鱼，铜鱼和吻鮈；在组 G4 中，前 3 位的种类为圆口铜鱼，圆筒吻鮈和光唇蛇鮈（表 3.3）。在各个主要聚类组中（G1～G4），一些鱼类种类的相对丰度从组 A 到组 B 呈下降趋势，然而另外一些鱼类种类的相对丰度从组 A 到组 B 呈上升趋势。在这些鱼类中，只有一种鱼类（圆口铜鱼）在三峡大坝至向家坝大坝间没有产卵场分布。这种鱼类在组 3B（或组 4B）中的相对丰度明显低于其在组 3A（或组 4B）中的相对丰度（表 3.3）。事实上，在涪陵江段，圆口铜鱼在渔获物中的相对丰度在 2011～2018 年呈逐年下降的趋势；在巫山和云阳江段，圆口铜鱼在渔获物中的相对丰度从 2014 年开始呈逐年下降趋势（图 3.3）。

表 3.3　引起鱼类群落结构在各个主要聚类组（G1～G5）中组 A 和组 B 间差异的
主要种类组成及其产卵场分布信息

种类	相异性贡献率/%				相对丰度在不同聚类组间的变动/%				C	D
	G1A 对比 G1B	G2A 对比 G2B	G3A 对比 G3B	G4A 对比 G4B	G1A 对比 G1B	G2A 对比 G2B	G3A 对比 G3B	G4A 对比 G4B		
达氏鲌	8.02	—	—	—	95.54	—	—	—	Y	Y
瓦氏黄颡鱼	6.02	—	—	—	81.63	—	—	—	Y	N
鲫	5.43	—	—	—	-57.85	—	—	—	Y	Y
鲢	4.51	9.23	—	—	-40.65	-73.68	—	—	Y	N
棒花鱼	4.19	—	—	—	-75.34	—	—	—	Y	Y
翘嘴鲌	4.18	—	—	—	42.75	—	—	—	Y	N
子陵吻虾虎鱼	4.13	—	—	—	-49.54	—	—	—	Y	Y
鳜	4.09	—	—	—	53.40	—	—	—	Y	Y
似鳊	4.01	4.05	—	4.42	26.74	38.98	—	-47.69	Y	N
光泽黄颡鱼	—	4.97	—	4.35	—	31.34	—	43.94	Y	N
蛇鉤	—	—	—	4.11	—	—	—	-39.45	Y	N
铜鱼	—	5.59	6.47	—	—	-74.02	-70.06	—	Y	N
中华倒刺鲃	—	4.80	—	—	—	-47.09	—	—	Y	N
长吻鮠	—	4.96	—	—	—	-89.36	—	—	Y	N
圆筒吻鉤	—	4.59	4.22	6.29	—	-80.41	-82.61	95.00	Y	N
圆口铜鱼	—	—	9.88	6.95	—	—	-95.21	-81.32	N	N
吻鉤	—	—	5.67	—	—	—	-97.17	—	Y	N
长鳍吻鉤	—	—	5.53	—	—	—	-95.24	—	Y	N
光唇蛇鉤	—	—	—	5.15	—	—	—	375.86	Y	N
银鉤	—	—	—	5.11	—	—	—	148.61	Y	N

注：C 表示在向家坝和三峡大坝间有产卵场分布；D 表示在三峡水库静缓流区域有产卵场分布；Y 表示有；N 表示没有。

　　以上聚类分析结果显示，每个采样点的鱼类群落结构在时间上均存在明显不同的分组，例如，秭归（G1）采样点的鱼类群落结构可分为两组：组 1A，包括 2011～2014 年的鱼类群落结构；组 1B，包括 2015～2018 年的鱼类群落结构。表明各采样点的鱼类群落结构存在明显的时间变化特征。鱼类群落结构的长期时间变化在特定水库段或大坝下游河段也已被观测到（Loures and Pompeu，2019；Quinn and Kwak，2003）。我们的研究结果还显示，鱼类群落结构发生显著变化的年份在不同采样点间存在差异，凸显了水库内不同空间位置鱼类群落结构在时间变化上的差异性（Loures and Pompeu，2019；Nobile et al.，2019）。2014 年时云阳（G4）和涪陵（G3）及 2015 年时秭归（G1）

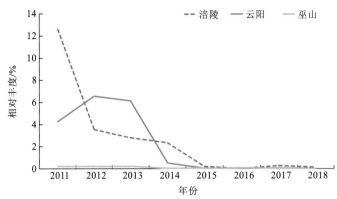

图 3.3　圆口铜鱼在长江上游三峡水库 3 个采样点渔获物中的相对丰度的年际变化

2011~2017 年采样期间，在坝前秭归江段均未采集到圆口铜鱼

和巫山（G2）的鱼类群落结构被明确划分为两个时间聚类组（A 和 B）。这些鱼类群落结构开始发生显著变化的起始年份是上游两座梯级水库[溪洛渡水库（XLDR）和向家坝水库（XJBR）]蓄水完成后的年份。同时，SIMPER 分析显示，圆口铜鱼在涪陵和云阳采样点鱼类群落结构的时间分离过程中一直扮演着最重要的角色，而广适性鱼类（鲢）和 1 种湖沼型鱼类（达氏鲌）对巫山和秭归采样点鱼类群落结构的时间分离贡献率最高。已有调查的结果显示，在三峡大坝和向家坝大坝之间河段，没有圆口铜鱼产卵场分布，三峡库区分布的圆口铜鱼个体均来自向家坝大坝上游（丁瑞华，1994）。同时，以往的研究也表明，圆口铜鱼个体可以相对容易地通过一个水库或大坝下行，但它们通过梯级水库和大坝下行是非常困难的（如果这些大坝没有附带的过鱼设施）（Yang et al.，2017）。由于向家坝和溪洛渡大坝没有附属的过鱼设施且库区形成造成水动力学障碍（Pelicice et al.，2015），通过这些大坝和水库进入三峡水库的圆口铜鱼的丰度不可避免地急剧下降，进而导致三峡库区过渡带和河流带鱼类群落结构立即地、明显地变化（自 2003 年三峡水库开始蓄水以来，库区过渡带和河流带一直是圆口铜鱼在三峡库区的主要分布区）。尽管如此，圆口铜鱼上游补充群体数量的减少对三峡库区下游江段（尤其是湖沼带江段）鱼类群落结构变化的影响可能是间接的，因为该物种喜欢栖息在流水中（尽管它通常停留在缓流中越冬），只有少数个体下移到三峡水库的静水或低流速江段（通常流速小于 0.2 m/s），那里的底栖无脊椎动物的丰度通常较低（Lin et al.，2019；Yang et al.，2017），难以保证其获得充足的食物补给。同时，SIMPER 分析结果也表明，随着库区圆口铜鱼相对丰度的降低，一些与圆口铜鱼具有类似生态位（丁瑞华，1994）的鱼类物种在河流带的相对丰度呈上升趋势（表 3.2），其中一些鱼类能适应缓流生境，并有可能扩散到三峡库区的湖沼带，从而通过生物间的关系重塑该群落的鱼类群落结构。

3.1.3　环境条件的时空分布格局

单因素方差分析显示：有 5 个环境变量在 4 个主要聚类组（G1~G4）间存在显著性的差异，其中变量流速（velocity，V），DO 浓度，pH 和 TP 浓度从库区最上游采样点

（涪陵）到库区最下游采样点（秭归）呈现明显的下降趋势，然而变量 Chl-a 浓度则呈现与上面 3 个变量相反的变动趋势，即离三峡大坝越远，变量 Chl-a 浓度越小（表 3.4）。

表 3.4　7 个环境变量在 4 个主要聚类组（G1～G4）间的差异性比较结果

变量	采样点				P
	G4（涪陵）	G3（云阳）	G2（巫山）	G1（秭归）	
V/（m/s）	1.33	0.65	0.46	0.07	**0.001**
WT/（℃）	22.10	23.00	23.06	23.05	0.212
DO 浓度/（mg/L）	8.68	8.23	7.59	7.23	**0.001**
pH	8.14	8.00	7.98	7.94	0.096
TP 浓度/（mg/L）	0.18	0.16	0.12	0.09	**0.001**
NH_3-N 浓度/（mg/L）	0.16	0.11	0.13	0.10	**0.039**
Chl-a 浓度/（μg/L）	11.52	12.02	13.57	15.47	**0.001**

注：鱼类群落结构聚类组被用作分类变量；P 值的结果来自单因素方差分析；数字为粗体表示变量在 4 个聚类组间的差异是显著的。

采用主成分分析对库区 4 个采样点 8 年的环境变量数据进行分析，其结果显示：第一主成分因子能够解释环境变量 90.60% 的变异，第一主成分因子中起关键作用的是变量 V；第二主成分因子能够解释环境变量 5.20% 的变异，第二主成分因子中起关键作用的是变量 Chl-a；聚类组 1A 和 1B 以高 V 和低 Chl-a 为特征（图 3.4）。

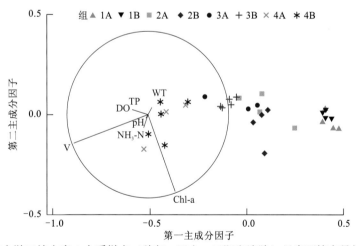

图 3.4　长江上游三峡水库 4 个采样点（秭归，巫山，云阳和涪陵）尺度环境变量的主成分排序
不同颜色的标志表示鱼类群落结构的不同时空分组。每个主要聚类组又可以分为
2 个小聚类组（G1A，G1B；G2A，G2B；G3A，G3B；G4A，G4B）

3.1.4　鱼类群落结构与环境变量的关系

方差膨胀系数（variance inflation factor，VIF）分析未发现 8 个环境变量之间存在明

显的共线性（VIF 值的变动范围为 1.634～7.451），因此 8 个环境变量均能够作为初步的解释变量用在 RDA 中。通过变量的正向选择，只有 3 个变量 [V、TP 和 IS（上游向家坝和溪洛渡水库的蓄水倒灌阶段）] 被最终选择为 RDA 模型的解释变量。这 3 个变量作为解释变量在 RDA 中获得的 Adjust R^2 为 0.415，几乎与全变量模型获得的 Adjust R^2（0.445）一样大。最终的 RDA 模型在统计学上是显著的（$F=8.328$，$P=0.001$），没有明显的共线性（各个变量的 VIF 值均小于 10），具有 3 个显著的规范轴（冗余轴 1：$F=18.196$，$P=0.001$；冗余轴 2：$F=4.735$，$P=0.001$；冗余轴 3：$F=2.053$，$P=0.016$）。所选的 3 个解释变量与三峡水库 4 个采样点 8 年的鱼类群落结构的时空变动显著相关（V，$F=17.732$，$P=0.001$；TP，$F=2.912$，$P=0.013$；IS，$F=4.340$，$P=0.002$）。在最终的 RDA 模型中，所选的 3 个解释变量共同解释了群落结构 41.49% 的变异（调整后的 $R^2=$ 0.414 9），其中前 2 个规范轴共同解释了群落结构 38.08% 的变异，冗余轴 1 单独解释了群落结构 30.22% 的变异（图 3.5）。

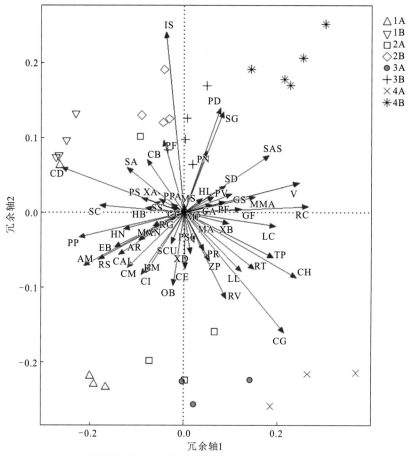

图 3.5 鱼类群落结构与显著环境变量关系的 RDA 结果（三序图）

显著环境变量包括 V、TP 和 IS，这些环境变量在图中以蓝色箭头显示，而代表不同鱼类物种的物种缩写用红色箭头表示。物种的缩写名请见表 3.1。不同的符号表示 8 个聚类组（通过聚类分析分组获得），每个主要聚类组又可以分为 2 个小的聚类组（G1A，G1B；G2A，G2B；G3A，G3B；G4A，G4B）

RDA 的三序图结果显示：冗余轴 1 能够将 G1 和 G2 组的鱼类群落与 G3 和 G4 组的鱼类群落分离开来，而冗余轴 2 能够将每个主要聚类组（G1～G4）中组 A 和组 B 之间的鱼类群落分离开来。铜鱼（CH）、圆口铜鱼（CG）和圆筒吻鮈（RC）位于三序图的右侧，其相对丰度变动紧密联系着更高的 V 和 TP 含量。与之相反，达氏鲌（CD）、鳊（PP）、鲢（HM）和银鮈（SA）的相对丰度在聚类组 1A，1B，2A 和 2B 中最高，其与低的 V 和 TP 含量密切相关。同时，达氏鲌（CD）、银鮈（SA）、短颌鲚（CB）和光泽黄颡鱼（TF）与变量 IS 正相关，表明这些鱼类的相对丰度在 2013 年后呈下降趋势。许多其他种类［如鲤（CC），麦穗鱼（PPA）和鲂（MS）等］聚集在三序图的中央，表明它们能够存在于水库的大部分区域，并能够适应不同采样点的生境条件。总之，RDA 分析的结果显示冗余轴 1 主要代表生物-非生物之间的空间关系，而冗余轴 2 主要描述生物-非生物之间的时间关系（图 3.5）。变差分解显示：变量 V、TP 和 IS 单独解释的鱼类群落结构时空变异比例分别为 15.98%、2.45%和 6.74%，而由变量组合 V+TP 和 TP+IS 共同解释的鱼类群落结构时空变异比例分别为 16.78%和 1.06%（图 3.6）。

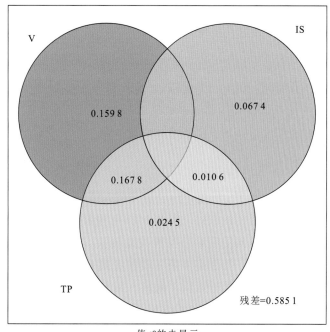

值<0的未显示

图 3.6　利用 3 个环境变量解释三峡水库鱼类群落结构时空变化的韦恩图

矩形表示总平方和。IS 蓄水前赋值为 0，蓄水后赋值为 1。每个圆中心的值是由 1 个变量单独解释的比例比例（例如，变量 V 单独解释了 15.98%的总变异）。2 个圆相交处的值是由 2 个变量共同解释的变异比例（例如，变量 V 和 TP 共同解释了 16.78%的总变异）

RDA 结果显示，三峡库区鱼类群落结构的时空变动与三峡库区的纵向生境梯度（变量 V 和 TP）及上游两个水库（向家坝水库和溪洛渡水库）的蓄水阶段密切相关（变量 IS），表明水流状况、水质及上游筑坝的综合影响在影响三峡库区鱼类群落结构时空变化中起着重要的作用。三峡库区鱼类群落结构的空间分布格局主要是由各采样点间水流流态的梯度差异所决定的，而上游两座大坝的修建主要通过改变下游水文和热力学条件及阻止鱼类向下迁徙或运动来影响三峡库区鱼类群落结构的时间变化特征。

3.2　库区典型支流鱼类群落结构特征

3.2.1　小江

小江是三峡水库消落区面积最大、变动回水区较长且常年流量较大的一条支流，孕育着丰富多样的鱼类资源，其不仅是许多适应库区静缓流生境鱼类的栖息、觅食和产卵区域（阮瑞 等，2017），而且也是许多产漂流性卵鱼类的产卵区域（陈小娟 等，2020）。迄今为止，关于小江鱼类群落结构的研究主要涉及小江鱼类群落特征中种类组成及生物多样性在蓄水前后的变动特征（叶学瑶 等，2017），以及部分区域（如汉丰湖等）鱼类群落结构的季节性变动特征（王敏 等，2017；丁庆秋 等，2015），而缺乏对其回水区江段群落结构在三峡水库 175 m 正常蓄水后（2012 年后）的时空变动特征及其驱动因素的定量分析研究。本小节通过 2013 年和 2019 年 5～7 月及 10～11 月在小江下游回水区 4 个江段的鱼类资源调查结果，探讨三峡水库 175 m 正常蓄水后小江回水区江段鱼类群落结构的时空变动特征及其驱动因素，从而为小江回水区江段鱼类资源保护提供参考依据。

1. 鱼类种类组成

2013 年和 2019 年共在调查区域统计渔获物 2 497.53 kg，47 305 尾，共鉴定出种类 74 种，隶属于 7 目 15 科 56 属（表 3.5），其中 2013 年采集到鱼类 69 种，2019 年采集到鱼类 62 种。2 次调查中，采集到的鲤科鱼类种类数最多，共有 35 属 46 种，占总种类数的 62.16%；其次为鳅科和鳅科，分别有 4 属 8 种和 5 属 6 种，各占 10.81% 和 8.11%；最少为鳀科、银鱼科、胭脂鱼科、胡子鲇科、鳢科、鲇科、鳢科、沙塘鳢科、丽鱼科和合鳃鱼科，均仅有 1 属 1 种，各占 1.35%（表 3.5）。2 次调查共采集到长江上游特有鱼类 7 种，以及外来鱼类 5 种（表 3.5）。

表 3.5　2013 年和 2019 年小江下游的鱼类种类组成

序号	目	科	中文种名	拉丁名	2013 年 黄石	高阳	养鹿	渠口	2019 年 黄石	高阳	养鹿	渠口
1	鲱形目	鳀科	短颌鲚	*Coilia brachygnathus*		+			+	+	+	+
2	鲑形目	银鱼科	太湖新银鱼	*Neosalanx taihuensis*	+	+	+	+	+	+	+	+

续表

序号	目	科	中文种名	拉丁名	2013 年				2019 年			
					黄石	高阳	养鹿	渠口	黄石	高阳	养鹿	渠口
3		胭脂鱼科	胭脂鱼	*Myxocyprinus asiaticus*	+				+		+	
4			中华沙鳅	*Botia superciliaris*		+	+	+		+	+	+
5			花斑副沙鳅	*Parabotia fasciata*		+		+				
6			红尾副鳅	*Paracobitis variegatus*				+				
7		鳅科	*长薄鳅	*Leptobotia elongata*	+				+			
8			紫薄鳅	*Leptobotia taeniops*	+							
9			泥鳅	*Misgurnus anguillicaudatus*	+	+	+	+	+	+	+	+
10			宽鳍鱲	*Zacco platypus*		+	+	+		+	+	+
11			马口鱼	*Opsariichthys bidens*	+	+						
12			青鱼	*Mylopharyngodon piceus*	+	+		+	+	+	+	
13			草鱼	*Ctenopharyngodon idellus*	+	+	+	+	+	+	+	+
14			赤眼鳟	*Squaliobarbus curriculus*	+	+	+	+	+	+	+	+
15			鳡	*Elopichthys bambusa*	+	+	+	+	+	+	+	+
16			银鲴	*Xenocypris argentea*				+				
17	鲤形目		黄尾鲴	*Xenocypris davidi*	+	+	+	+	+	+	+	+
18			似鳊	*Pseudobrama simoni*	+	+	+	+	+	+	+	+
19			鳙	*Aristichthys nobilis*	+	+		+	+	+	+	+
20		鲤科	鲢	*Hypophthalmichthys molitrix*	+	+	+	+	+	+	+	+
21			中华鳑鲏	*Rhodeus sinensis*	+	+	+	+	+	+	+	+
22			高体鳑鲏	*Rhodeus ocellatus*	+	+	+	+	+	+	+	+
23			大鳍鱊	*Acheilognathus macropterus*	+	+	+	+	+	+	+	+
24			**麦瑞加拉鲮	*Cirrhinus mrigala*					+	+	+	
25			飘鱼	*Pseudolaubuca sinensis*	+	+	+	+	+	+	+	+
26			䱗	*Hemiculter leucisculus*			+	+			+	+
27			贝氏䱗	*Hemiculter bleekeri*	+	+	+	+	+	+	+	+
28			翘嘴鲌	*Culter alburnus*	+	+	+	+	+	+	+	+
29			蒙古鲌	*Culter mongolicus*	+	+	+	+	+	+	+	+
30			达氏鲌	*Culter dabryi*	+	+	+	+	+	+	+	+
31			拟尖头鲌	*Culter oxycephaloides*	+		+			+	+	

续表

序号	目	科	中文种名	拉丁名	2013 年				2019 年			
					黄石	高阳	养鹿	渠口	黄石	高阳	养鹿	渠口
32			红鳍原鲌	*Cultrichthys erythropterus*	+		+		+	+		
33			鳊	*Parabramis pekinensis*	+	+	+		+	+	+	
34			鲂	*Megalobrama skolkovii*		+	+		+	+		
35			团头鲂	*Megalobrama amblycephala*	+	+	+		+	+	+	
36			*厚颌鲂	*Megalobrama pellegrini*			+			+		
37			花鲭	*Hemibarbus maculatus*	+	+	+	+	+	+	+	+
38			麦穗鱼	*Pseudorasbora parva*	+	+	+	+	+	+	+	+
39			华鳈	*Sarcocheilichthys sinensis*	+							
40			银鮈	*Squalidus argentatus*	+	+	+	+	+	+	+	+
41			棒花鱼	*Abbottina rivularis*	+	+	+	+	+	+	+	+
42			铜鱼	*Coreius heterodon*	+	+	+		+	+		
43	鲤形目	鲤科	*圆口铜鱼	*Coreius guichenoti*	+							
44			*圆筒吻鮈	*Rhinogobio cylindricus*	+	+	+					
45			*长鳍吻鮈	*Rhinogobio ventralis*	+							
46			蛇鮈	*Saurogobio dabryi*	+	+	+	+	+	+	+	+
47			光唇蛇鮈	*Saurogobio gymnocheilus*	+	+	+	+	+	+	+	+
48			宜昌鳅鮀	*Gobiobotia filifer*	+					+		
49			中华倒刺鲃	*Spinibarbus sinensis*	+	+	+	+	+	+		+
50			*宽口光唇鱼	*Acrossocheilus monticola*	+							
51			**大鳞鲃	*Luciobarbus capito*		+				+	+	
52			*岩原鲤	*Procypris rabaudi*	+				+	+		
53			鲤	*Cyprinus carpio*	+	+	+	+	+	+	+	+
54			**散鳞镜鲤	*Cyprinus carpio* var. *specularis*					+	+		
55			鲫	*Carassius auratus*	+	+	+	+	+	+	+	+
56		鲇科	鲇	*Silurus asotus*	+	+	+	+	+	+	+	+
57			南方鲇	*Silurus meridionalis*			+					
58	鲇形目	胡子鲇科	**胡子鲇	*Clarias fuscus*							+	
59		鲿科	黄颡鱼	*Pelteobagrus fulvidraco*	+	+	+	+	+	+	+	+
60			瓦氏黄颡鱼	*Pelteobagrus vachelli*	+	+	+	+	+	+	+	+

续表

序号	目	科	中文种名	拉丁名	2013 年				2019 年			
					黄石	高阳	养鹿	渠口	黄石	高阳	养鹿	渠口
61			光泽黄颡鱼	*Pelteobagrus nitidus*	+	+	+	+	+	+	+	+
62			长吻鮠	*Leiocassis longirostris*	+	+	+	+	+	+	+	+
63	鲇形目	鲿科	粗唇鮠	*Leiocassis crassilabris*		+	+				+	+
64			切尾拟鲿	*Pseudobagrus truncatus*			+				+	+
65			细体拟鲿	*Pseudobagrus pratti*			+	+			+	+
66			大鳍鳠	*Mystus macropterus*	+	+	+	+	+	+	+	
67	颌针鱼目	鱵科	间下鱵	*Hyporhamphus intermedius*	+	+	+	+	+	+	+	+
68		鮨科	鳜	*Siniperca chuatsi*	+	+	+	+	+	+	+	+
69		鳢科	乌鳢	*Channa argus*	+					+		
70	鲈形目	沙塘鳢科	中华沙塘鳢	*Odontobutis obscurus*					+			
71		虾虎鱼科	子陵吻虾虎鱼	*Rhinogobius giurinus*	+	+	+	+	+	+	+	+
72			波氏吻虾虎鱼	*Rhinogobius cliffordpopei*	+	+	+	+	+	+	+	+
73		丽鱼科	**莫桑比克罗非鱼	*Oreochromis mossambicus*					+	+	+	+
74	合鳃鱼目	合鳃鱼科	黄鳝	*Monopterus albus*	+		+			+	+	+

注：*表示长江上游特有鱼类；**表示外来鱼类。

　　2 次调查中，在渔获物中数量百分比或质量百分比大于 2% 的鱼类共有 15 种。其中数量百分比最高的种类为似鳊，占总采集尾数的 28.74%，其次为蒙古鲌、飘鱼、光泽黄颡鱼和短颌鲚，分别占 10.06%、8.98%、8.93% 和 6.91%，最少为鲢，占 0.47%；质量百分比最高的种类为翘嘴鲌，占总质量的 15.68%，其次为鲤、蒙古鲌、鲢和似鳊，分别占 13.13%、11.69%、9.06% 和 8.05%，最少为银鲌，占 0.43%（图 3.7）。

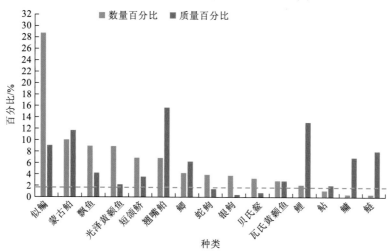

图 3.7　2013 年和 2019 年小江下游主要鱼类的数量百分比和质量百分比

2. 鱼类群落结构及其时空变动特征

2013 年和 2019 年小江下游各江段鱼类群落结构的聚类分析结果见图 3.8 所示。在 63.22%的 Bray-Curtis 相似性水平上，可将 2013 年和 2019 年小江下游各江段的鱼类群落结构分为 3 大组：组 1 包括黄石、高阳、养鹿江段 2013 年春、夏季和秋、冬季的鱼类群落结构，以及渠口江段 2013 年和 2019 年春、夏季的鱼类群落结构；组 2 包括黄石、高阳、养鹿江段 2019 年春、夏季和秋、冬季的鱼类群落结构；组 3 包括渠口江段 2013 年和 2019 年秋季的鱼类群落结构。One-way ANOSIM 检验显示各大组间及任意 2 大组间的鱼类群落结构在统计学上差异显著（各组间，$R=0.711$，$P=0.1\%$，迭代次数 999 次；组 1 对比组 2，$R=0.670$，$P=0.1\%$，迭代次数 999 次；组 1 对比组 3，$R=0.703$，$P=2.2\%$，迭代次数 45 次；组 2 对比组 3，$R=0.896$，$P=3.6\%$，迭代次数 28 次）。同时，组 1 又可以分为 2 小组，其中组 1A 包括黄石、高阳、养鹿江段 2013 年春、夏季的鱼类群落结构，以及渠口江段 2013 年和 2019 年春、夏季的鱼类群落结构，组 1B 包括黄石、高阳、养鹿江段 2013 年秋、冬季的鱼类群落结构；组 2 也可以分为 2 小组，其中组 2A 包括黄石、高阳、养鹿江段 2019 年春、夏季的鱼类群落结构，而组 2B 包括黄石、高阳、养鹿江段 2019 年秋、冬季的鱼类群落结构（图 3.8）。One-way ANOSIM 检验显示鱼类群落结构在组 1A 和组 1B 间差异显著，而在组 2A 和组 2B 间差异不显著（组 1A 对比组 1B，$R=0.723$，$P=1.8\%$，迭代次数 56 次；组 2A 对比组 2B，$R=0.926$，$P=10.0\%$，迭代次数 10 次）。

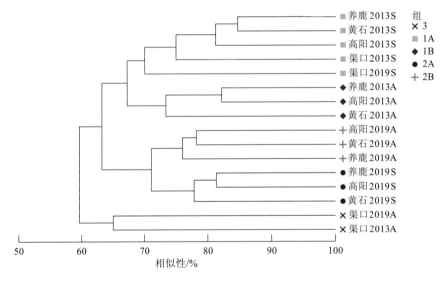

图 3.8　2013 年和 2019 年小江下游各江段鱼类群落结构的聚类分析

S：春、夏季；A：秋季

SIMPER 分析组间群落结构差异（表 3.6），结果显示：引起组 1 和组 2 间鱼类群落结构差异的主要种共有 18 种，其中短颌鲚在 2 组间的丰度变动对组 1 和组 2 间鱼类群落结构的差异贡献率最高，为 18.15%，其次为蒙古鲌（6.96%）和蛇鉤（6.84%）；引起组

2 和组 3 间鱼类群落结构差异的主要种共有 17 种，其中短颌鲚在 2 组间的丰度变动对组 2 和组 3 间鱼类群落结构的差异贡献率最高，为 12.14%，其次为似鳊（11.30%）和光泽黄颡鱼（8.03%）；引起组 1 和组 3 间鱼类群落结构差异的主要种共有 15 种，其中光泽黄颡鱼在 2 组间的丰度变动对组 1 和组 3 间鱼类群落结构的差异贡献率最高，为 11.56%，其次为似鳊（8.52%）和翘嘴鲌（7.48%）。

表 3.6　引起各组间群落结构差异的主要种类组成及其流水偏好

种类	差异贡献率/%			相对丰度差异/%			流水偏好
	组 1 对比组 2	组 2 对比组 3	组 1 对比组 3	组 1 对比组 2	组 2 对比组 3	组 1 对比组 3	
短颌鲚	18.15	12.14	7.14	3.19	-2.21	0.98	L
蒙古鲌	6.96	3.22	—	-1.15	0.54	—	L
蛇鮈	6.84	6.40	6.01	0.30	-1.17	-0.87	EU
翘嘴鲌	6.26	3.94	7.48	-0.63	-0.20	-0.83	L
似鳊	4.99	11.30	8.52	-0.86	2.12	1.26	EU
光泽黄颡鱼	4.92	8.03	11.56	-0.16	-1.49	-1.65	EU
贝氏鳘	4.85	4.12	6.57	-0.61	-0.12	-0.73	EU
鳘	4.71	3.84	4.10	0.02	-0.61	-0.59	EU
银鮈	4.70	4.42	5.84	-0.69	0.65	-0.04	EU
鲇	4.11	3.87	4.63	0.06	-0.38	-0.32	EU
鲤	3.82	5.26	3.17	0.53	-0.99	-0.46	EU
鳊	3.61	3.46	—	0.65	-0.67	—	EU
瓦氏黄颡鱼	3.37	5.21	3.50	0.46	-0.97	-0.51	EU
达氏鲌	3.11	5.03	4.63	0.27	-0.90	-0.63	L
鲫	2.92	4.67	4.85	0.31	-0.86	-0.55	EU
鲢	2.75	3.22	—	0.33	-0.61	—	EU
鳙	2.39	—	2.29	0.11	—	-0.34	EU
莫桑比克罗非鱼	2.19	—	—	0.38	—	—	EU
赤眼鳟	—	2.53	3.09	—	0.43	0.22	EU

注：L 表示流水性物种；EU 表示广布种。

聚类分析及 One-way ANOSIM 检验结果显示在相同采样季节，黄石、高阳和养鹿江段的鱼类群落结构在不同年份间差异明显，而渠口江段的鱼类群落结构在不同年份间差异不明显（图 3.8），表明小江常年回水区的鱼类群落结构在三峡水库 175 m 正常蓄水运行多年后发生了明显的改变，而小江变动回水区江段（渠口江段）的鱼类群落结构在 2

年调查期间无明显的差异。该结果与在三峡库区干流常年回水区（Yang et al., 2021）及变动回水区获得的结果相一致。鱼类群落结构的年际变动在不同水文功能区域间的差异，很可能归因于以下 2 方面：①变动回水区在三峡水库高、低水位时均具有一定的流速，该区域既分布有适应静缓流生境的鱼类种类，也分布有喜流水性的鱼类种类，区域内的鱼类群落结构易受上游江段流水性鱼类下行补充的影响，尤其当变动回水区的优势类群主要为喜流水性鱼类时，只要这些鱼类在上游自然连通的流水江段内有充足的群体，该变动回水区的鱼类群落结构就会保持相对稳定；②常年回水区通常分布有大量适应静缓流生境的鱼类种类，虽然在一定程度上可以维持该区域鱼类群落结构的稳定，但是当上游鱼类群落结构发生变化时，由于生物间的相互作用，该区域的鱼类群落结构也会受到影响而发生变动（Yang et al., 2021；董哲仁 等，2010）。除此之外，常年回水区通常是库区非土著物种数量急剧增加的区域，其鱼类群落结构更易受非土著物种增殖的影响（Lin et al., 2019）。调查发现短颌鲚、莫桑比克罗非鱼等非三峡库区土著物种数量的剧烈变动主要发生在小江常年回水区江段。

同时，聚类分析及 One-way ANOSIM 检验的结果也显示常年回水区江段（黄石、高阳和养鹿）的鱼类群落结构在 2013 年时有明显的季节性变动特征，然而在 2019 年时季节性变动特征并不明显（图 3.8），表明随着三峡水库正常蓄水运行的进行，常年回水区江段的鱼类群落结构在不同季节间逐渐趋同。尽管如此，本书的结果也显示回水变动区江段（渠口江段）的鱼类群落结构在 2013 年和 2019 年均呈现明显的季节性变动特征，表明回水变动区江段的鱼类群落结构有其独特的抗扰动和稳定机制，即静水性和喜流水性鱼类共存于不稳定的生境中，共同利用这个生境，从而使得该生境具有更多的稀有物种并最终达到群落的中度可持续性（Oliveira et al., 2003）；生物与非生物因子共同构建鱼类群落结构，在不稳定生境中，外界因子包括流速及水质的梯度等在鱼类群落结构构建中的作用更显著（Beesley and Prince, 2010），其能够避免常年回水区江段（更为稳定的生境）所面临的生物间的显著效应（如表 3.6 显示外来物种、短颌鲚等非土著物种在渠口江段难以形成大规模的种群，并进而影响其种群的稳定）。

在上述背景下，尽量维持小江变动回水区的自然生境特征（如在三峡水库低水位运行时，尽量维持其流水生境长度；在高水位运行时，尽量维持一定长度的流水缓冲区），以及采取措施控制小江常年回水区外来物种的数量对于保护小江回水区江段土著鱼类资源具有重要的意义。

3. 鱼类群落结构与环境因子的关系

分别于 2013 年和 2019 年的春、夏季（5~7 月）及秋季（10~11 月）在小江进行环境因子数据收集（表 3.7），并提取关键环境因子进行冗余分析（RDA）。VIF 检验显示非生物变量 TN、NO_3^--N 和 NH_3-N 的值大于 10（TN，64.516；NO_3^--N，30.077；NH_3-N，119.450），表明与其他变量具有明显的共线性，因此这些变量被排除，不作为解释变量而运用在后续的冗余分析中。通过变量的正向选择，最终只有 5 个变量（TP，PO_4^{3-}-P，Chl-a，WT 和 V）被最终选择为 RDA 模型的解释变量。这 5 个变量作为解释变量在 RDA

中获得的 Adjust R^2 为 0.484，表明所选的 5 个解释变量共同解释了群落结构 48.44% 的变异，其中前 2 个规范轴共同解释了群落结构 39.46% 的变异，冗余轴 1 单独解释了群落结构 24.74% 的变异。最终的 RDA 模型在统计学上是显著的（$P<0.01$），没有明显的共线性（各个变量的 VIF 值均小于 10），具有 2 个显著的规范轴（冗余轴 1：$F=9.750$，$P=0.001$；冗余轴 2：$F=5.801$，$P=0.003$）。所选的 5 个解释变量中有 4 个解释变量与小江下游 4 个采样点不同采样时间的鱼类群落结构的时空变动显著相关（TP，$F=3.310$，$P=0.014$；PP，$F=5.720$，$P=0.001$；WT，$F=4.046$，$P=0.003$；V，$F=4.017$，$P=0.003$）。最终的 RDA 分析结果见图 3.9。

表 3.7　2013 年和 2019 年的小江环境因子平均值

江段	TN 浓度 /(mg/L)	NO_3^--N 浓度 /(mg/L)	NH_3-N 浓度 /(mg/L)	TP 浓度 /(mg/L)	PO_4^{3-}-P 浓度 /(mg/L)	Chl-a 浓度 /(μg/L)	COD_{Mn} 浓度 /(mg/L)	WT /℃	pH	DO 浓度 /(mg/L)	V /(m/s)
黄石 2013S	0.96	0.40	0.38	0.03	0.01	22.01	2.48	24.12	7.47	5.22	0.18
高阳 2013S	0.73	0.20	0.28	0.03	0.00	37.73	3.03	23.88	7.61	5.61	0.12
养鹿 2013S	1.39	0.76	0.25	0.08	0.03	31.34	2.09	24.56	8.01	6.45	0.45
渠口 2013S	1.50	0.85	0.25	0.15	0.03	7.06	1.83	23.28	7.56	6.02	1.21
黄石 2013A	1.58	0.93	0.30	0.10	0.04	15.20	1.81	19.24	7.88	7.52	0.12
高阳 2013A	1.37	0.86	0.35	0.05	0.02	28.97	1.94	19.20	7.66	5.48	0.08
养鹿 2013A	1.35	0.96	0.26	0.10	0.04	9.06	1.81	19.22	7.49	5.91	0.08
渠口 2013A	1.41	0.91	0.26	0.18	0.06	6.64	2.23	18.42	7.79	5.34	0.32
黄石 2019S	0.16	1.09	1.58	0.04	0.06	13.09	4.00	24.33	8.70	5.37	0.24
高阳 2019S	0.23	0.90	1.49	0.04	0.13	28.16	4.03	24.16	8.55	6.30	0.19
养鹿 2019S	0.15	0.94	1.46	0.03	0.07	22.71	3.71	24.20	8.46	5.95	0.42
渠口 2019S	0.07	0.82	1.30	0.04	0.07	18.93	3.19	23.99	8.56	6.05	1.48
黄石 2019A	0.11	1.34	1.50	0.05	0.06	2.71	2.43	19.77	8.81	5.69	0.11
高阳 2019A	0.17	1.25	1.52	0.04	0.06	6.76	2.69	20.10	8.28	5.29	0.10
养鹿 2019A	0.22	1.27	1.51	0.05	0.06	6.72	2.82	19.13	8.14	5.48	0.15
渠口 2019A	0.15	1.13	1.34	0.04	0.06	16.56	3.17	19.05	8.00	5.65	0.28

注：S 表示春、夏季；A 表示秋季。

冗余轴 1 能够将组 2 的鱼类群落结构（2019 年春夏、季和秋、冬季黄石、高阳和养鹿江段样本）与组 1（2013 年春、夏季和秋、冬季黄石、高阳和养鹿江段样本）和组 3（渠口江段 2013 年和 2019 年秋季的鱼类群落结构）的鱼类群落结构分离开来，其中组 2 分布在冗余轴 1>0 的一侧，而组 1 和组 3 则分布在冗余轴 1<0 的一侧；组 3 及组 1B 样本分布在冗余轴 2<0 的一侧，而组 1B 样本分布在冗余轴 2>0 的一侧，表明沿着冗

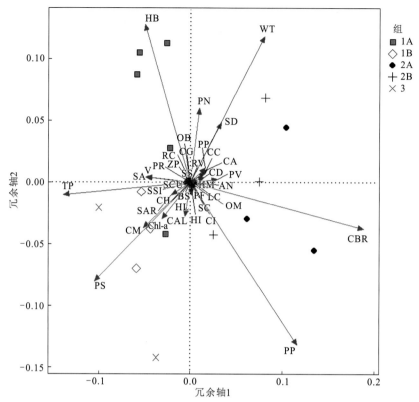

图 3.9　小江下游鱼类群落结构与环境变量关系的冗余分析结果

解释变量包括 TP、PO₄³⁻-P、Chl-a、WT 和 V，在图中以蓝色箭头显示。代表不同鱼类物种的缩写用红色箭头表示。PP：鳊；CI：草鱼；SCU：赤眼鳟；CBR：短颌鲚；PN：光泽黄颡鱼；SC：鳜；PF：黄颡鱼；CA：鲫；HI：间下鱵；ZP：宽鳍鱲；CC：鲤；HM：鲢；OB：马口鱼；CM：蒙古鲌；SA：鲇；CAL：翘嘴鲌；CD：达氏鲌；SD：蛇鮈；PS：似鳊；CH：铜鱼；PV：瓦氏黄颡鱼；PR：岩原鲤；SAR：银鮈；HB：贝氏鳘；AN：鳙；RC：圆筒吻鮈；RV：长鳍吻鮈；BS：中华沙鳅；SS：中华倒刺鲃；SSI：华鲮；CG：圆口铜鱼；HL：鳘；OM：莫桑比克罗非鱼；LC：大鳞鲃

余轴 2 2013 年 4 个采样江段的鱼类群落结构呈现明显的季节性变动特征；尽管如此，组 2A 和组 2B 样本在冗余轴 2=0 的上下两侧均有分布，表明黄石、高阳和养鹿江段的鱼类群落结构在 2019 年时的季节性变动特征不明显。似鳊（PS）、银鮈（SAR）、赤眼鳟（SCU）和蒙古鲌（CM）等位于三序图的左下角，其相对丰度变动紧密联系着更高的 Chl-a 和 TP 含量。岩原鲤（PR）、圆口铜鱼（CG）、宽鳍鱲（ZP）和华鲮（SSI）等位于靠近中心的左上角，其相对丰度在聚类组 1 春、夏季样本中最高，与较高的流速（V）和较高的水温（WT）密切相关。同时，贝氏鳘（HB）、光泽黄颡鱼（PN）、蛇鮈（SD）等与变量 WT 正相关，表明这些鱼类在水温较高的时候大量出现；短颌鲚（CBR）、莫桑比克罗非鱼（OM）、黄颡鱼（PF）等的相对丰度变动易受 PO₄³⁻-P 含量变动的影响。其他种类如鲤（CC），鲇（SA）和瓦氏黄颡鱼（PV）等聚集在三序图的中央，表明它们能够存在于水库的大部分区域，并能够适应不同采样点的生境条件。总之，RDA 分析的结果显示冗余轴 1 主要代表生物-非生物之间的年际变动关系（鱼类群落结构在 2 次采样间发生了明显变动），而冗余轴 2 主要描述生物-非生物之间的季节变动关系（图 3.9）。

RDA 的层次分割结果显示：PO_4^{3-}-P 解释的鱼类群落结构时空变异比例最高，为 34.58%，其次为 WT 和 TP，分别为 25.31% 和 15.17%，最低为 Chl-a，仅为 10.76% （图 3.10）。

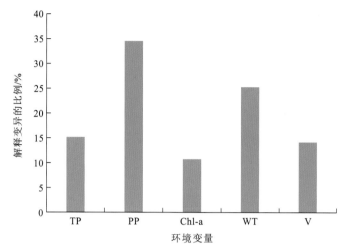

图 3.10 不同环境变量解释小江下游鱼类群落结构变动的相对解释比例

由以上 RDA 结果发现，小江回水区江段鱼类群落结构的时空变动与营养盐含量（TP、PO_4^{3-}-P）、Chl-a、WT 及 V 的时空变动密切相关，表明水质、WT 及水文情势特征在影响小江回水区江段鱼类群落结构时空变化中起着重要的作用。与 TP 相比，变量 PO_4^{3-}-P 具有更高的解释能力（图 3.10），表明小江回水区江段的鱼类群落结构更易受 PO_4^{3-}-P 含量变动的影响。水温主要影响调查区域鱼类群落结构的季节分布特征，且这种影响主要与鲤、蛇鮈、鳊、光泽黄颡鱼等在春、夏季产卵的鱼类种类的数量变动有关。变量 V 显著影响小江回水区江段鱼类群落结构的时空变动，该结果与 Yang 等（2021）在三峡水库干流回水区江段获得的结果相一致。尽管如此，与三峡库区干流相比，变量 V 对小江回水区江段鱼类群落结构时空变动的解释能力较弱（图 3.10），这很可能与小江回水区各调查江段流速梯度不明显有关：三峡水库低水位运行时，下游 3 个调查江段位于常年回水区，其上游及区间来水量通常较小，难以在此 3 个江段间产生明显的流速梯度；三峡水库高水位运行时，4 个调查江段均位于小江回水倒灌区内，该回水区末端直达汉丰湖调节坝坝址，只有当调节坝放水时才会产生一定的流速梯度。该结果凸显了在辨识影响不同采样江段鱼类群落结构时空变动的关键生境因子时，需要充分考虑采样江段间所存在的生境特征差异。

3.2.2 大宁河

大宁河全长 250 km，其中受三峡水库调度运行影响的河段长约 143 km。坝前 175 m 水位下，三峡水库回水区末端在巫溪县花台乡上游，巫溪县城及以上河段为流水河段。该流水河段为山地峡谷溪流生境河段，底质以卵石、砾石和基岩为主。河道海拔在 830 m

以上，多年平均气温 18℃，不仅为许多冷水性鱼类如裂腹鱼属和高原鳅属鱼类的分布区域，而且也是国家二级保护动物多鳞白甲鱼（*Onychostonua macrolepis*）的重要分布区域。本书基于 2011～2020 年 5～7 月及 11～12 月，在大宁河巫溪流水河段中 7 个采样区域（图 3.11）获得的渔获物调查结果，分析探讨大宁河巫溪流水河段鱼类群落结构的时间变动特征。

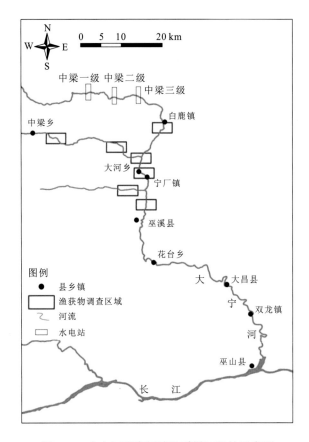

图 3.11　大宁河研究区域及采样江段的示意图

1. 鱼类种类组成及其年际变动

2011～2022 年，在大宁河巫溪段统计渔获物 1 245.21 kg、24 765 尾，鉴定出鱼类种类 72 种，隶属于 6 目 13 科 52 属。其中，采集到的鲤科鱼类种类数最多，31 属 39 种，占总种类数的 54.17%；其次为鳈科和鳅科鱼类，分别调查到 4 属 9 种和 6 属 8 种，各占 12.50% 和 11.11%；再其次为平鳍鳅科和鰕虎鱼科鱼类，各采集到 3 种（各占 4.17%），以及钝头鮠科和鮨科鱼类，各采集到 2 种（各占 2.78%）；其他各科均仅采集到 1 属 1 种，各占 1.39%。采集到极危等级鱼类 1 种（胭脂鱼）、易危等级鱼类 6 种[厚颌鲂、多鳞白甲鱼、齐口裂腹鱼、岩原鲤、细体拟鳈和白缘䱀（*Liobagrus marginatus*）]、长江上游特有鱼类 9 种和国家二级保护动物 3 种（胭脂鱼、多鳞白甲鱼和岩原鲤）。

各年采集到的鱼类种类数在 43～47 种,其中 2016 年采集到的种类数最少,而 2019 年采集到的种类数最多(图 3.12)。聚类分析结果显示:鱼类种类组成在各年间的 Jaccard 指数值在 0.85～1.00 之间,平均值为 0.93,可以分为 2 个聚类组,其中组 A 包括 2016～2017 年的鱼类种类组成,组 B 包括其他 8 个年份的鱼类种类组成(图 3.13)。One-way ANOSIM 检验显示种类组成在两组间差异不显著($R = 0.556$,$P = 5.9\%$,迭代次数 136 次)。

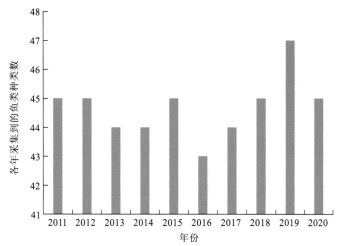

图 3.12　2011～2020 年在大宁河巫溪江段采集到的鱼类种类数

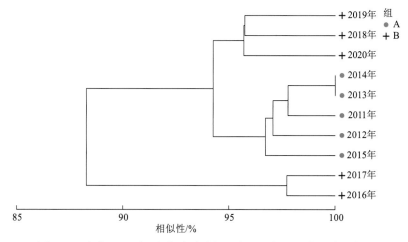

图 3.13　大宁河巫溪江段鱼类种类组成在不同年份间的聚类分析图

2. 物种多样性及其年际变动

2011～2020 年调查期间,大宁河巫溪江段鱼类生物多样性指数值的年际变动情况如图 3.14 所示,结果显示:巫溪江段鱼类的 Margalef 丰富度指数和 Shannon-Wiener 多样性指数在年际间呈现先上升,然后下降,最后再上升的趋势,而 Pielou 均匀度指数则呈现先下降，然后再上升的趋势。Margalef 丰富度指数和 Shannon-Wiener 多样性指数在各年间的变动范围分别为 8.30～9.64 和 2.83～3.05，平均值分别为 8.89 和 2.95，最大值和最小值出现的年份均分别为 2015 年和 2017 年；Pielou 均匀度指数各年间的变动范围为 0.84～0.87，平均值为 0.86，最大值和最小值出现的年份分别为 2011 年和 2017 年（图 3.14）。

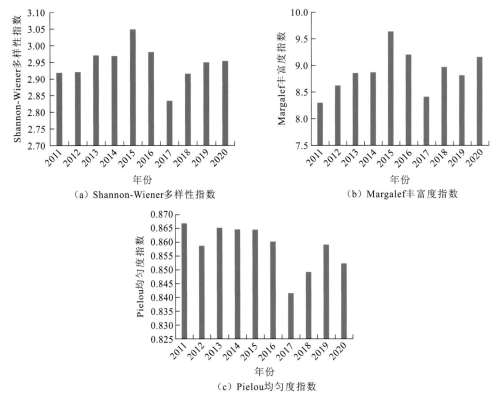

（a）Shannon-Wiener多样性指数　　　　　　（b）Margalef丰富度指数

（c）Pielou均匀度指数

图 3.14　2011～2020 年大宁河巫溪江段鱼类生物多样性指数值的年间变动

3. 优势种及其年际变动

经统计，2011～2020 年，在巫溪江段有优势种鱼类 9 种（图 3.15），其中云南盘鮈（*Discogobio yunnanensis*）的年均相对重要性指数最高，为（20.32±2.52）%，其次为齐口裂腹鱼和唇鲷（*Hemibarbus labeo*），分别为（14.57±9.45）%和（11.51±3.49）%，最低为切尾拟鲿，为（4.17±1.59）%。

优势种类中，有长江上游特有鱼类 2 种（齐口裂腹鱼和宽口光唇鱼）、国家二级保护动物 1 种（多鳞白甲鱼）。这 3 种鱼类中，齐口裂腹鱼的相对重要性指数值在各年间呈现先下降，然后再上升，最后再下降的趋势；多鳞白甲鱼的相对重要性指数值呈现在年际间先下降，然后再上升的特征，但在总体上呈下降的趋势；宽口光唇鱼呈现先上升，然后再波动下降的趋势，其在 2020 年的相对优势度比 2011 年减少了 73.16%（图 3.16）。

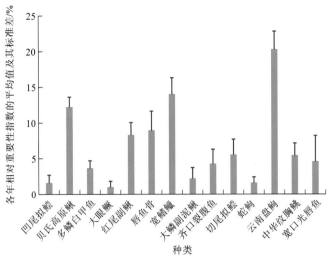

图 3.15　2011～2020 年大宁河巫溪江段渔获物优势种组成
及其相对重要性指数的平均值和标准差

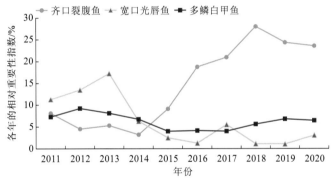

图 3.16　3 种重要优势种在大宁河巫溪江段不同年份渔获物中的相对重要性指数值

从调查结果可以看出，10 年间共在巫溪河段采集到鱼类 72 种，占历史上大宁河鱼类总种数（99 种）的 72.73%（耿相昌，2010），表明巫溪河段是大宁河鱼类资源非常丰富的河段，保护该河段的鱼类物种多样性对于大宁河鱼类资源的保护具有重要的意义。同时，在本河段中，分布有较多的适应流水生境的长江上游特有鱼类或其他鱼类，这与耿相昌（2010）2008～2009 年和杨峰等（2013）2011～2012 年在巫溪河段调查的结果一致。尽管如此，本次未调查到泸溪直口鲮（*Rectoris luxiensis*）和云南光唇鱼（*Acrossocheilus yunnanensis*）这两种鱼类。这可能与采样误差有关，前期研究采样时间较早，且网具规格不一致，网具对于鱼类的捕捞具有选择性，可能导致采集到的种类略有不同。此外，结果显示各年的种类组成尽管可以分为 2 组，但是在两组间差异不显著，表明巫溪河段的鱼类种类组成在 2011～2020 年无明显的变化（图 3.13）。

结果显示，在总体上，巫溪河段的鱼类物种丰富度及 Shannon-Wiener 多样性指数呈现略微上升的趋势（图 3.15）。该现象在库区 4 个干流江段（秭归、巫山、云阳和涪陵）上也被观测到（董纯 等，2019）。引起该现象的原因，可能包括以下 2 个方面：①三峡水库形成后，库区许多江段的水文生境发生了明显改变，适应静缓流生境的鱼类种类数增多，如原分布在长江中下游的太湖新银鱼、短颌鲚、团头鲂等鱼类，以及外来鱼类种类在库区逐渐出现（董纯 等，2023；张伟 等，2023；郑梦婷 等，2023），这些鱼类中，部分种类进入了干支流上游的流水江段或河段。②巫溪河段仍保持自然或近自然的流水生境，这部分河段仍是喜流水性鱼类的分布区域，喜流水性鱼类的种类数并没有明显减少，这部分鱼类的一直存在，在一定程度上维持了研究河段物种多样性的稳定。

4. 群落结构及其年际变动

2011～2020 年调查期间，大宁河巫溪江段鱼类群落结构的聚类分析结果见图 3.17，结果显示：在 83.23%的 Bray-Curtis 相似性水平上可将该江段 10 年的鱼类群落结构分为 3 大组：组 1 包括 2013～2015 年的鱼类群落结构；组 2 包括 2016～2017 年的鱼类群落结构；组 3 包括 2018～2020 年的鱼类群落结构。One-way ANOSIM 检验显示在各组间（组 1、组 2 和组 3）及任意 2 组间的鱼类群落结构在统计学上差异显著（各组间，$R=0.995$，$P=0.1\%$，迭代次数 999 次；组 1 对比组 2，$R=0.982$，$P=4.8\%$，迭代次数 21 次；组 1 对比组 3，$R=1.000$，迭代次数 56 次；组 2 对比组 3，$R=1.000$，迭代次数 10 次）。

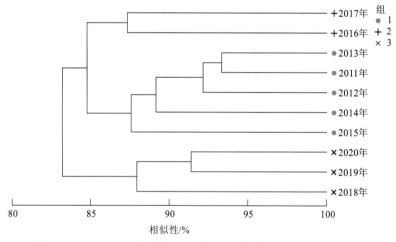

图 3.17　2011～2020 年大宁河巫溪江段鱼类群落结构的聚类分析图

SIMPER 指数对聚类分析结果进行分析显示：引起鱼类群落结构在组 1 和组 2 间差异的主要种类有 11 种，其中大鳞副泥鳅丰度变动引起的差异贡献率最高，为 9.25%，其次为宽口光唇鱼（7.82%）和切尾拟鲿（6.96%）；引起鱼类群落结构在组 2 和组 3 间差异的主要种类有 11 种，其中切尾拟鲿丰度变动引起的差异贡献率最高，为 8.93%，其次为贝氏䱗（8.48%）和大鳞副泥鳅（6.01%）；引起鱼类群落结构在组 1 和组 3 间差异的主要种类有 13 种，其中宽口光唇鱼引起的差异贡献率最高，为 11.47%，其次为贝氏䱗（7.89%）和齐口裂腹鱼（6.94%）（表 3.8）。表 3.8 还显示宽口光唇鱼、多鳞白甲鱼等喜流水性的长江上游特有鱼类或国家重点保护鱼类在渔获物中相对丰度的减少，以及广适性的小型鱼类如贝氏䱗和麦穗鱼等在渔获物中相对丰度的明显增加，是导致巫溪江段鱼类群落结构在年际间发生分离的主要原因。

表 3.8　引起群落结构在各组间差异的主要种类组成及其流水生境偏好

种类	差异贡献率/%			相对丰度差异/%			流水偏好
	组 1 对比组 2	组 2 对比组 3	组 1 对比组 3	组 1 对比组 2	组 2 对比组 3	组 1 对比组 3	
大鳞副泥鳅	9.25	6.01	3.70	−100.00	29.27	−41.46	EU
宽口光唇鱼	7.82	5.95	11.47	31.34	38.41	57.71	R
切尾拟鲿	6.96	8.93	—	32.63	−62.50	—	R
齐口裂腹鱼	6.87	—	6.94	−43.65	—	−55.56	R
唇䱻	5.93	5.84	—	15.35	−5.39	—	R
蛇鮈	4.43	—	3.81	35.78	—	29.36	EU
大眼鳜（*Siniperca kneri*）	3.74	5.86	4.64	38.71	−110.53	−29.03	R
中华纹胸鳅	3.57	3.40	3.22	−15.38	−3.08	−18.93	R
褐吻虾虎鱼	3.42	—	3.12	67.44	—	69.77	EU
红尾副鳅	3.28	—	—	−13.21	—	—	R
宽鳍鱲	3.17	—	—	−10.73	—	—	R
贝氏䱗	—	8.48	7.89	—	−1 520.00	−100.00	EU
子陵吻虾虎鱼	—	3.20	4.12	—	33.33	45.05	EU
凹尾拟鲿（*Pseudobagrus emarginatus*）	—	4.58	5.40	—	−48.24	−77.46	R
多鳞白甲鱼	—	4.12	3.97	—	22.50	24.39	EU
鲫	—	—	3.96	—	—	86.96	EU
麦穗鱼	—	4.07	3.11	—	−300.00	−182.35	EU

注：R 表示流水性物种；EU 表示广布种；相对丰度差异值为正时，表示前一组值比后一组值大，否则则相反。

　　研究发现巫溪河段的鱼类群落结构在年际间也发生了明显的变化（图 3.16），三峡水库 175 m 正常蓄水后，巫溪流水河段的鱼类群落结构已发生了明显的变化。该变化在具有一定长度流水生境的三峡库区干流回水区江段也被观测到（Yang et al.，2021）。目前，大宁河干流仅在上游西溪河上修建了中梁水库及其一、二、三级电站；巫溪以上的较长河段内均为流水生境河段（于子铖 等，2023）。因此，巫溪河段的鱼类群落结构变动受到上游梯级水库蓄水运行的影响应该较小。同时，调查发现许多广适性的鱼类如贝氏䱗、子陵吻虾虎鱼等的资源丰度在 2015 年以后明显增加，而这些鱼类均为三峡水库蓄水后，数量才明显增加的鱼类种类（杨志 等，2015）。在三峡水库蓄水前，这些鱼类并不是大宁河砾石激流生境中分布的常见或主要鱼类种类（曹文宣 等，2007；丁瑞华，1994），因此可以推知这些鱼类的多数个体应该来自于大宁河下游的回水区江段。这就回答了本书的第 2 个问题：巫溪自然流水江段鱼类群落结构的年际变化也会受到了三峡水库蓄水运行的明显影响。研究已发现，水库内鱼类物种的扩散，会导致水库上游河段内鱼类群落结构同质性的变化（Pasquaud et al.，2015；Franchi et al.，2014）。研究也发现，生物间关系（如低阶或高阶组合的种间关系、生态演替过程、物种散布及占据等）对群落结构的组成及变动具有重要的意义（Bairey et al.，2016；Paller et al.，2016）。

　　同时，结果显示宽口光唇鱼、多鳞白甲鱼等喜流水性的长江上游特有或国家重点保护鱼类在渔获物中相对丰度的减少，是导致巫溪江段鱼类群落结构在年际间发生明显变动的重要原因之一，表明近年来，巫溪河段鱼类资源保护面临的突出问题，是长江上游特有鱼类或国家重点保护鱼类的资源衰减问题。这些鱼类多为以底栖无脊椎动物或着生藻类为主要食物、在砂砾或岩石间隙产沉性或黏沉性卵的鱼类种类（曹文宣 等，2007）。这些鱼类的种群维系与河道基质的分布特征密切相关：较大粒径的砾石或石质基质为鱼类饵料来源提供附着或庇护基质，而较小粒径的砂砾则是这些鱼类适宜产卵场生境的重要组成部分。现场调查发现，大宁河沿岸是城镇及村落集中分布的区域；近年来，河岸带固化、河道采砂及沿岸公路、路桥等的施工建设很常见。已有调查也发现，相较 2010年，2018 年大宁河的林地、城镇用地、农村居民点及其他城镇用地呈明显的增加趋势（勾蒙蒙 等，2023）。上述情况均很可能导致大宁河底质特征的变化，而底质特征的变化又会通过影响鱼类的饵料来源及产卵基质特征来影响鱼类的种群动态（杨晓鸽 等，2021）。同时，随着社会经济的发展，人们对野生鱼类的需求量增加，在渔业捕捞技术发展的背景下，渔业捕捞效率及强度增加（谢平，2017）。渔业捕捞效率及强度的增加，很可能会影响到研究区域鱼类群落结构的变动。此外，调查发现，从 2015 年起，齐口裂腹鱼在巫溪河段渔获物中的相对优势度呈明显的上升趋势，这很可能与其大量地被人工放流有关。由于齐口裂腹鱼与宽口光唇鱼、多鳞白甲鱼在摄食食物组成上的相似性，所以生物间的食物竞争关系，很可能是导致宽口光唇鱼、多鳞白甲鱼等鱼类资源量减少的重要原因之一。

3.3　库区特有鱼类资源时空特征

　　特有鱼类作为三峡库区鱼类多样性的重要组成部分，其种类分布、丰度很可能会受到三峡库区蓄水运行的影响。曹文宣等（1987）年曾预测三峡蓄水运行后，将使约 40种长江上游特有鱼类的栖息地受到影响。Park 等（2003）基于 44 种特有鱼类的分布数据及自组织映射神经网络（self-organizing map，SOM）预测认为部分特有鱼类将在三峡蓄水后受到严重影响。本节基于 2011~2015 年在库区干流 5 个典型代表江段的实地渔获物调查数据，对该区域 5 年间的长江上游特有鱼类的种类组成及分布、相对丰度及群落结构的时空分布特征进行分析，以期了解三峡水库调度运行对库区江段特有鱼类的影响，从而为三峡库区特有鱼类资源保护提供基础支撑。

3.3.1　鱼类种类组成

2011～2015 年在调查区域统计渔获物 3 696.93 kg，95 015 尾，共鉴定出长江上游特有鱼类 22 种，均隶属于鲤形目，共 3 科 18 属。其中，鲤科种类 12 种，种类数最多，占特有鱼类总种类数的 54.55%；其次为鳅科，6 种，占 27.27%；最少为平鳍鳅科，4 种，占 18.18%。调查发现，不同鱼类分布的江段存在差异，其中短体副鳅（*Paracobitis potanini*）、戴氏山鳅（*Schistura dabryi dabryi*）、双斑副沙鳅（*Parabotia bimaculata*）、红唇薄鳅（*Leptobotia rubrilabris*）、高体近红鲌（*Ancherythroculter kurematsui*）、裸体异鳔鳅鮀（*Xenophysogobio nudicorpa*）、短身金沙鳅（*Jinshaia abbreviata*）、峨嵋后平鳅（*Metahomaloptera omeiensis*）、四川华吸鳅（*Sinogastromyzon szechuanensis*）等特有鱼类均仅出现在江津江段，华鲮（*Sinilabeo rendahli*）和齐口裂腹鱼分别仅在巫山和秭归江段采集到，张氏䱗（*Hemiculter tchangi*）、厚颌鲂、岩原鲤和圆口铜鱼仅在巫山及其以上江段出现，异鳔鳅鮀仅在涪陵及其以上江段出现，长薄鳅、圆筒吻鮈和长鳍吻鮈在库区各个调查江段均有分布（表 3.9）。总体而言，从库尾流水江段到三峡库区坝前江段，各江段的特有鱼类种类数呈现逐渐减少的趋势（表 3.9）。22 种采集到的长江上游特有鱼类之中，除少数几种（长薄鳅、长鳍吻鮈和圆筒吻鮈）在整个库区调查江段均有分布外，其他均主要分布在库尾及库区回水江段，且沿坝前江段溯河而上直到库尾流水江段，各江段的特有鱼类种类数呈现逐渐增加的趋势（表 3.9）。

表 3.9　三峡库区调查江段的特有鱼类种类组成及其分布

种类	拉丁名	江段				
		秭归	巫山	云阳	涪陵	江津
短体副鳅	*Paracobitis potanini*	N	N	N	N	Y
戴氏山鳅	*Schistura dabryi dabryi*	N	N	N	N	Y
宽体沙鳅	*Botia reevesae*	N	N	N	Y	Y
双斑副沙鳅	*Parabotia bimaculata*	N	N	N	N	Y
长薄鳅	*Leptobotia elongata*	Y	Y	Y	Y	Y
红唇薄鳅	*Leptobotia rubrilabris*	N	N	N	N	Y
张氏䱗	*Hemiculter tchangi*	N	Y	Y	Y	Y
高体近红鲌	*Ancherythroculter kurematsui*	N	N	N	N	Y
厚颌鲂	*Megalobrama pellegrini*	N	Y	Y	Y	Y
圆口铜鱼	*Coreius guichenoti*	N	Y	Y	Y	Y
圆筒吻鮈	*Rhinogobio cylindricus*	Y	Y	Y	Y	Y
长鳍吻鮈	*Rhinogobio ventralis*	Y	Y	Y	Y	Y
异鳔鳅鮀	*Xenophysogobio boulengeri*	N	N	Y	Y	Y
裸体异鳔鳅鮀	*Xenophysogobio nudicorpa*	N	N	N	N	Y

续表

种类	拉丁名	江段				
		秭归	巫山	云阳	涪陵	江津
宽口光唇鱼	*Acrossocheilus monticola*	N	N	Y	Y	N
华鲮	*Sinilabeo rendahli*	N	Y	N	N	N
齐口裂腹鱼	*Schizothorax prenanti*	Y	N	N	N	N
岩原鲤	*Procypris rabaudi*	N	Y	Y	Y	Y
中华金沙鳅	*Jinshaia sinensis*	Y	N	N	Y	Y
短身金沙鳅	*Jinshaia abbreviata*	N	N	N	N	Y
峨嵋后平鳅	*Metahomaloptera omeiensis*	N	N	N	N	Y
四川华吸鳅	*Sinogastromyzon szechuanensis*	N	N	N	N	Y
合计种类数	—	5	8	9	11	18

注：N 表示没有采集到；Y 表示采集到。

3.3.2　特有鱼类相对丰度的时空分布

从空间分布来看，2011～2015 年调查期间，秭归、巫山、云阳、涪陵和江津江段特有鱼类在渔获物中的数量百分比在各年的平均值分别为 2.52%、2.44%、3.95%、10.21%和 29.05%，云阳及其以下江段的特有鱼类数量百分比平均值远小于云阳以上江段（图 3.18）。秭归、巫山、云阳、涪陵和江津江段特有鱼类在渔获物中的质量百分比在各年间的平均值分别为 0.97%、2.09%、5.83%、12.38%和 37.62%，云阳及其以下江段的特有鱼类质量百分比平均值也远小于云阳以上江段（图 3.18）。总体而言，从沿坝前江段溯河而上直到库尾流水江段到三峡库区坝前江段，各江段特有鱼类在渔获物中的数量和质量百分比平均值均呈现逐渐增加的趋势（图 3.18），表明特有鱼类更倾向于集中在库尾流水江段。

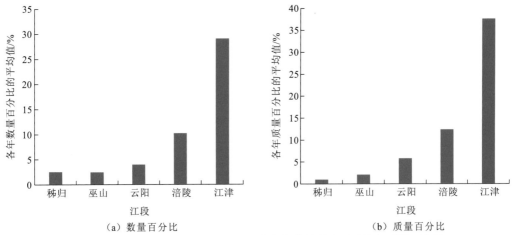

（a）数量百分比　　　　　　　　　　（b）质量百分比

图 3.18　2011～2015 年三峡调查江段特有鱼类的数量百分比和质量百分比

从时间分布来看,三峡库区 2011～2015 年特有鱼类在渔获物中的数量百分比和质量百分比均呈现先上升后下降的趋势,其值分别从 2011 年的 14.69%和 19.54%上升到 2013 年或 2014 年的 28.73%和 24.74%,然后下降到 2015 年的 18.83%和 19.93%(图 3.19)。

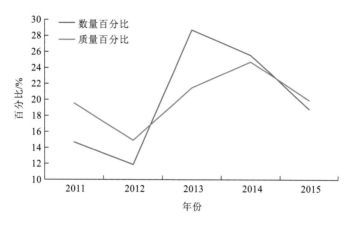

图 3.19 2011～2015 年三峡库区特有鱼类的数量和质量百分比的年际变化

综合时空数据可知,2011～2015 年,秭归县和巫山县江段特有鱼类在渔获物中的数量百分比呈波动上升趋势,而其他江段特有鱼类的数量百分比呈波动下降趋势;2011～2015 年,秭归县江段特有鱼类在渔获物中的质量百分比呈波动上升趋势,而其他江段特有鱼类的质量百分比呈波动下降趋势(图 3.20)。

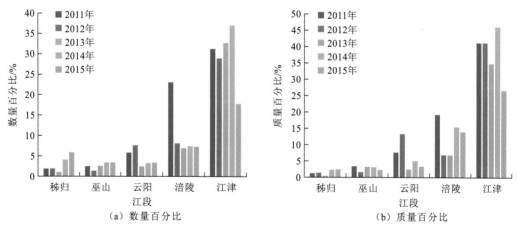

图 3.20 2011～2015 年三峡库区特有鱼类数量百分比和质量百分比的时空变化

3.3.3 特有鱼类优势种及其时空分布

优势种的分析表明:调查期间特有鱼类中的优势种(相对重要性指数>1%的种类)共有 8 种,按相对重要性指数大小排序依次为圆筒吻鮈(编号 I,26.27%)、圆口铜鱼(编号 II,24.15%)、长鳍吻鮈(编号 III,9.52%)、长薄鳅(编号 IV,7.36%)、异鳔鳅鮈(编号 V，2.87%）、张氏䱗（编号 VI，2.77%）、中华金沙鳅（编号 VII，2.10%）和岩原鲤（编号 VIII，1.01%），这 8 种特有鱼类的相对重要性指数占三峡库区特有鱼类总相对重要性指数的 76.05%（图 3.21）。

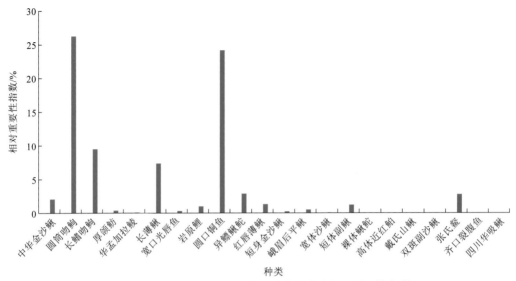

图 3.21　2011～2015 年三峡库区特有鱼类的相对重要性指数

特有鱼类在各年间和各个断面之间的相对重要性指数变动情况见图 3.22。圆筒吻鮈和张氏䱗的相对重要性指数在各年间呈波动上升的趋势，而长鳍吻鮈、长薄鳅、圆口铜鱼、异鳔鳅鮀、中华金沙鳅和岩原鲤在各年间均显示波动下降的趋势，其值分别从 2011 年的 5.05%、1.87%、13.43%、1.96%、1.45% 和 0.80%，下降到 2015 年的 0.20%、0.34%、1.02%、0.39%、0.04% 和 0.08%，分别下降了 96.04%、81.82%、92.41%、80.10%、97.24% 和 90.00%；8 种特有鱼类中，张氏䱗和岩原鲤在库区巫山和云阳江段的相对重要性指数最高，而其他 6 种鱼类的相对重要性指数均以库尾江津江段最高。总体而言，除张氏䱗和岩原鲤外，其他 6 种特有鱼类的相对重要性指数随着离三峡大坝坝址距离增加而呈现上升的趋势（图 3.22），表明这 6 种鱼类更适合栖息在库尾流水生境，而岩原鲤和张氏䱗则适应于库区静、缓流生境。

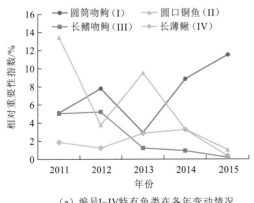

（a）编号 I~IV 特有鱼类在各年变动情况

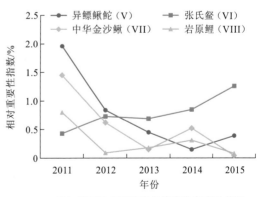

（b）编号 V~VIII 特有鱼类在各年变动情况

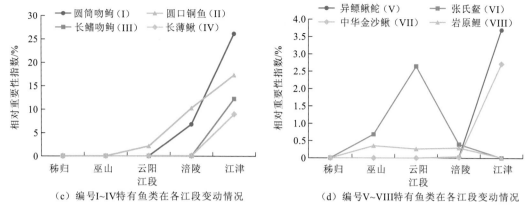

（c）编号I~IV特有鱼类在各江段变动情况　　　　（d）编号V~VIII特有鱼类在各江段变动情况

图 3.22　2011~2015 年三峡库区 8 种特有鱼类相对重要性指数的时空变动特征

Taylor 等（2001）指出蓄水倒灌引起的生境改变是导致库区鱼类种类组成和群落结构发生显著改变的主要因素。杨志等（2015）经过分析认为三峡水库蓄水运行所导致的水位及流量变动是导致三峡库区 175 m 试验性蓄水期鱼类种类组成和群落结构发生变化的重要因素。杨少荣（2012）曾发现三峡水库水位的变动是驱使木洞江段鱼类群落结构变动的主要外在因素之一。在本书中，由于特有鱼类种类组成与群落结构的聚类结果与生境的纵向梯度差异相对应（杨志 等，2015），且三峡库区多数特有鱼类以流水砾石上的底栖动物和着生藻类为食，所以三峡水库倒灌导致的生境变化（如水深增加、流速减缓、食物附着基质改变等）是导致三峡库区特有鱼类的种类组成与群落结构发生改变的主要因素。

刘建康和曹文宣（1992）指出长江上游江段应以维护生物多样性，保护特有种为主，需要建立鱼类自然保护区，开展就地保护。Park 等（2003）认为在三峡工程及金沙江干支流梯级电站修建背景下，选择合适的支流建立自然保护区，是在最坏的情况下保护长江上游特有鱼类的唯一方法。常剑波等（2006）指出在针对各种不同的影响开展相应的保护措施如鱼类洄游通道恢复、人工增殖放流、建立自然保护区、限制捕捞、水库的再调度等以外，应首先在流域层面上对河流的开发与保护进行统筹规划，并从规划的角度避免对水域生态系统的不利影响。本书的研究结果显示三峡蓄水运行后，倒灌引起的生境改变是导致特有鱼类在库区时空分布格局发生明显变化的主要原因。由于适宜生境的压缩，多数特有鱼类个体被迫迁徙到库尾及其以上江段，所以保护库尾及其以上江段的生境对于维持这些特有鱼类种群规模至关重要。同时，由于三峡库区现分布特有鱼类的产卵场或全部或部分分布在金沙江、岷江、嘉陵江等长江上游干支流，而这些干支流均分布有大量的梯级电站，导致适应流水生境鱼类可利用的适宜生境河段很少或几乎完全缺失，所以针对这些区域受影响种类开展全人工繁殖技术研究，建立全人工种群也是一个除保护现有生境以外优先考虑的保护措施。

3.4　库区四大家鱼时空分布特征

　　四大家鱼是我国典型的江湖洄游性鱼类，也是我国重要的淡水经济鱼类，其渔产量曾占我国淡水总渔产量的 75%（刘绍平 等，2004）。作为四大家鱼优良的天然基因遗传库，长江流域的四大家鱼在保护其物种遗传多样性方面发挥了其他水系或人工养殖所不能替代的作用。已有研究表明其产卵场主要分布在库尾涪陵及其以上江段，特别是江津以上的自然流水江段的四大家鱼，其鱼苗均大部分进入库区江段（王红丽 等，2015），并成为库区鱼类资源的重要组成部分。三峡水库作为典型的河-库复合生态系统，其形成所具有的丰富饵料资源对四大家鱼的幼鱼生长、亲鱼育肥均很可能有明显的促进作用。本节拟通过在三峡水库蓄水运行后 2011～2015 年对三峡库区干流 5 个江段的渔获物调查，了解三峡库区在正常蓄水运行期间四大家鱼资源的年际和空间变动特征，旨在为库区四大家鱼保护提供基础数据支撑。

3.4.1　四大家鱼时间分布特征

　　2011～2015 年共在三峡库区干流 5 个江段统计渔获物 436 船次，3 112.61 kg，73 763 尾，其中采集到四大家鱼 2 005 尾，754.05 kg。所采集的四大家鱼中，以鲢采集的尾数最多，共 1 270 尾，占四大家鱼总采集数的 63.35%，其次为鳙，共 371 尾，占 18.50%，最少为青鱼，仅采集到 22 尾，占 1.10%。

　　2011～2015 年，四大家鱼在渔获物中的数量百分比呈波动下降趋势，其值从 2011 年的 3.52% 下降到 2015 年的 1.86%，而质量百分比则先从 2011 年的 13.47% 迅速上升到 2012 年的 28.06%，随后波动下降到 2015 年的 24.30%（图 3.23）。5 年间，三峡库区采样断面四大家鱼的数量百分比和质量百分比平均值分别为 2.80% 和 23.93%。

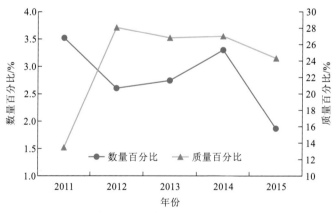

图 3.23　2011～2015 年三峡库区四大家鱼的数量百分比和质量百分比的年际变动

各年间，鲢、鳙、草鱼和青鱼在渔获物中的数量百分比波动范围分别为 1.18%～2.33%、0.28%～0.82%、0.36%～0.63% 和 0.01%～0.09%，平均值分别为 1.78%、0.50%、0.49% 和 0.04%；鲢、鳙、草鱼和青鱼在渔获物中的质量百分比波动范围分别为 11.35%～19.87%、1.09%～6.35%、1.00%～6.00% 和 0.03%～0.21%，平均值分别为 15.52%、4.10%、4.19% 和 0.12%（图 3.24）。从年际变化来看，鲢、鳙、草鱼均在数量百分比上呈现波动下降趋势，而在质量百分比上均呈现先上升后下降的趋势（图 3.24）。

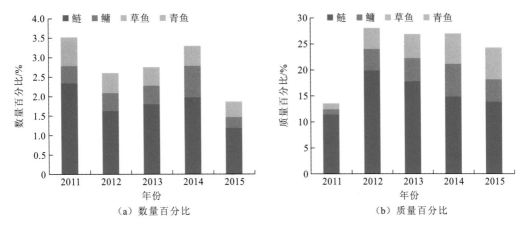

图 3.24　2011～2015 年三峡库区四大家鱼不同种类数量百分比和质量百分比的年际变动

四大家鱼在各年间的平均体长分布范围分别为鲢 193～308 mm，鳙 166～265 mm，草鱼 129～493 mm，青鱼 95～282 mm；平均体重分布范围分别为鲢 285.3～574.3 g，鳙 144.1～663.2 g，草鱼 94.4～731.6 g、青鱼 18.1～430.7 g（图 3.25）。2011～2015 年，鲢、鳙、草鱼和青鱼的平均体长和平均体重均呈波动上升趋势，特别是草鱼上升最为明显（图 3.25）。

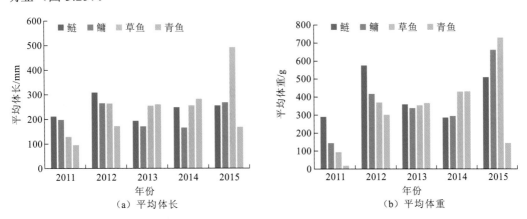

图 3.25　2011～2015 年三峡库区四大家鱼不同种类平均体长和平均体重的年际变动

以上结果显示，库区四大家鱼的尾数在渔获物中比例通常小于 4%，但其渔获质量百分比每年均超过 10%（图 3.23），表明四大家鱼在库区的重要经济意义，该结果与三峡截流前和蓄水初期的结果相一致（吴强 等，2007），但远大于蓄水前三峡库区江段四大家鱼在渔获物中的质量百分比。此外，四大家鱼在渔获物中的数量百分比呈下降趋势，表明 2011～2015 年四大家鱼在三峡库区的相对丰度呈下降趋势。由于三峡库区四大家鱼自然个体主要来源于涪陵以上区域（段辛斌 等，2015；王红丽 等，2015），所以四大家鱼在三峡库区的资源丰度会很大程度依赖于涪陵上游四大家鱼的产卵规模，而涪陵上游四大家鱼的产卵规模除受到亲鱼数量的影响以外，也很可能会受到金沙江下游梯级水电站的影响（Cheng et al.，2015）。

2011 年后，四大家鱼的平均体长和平均体重上升较为明显（图 3.25），表明 2012～2015 年三峡库区渔获物中四大家鱼的捕捞个体规格有所增加。但是，从各年间平均体长和平均体重的最大值来看，四大家鱼各年的最大平均体长和平均体重分别为 493 mm 和 731.6 g（图 3.25），远小于四大家鱼最小性成熟体长和体重，表明大量幼鱼期鱼类个体被捕捞，显示三峡库区四大家鱼在 2011～2015 年已处于生长型过度捕捞。

3.4.2　四大家鱼空间分布特征

2011～2015 年四大家鱼在云阳和巫山江段分布的数量最多，其次为涪陵江段，而在江津江段分布的数量很少。同时，涪陵及其以下江段采集到的四大家鱼渔获量较大，而江津江段采集到的四大家鱼渔获量较少（图 3.26）。从空间分布的年际变化来看，根据数量百分比，5 年间，四大家鱼主要分布区域逐渐从涪陵至秭归江段转移到云阳至秭归江段，而四大家鱼的渔获质量却逐渐集中到江津、涪陵、云阳和秭归江段（图 3.26）。尽管如此，总体而言，库中云阳及其以下江段的四大家鱼分布数量和渔获质量均在库区 5 个调查江段中占绝对优势地位（图 3.26）。

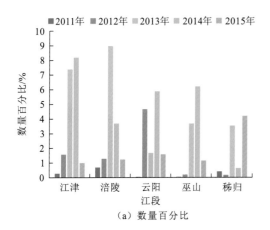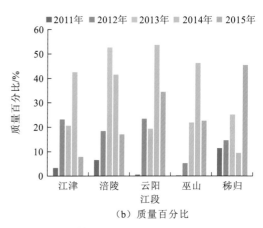

（a）数量百分比　　　　　　　　　　　　（b）质量百分比

图 3.26　2011～2015 年三峡库区四大家鱼在不同江段的数量百分比和质量百分比

2011～2015 年，4 种鱼类的数量和质量百分比在 5 个江段的空间分布情况如图 3.27 所示。从图 3.27 可知：①5 年间，鲢的主要分布区域逐渐从江津至巫山江段转移到云阳和秭归江段；鲢在江津至云阳江段渔获物中的质量百分比呈先上升再下降趋势，而在秭归江段渔获物中的质量百分比则呈先下降再上升趋势。②5年间，鳙的主要分布区域逐渐从江津至秭归江段转移到云阳和秭归江段；鳙在各江段渔获物中的质量百分比在5年间呈先上升再下降趋势。③5年间，草鱼主要分布涪陵及其以下江段，其中云阳和秭归江段的草鱼数量和质量百分比均在5年间呈上升趋势。④云阳和秭归江段的青鱼数量百分比在5年间呈先下降再上升趋势，而巫山江段的青鱼数量百分比则显示上升的趋势。

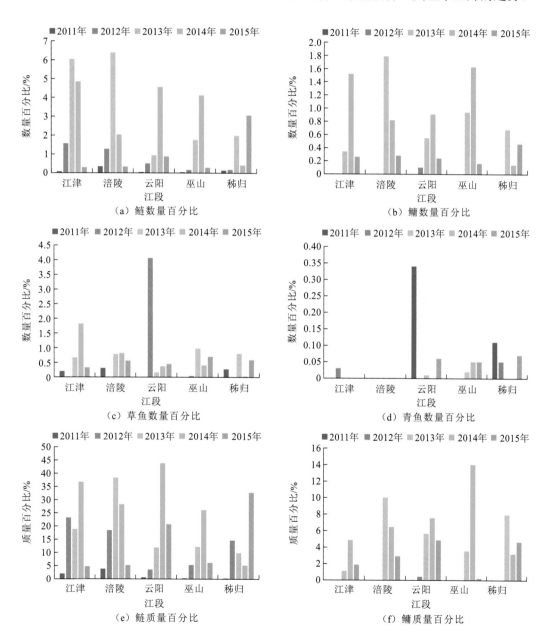

（a）鲢数量百分比　（b）鳙数量百分比
（c）草鱼数量百分比　（d）青鱼数量百分比
（e）鲢质量百分比　（f）鳙质量百分比

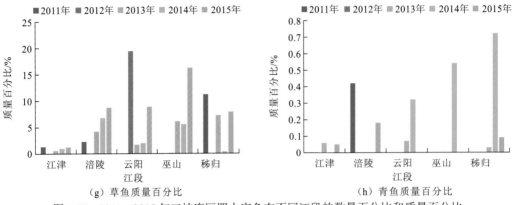

图 3.27　2011～2015 年三峡库区四大家鱼在不同江段的数量百分比和质量百分比

从空间分布特征来看，三峡库区干流四大家鱼主要分布在涪陵及其以下的湖泊带（图 3.26），该结果与蓄水初期的结果一致（吴强 等，2007），表明相对于长江上游流速较大的自然江段（如江津等），四大家鱼更倾向于分布在流速较小的库区江段。这与四大家鱼对库区生境的适应有关。相较之自然流水生境，库区缓流生境能够为鲢、鳙和草鱼提供更为丰富的食物，也更利于其幼鱼的存活和生长。尽管如此，2011～2015 年，四大家鱼的主要分布区域逐渐从涪陵至秭归江段转移到云阳至秭归江段（图 3.26），表明三峡正常运行期间，相对于涪陵江段，云阳及其以下江段的库区生境更有利于四大家鱼的分布。已有研究表明，物理生境及化学要素等生境因子在局部尺度上决定了鱼类群落结构的空间分布（Gao et al.，2015），而四大家鱼作为鱼类群落结构的组成部分，其不可避免地受到外部环境因子变动的影响。在本节中，三峡正常蓄水运行后，涪陵江段的水位、流速等在每年中均发生周期性变动，从而使得春、夏季三峡低水位运行时涪陵江段具有较大的流速及较低的水位，而在秋、冬季三峡高水位运行时涪陵江段又变为典型的"湖泊型"水库。由于四大家鱼更倾向于生活在静、缓流生境中，所以涪陵江段四大家鱼在三峡低水位运行时很可能会发生向下迁徙，从而减少该江段四大家鱼在渔获物中的数量。已有研究表明，三峡水库过渡带江段（包括涪陵江段）的鱼类会在三峡低水位运行时向下游迁徙（杨少荣 等，2010）。此外，尽管不同种类在三峡库区不同江段的分布也略有差异，如鲢和鳙主要分布在巫山和云阳江段，而草鱼和青鱼主要分布在云阳及其以下江段（图 3.27），但总体而言，四大家鱼主要分布在云阳及其以下的库区江段（图 3.26 和图 3.27），说明这些区域生境对四大家鱼种群维持（主要是育幼和育肥）具有重要性，因此应重点对该区域四大家鱼的适宜生境进行监测和保护。

3.5　库区干流库尾江段鱼类早期资源状况

三峡水库蓄水不可避免地对库区产漂流性卵鱼类的早期资源造成一定影响。随着三峡水库的蓄水倒灌，原分布于库首及部分库中江段内的产卵场被淹没，鱼类被迫上溯至库区上游江段完成繁殖活动；涪陵以上的库区干流江段不仅是三峡水库蓄水后四大家鱼等产漂流性卵鱼类在整个库区内的重要产卵江段，而且也是该江段及三峡库区以上江段卵苗顺水漂流的必经通道（王红丽 等，2015；Mu et al.，2014）。了解该江段产漂流性卵鱼类的早期资源状况及其对水文和水温特征的响应关系，是准确辨识三峡水库蓄水运行对长江上游鱼类早期资源变动的影响，以及采取适宜的保护措施恢复或保护受水库蓄水影响鱼类资源状况的前提。

　　本节通过 2017～2020 年 5～7 月在涪陵采样断面（该断面位于乌江与三峡水库汇口处上游 200 m；离上游嘉陵江河口有 120 km；涪陵江河口—乌江河口间无大型支流汇入）进行的逐日早期资源调查，获取三峡库区涪陵以上江段鱼类早期资源的种类组成、产卵规模、产卵场分布位置情况等信息，并比较分析其在年际间的差异；进而构建产漂流性卵鱼类种类，特别是重要种质资源鱼类种类和主要长江上游特有鱼类种类的逐日产卵规模变动与水文、水温格局和过程条件的关系模型，分析辨识鱼类早期资源丰度变动对水文、水温特征的响应规律，从而为三峡库尾江段鱼类早期资源保护提供基础支撑。

3.5.1　早期资源种类组成及其年际变动

　　2017～2020 年 5～7 月，共采集到鱼卵 28 731 粒、仔稚鱼 26 866 尾。经鉴定，漂流性鱼卵有 22 种，隶属于 1 目 3 科 19 属（图 3.28），其中鲤科鱼卵种类数最多，共采集到 19 种，占鱼卵总种类数的比例为 86.36%；仔稚鱼种类 28 种，隶属于 6 目 11 科 25 属（图 3.28），其中鲤科仔稚鱼种类数最多，13 种，占仔稚鱼总种类数的比例为 46.43%。所采集到的鱼卵中，有 3 种长江上游特有鱼类（圆筒吻鮈、长鳍吻鮈、长薄鳅）的鱼卵。鱼卵以圆筒吻鮈、蒙古鲌、贝氏䱗、银鮈、铜鱼、吻鮈和翘嘴鲌 7 种鱼类的鱼卵为主，这 7 种鱼类的鱼卵数占总鱼卵数的比例为 88.76%，其他 15 种鱼类的鱼卵数仅占 11.24%[图 3.28（a）]。22 种漂流性鱼卵流经库尾江段，表明三峡库中和库尾江段在长江上游产漂流性卵鱼类多样性维持方面具有重要的意义。

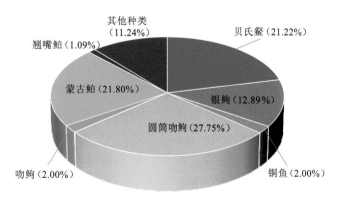

（a）不同种类鱼卵数比例

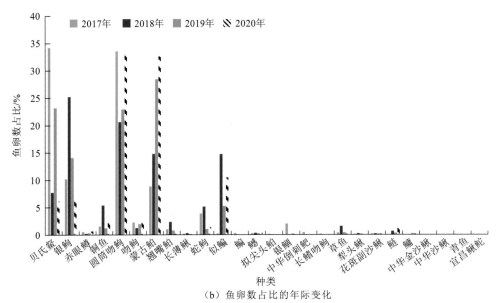

（b）鱼卵数占比的年际变化

图 3.28　2017～2020 年 5～7 月涪陵采样点不同种类鱼卵数占比及年际变化

子图（a）部分加和不为 100%由修约所致

圆筒吻鮈的鱼卵数占比在各年间呈现波动变化趋势，2020 年的鱼卵数占比相较之 2017 年略有下降；蒙古鲌的鱼卵数占比在各年间呈逐年上升趋势，而似鳊的鱼卵数占比则呈明显的波动上升趋势；贝氏䱗、银鮈和蛇鮈的鱼卵数占比在各年间呈波动下降趋势，其中 2020 年较之 2017 年有较大程度的下降；相较之 2017 年，2020 年铜鱼和翘嘴鲌的鱼卵数占比略有上升［图 3.28（b）］。

3.5.2　产卵规模及其年际变动

2017～2020 年采样期间，流经涪陵采样点的鱼卵规模分别为 8.304×10^9 ind.、1.429×10^9 ind.、2.043×10^9 ind.和 2.283×10^9 ind.，2017 年后流经涪陵采样点的鱼卵规模明显下降［图 3.29（a）］。单因素方差结果显示，逐日产卵规模的平均值在各年间差异显著（Levene 检验：$P=0.419>0.05$；单因素方差分析：$F=8.808$，$P<0.001$）［图 3.29（a）］；多重比较显示逐日产卵规模的平均值在 2017 年与其他 3 个年份间差异显著（P 均小于0.001），但在 2018～2020 年无显著差异（P 均大于 0.05）。调查发现 4 年间流经涪陵断面的鱼卵规模年平均值为 3.515×10^9 ind.，与向家坝、溪洛渡未蓄水前（2010～2012 年5～7 月）流经江津断面（该断面上游为长距离的流水生境江段）的平均鱼卵规模（3.962×10^9 ind.）相近，表明流经三峡涪陵以上干流江段的漂流性鱼卵规模较大，该江段流水生境的维持在长江上游漂流性鱼卵规模的维持方面也具有重要的意义。

12 种主要产卵种类的产卵规模占各年总产卵规模的比例见图 3.29（b），结果显示：

总体上，蒙古鲌（CM）、圆筒吻鮈（RC）、似鳊（PS）、鲢（HM）及吻鮈（RT）的产卵规模占比在各年间呈上升趋势，而贝氏鳌（HB）、银鮈（SA）及蛇鮈（SD）的产卵规模占比在各年间则呈下降趋势。

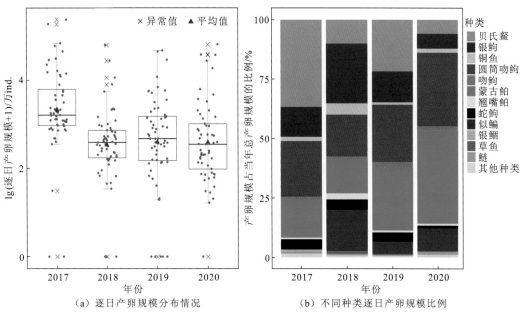

（a）逐日产卵规模分布情况　　　　　　　（b）不同种类逐日产卵规模比例

图 3.29　2017～2020 年 5～7 月涪陵采样点逐日产卵规模的分布情况及主要产卵种类产卵规模占各年总产卵规模的比例

3.5.3　主要产卵场的分布位置及其年际变动

根据所采集鱼卵的发育期，结合该时段采样点上游的流速和水温条件，推算 2017～2020 年所采集的主要种类的鱼卵来自采样点上游的 6 个产卵场：①涪陵产卵场，根据桑椹期鱼卵推算得出，位于采样点上游 7～12 km；②石沱镇产卵场，根据原肠期鱼卵推算得出，漂流距离 23～37 km，位于石沱镇上游江段；③江南镇产卵场，根据胚孔封闭期鱼卵推算得出，漂流距离 39～50 km，位于江南镇—扇沱乡江段附近；④麻柳嘴镇产卵场，根据尾芽期鱼卵推算得出，漂流距离 59～66 km，位于白家冲上下游江段；⑤木洞镇产卵场，根据尾鳍出现期鱼卵推算得出，漂流距离 78～86 km，位于木洞镇下游江段；⑥巴南区产卵场，根据心脏搏动期鱼卵推算得出，漂流距离 118～148 km，位于大渡口区至巴南区附近江段（图 3.30）。相同地理名称产卵场的具体位置在各年间略有差异。监测到的主要产卵场数量在各年间有所差异，其中 2017～2018 年监测到主要产卵场 4 个，2019 年为 5 个，2020 年为 6 个（图 3.30）。

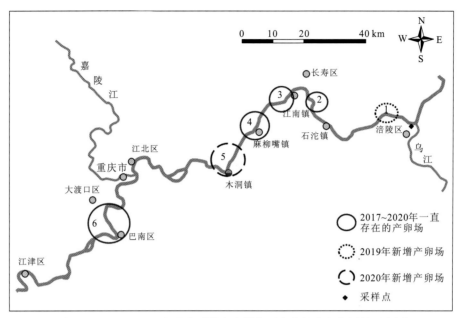

图 3.30　2017～2020 年涪陵采样点上游主要产卵场分布位置的示意图

3.5.4　主要产卵场的产卵规模占比及其年际变动

2017～2020 年涪陵采样点采集到的鱼卵主要来自采样点上游 4 个产卵场（石沱镇、江南镇、麻柳嘴镇及巴南区产卵场），产漂流性卵鱼类在这 4 个产卵场的产卵规模占比在各年间的变动范围分别为 6.99%～24.59%（石沱镇）、2.15%～38.76%（江南镇）、10.87%～58.89%（麻柳嘴镇）和 12.17%～48.77%（巴南区）；平均值分别为 13.20%（石沱镇）、24.23%（江南镇）、26.44%（麻柳嘴镇）和 32.54%（巴南区）（图 3.31）。

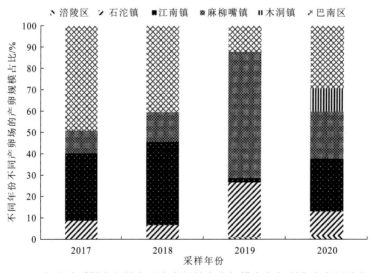

图 3.31　2017～2020 年涪陵采样点上游主要产卵场的产卵规模占各年所有产卵场总产卵规模的比例

计算 2017～2020 年重要产卵种类在 4 个最主要产卵场内的产卵规模占各年总产卵规模的比例，结果显示：主要产卵种类在不同主要产卵场内的产卵规模占比在年际间波动较大；2017 年圆筒吻鮈产卵规模占比在巴南区产卵场最大（12.09%），2018 年为江南镇产卵场（10.05%），2019 年为石沱镇产卵场（16.17%），2020 年又为巴南区产卵场（9.11%），且 2020 年其在各个主要产卵场间的产卵规模占比差异变小；蒙古鲌从在江南镇和麻柳嘴镇产卵场内的产卵规模占比较大，逐渐转变为在江南镇、麻柳嘴镇和巴南区产卵场内的产卵规模均较大；除 2019 年外，银鮈和贝氏鳘在麻柳嘴镇和巴南区产卵场内的各年产卵规模占比均较大。

3.5.5 产漂流性卵鱼类早期资源丰度变动对水文和水温特征的响应

随机森林模型结果显示：所选择的 10 个解释变量[①产卵时的日平均透明度（DATR），②产卵前的流量上升量（RQD），③产卵前的积温（AT），④产卵时的日平均流量（DAFD），⑤产卵前的水位上升量（RQWL），⑥产卵前流量上升的有效持续天数（EDRFD），⑦产卵前的流量日均上升率（DRRFD），⑧产卵日的平均水温（DAWT），⑨产卵时的日平均水位（DAWL），⑩产卵前的水位日均上升率（DRRWL）]能够解释 87.81%的所有种类、84.64%的铜鱼、86.86%的圆筒吻鮈及 83.30%的四大家鱼的逐日产卵规模变异。变量 DATR、RQD、AT 和 DAFD 平均增加的均方误差（%IncMSE）和平均增加的节点纯度（IncNodePurity）值排在所有种类逐日产卵规模预测变量的%IncMSE 和 IncNodePurity 值的前 4 位，且与其他变量的%IncMSE 和 IncNodePurity 值有明显的分离，表明上述 4 个变量是影响所有种类逐日产卵规模变动的最主要的变量（图 3.32）。类似地，影响铜鱼、圆筒吻鮈和四大家鱼逐日产卵规模变动的关键变量分别是铜鱼（AT 和 RQWL）、圆筒吻鮈（EDRFD 和 DATR）、四大家鱼（AT、DRRFD、DAFD 和 RQD）（图 3.32）。

影响所有种类、铜鱼、圆筒吻鮈和四大家鱼逐日产卵规模变动的关键变量的偏效应如图 3.33 所示，结果显示如下。

（1）对所有鱼类种类而言，其逐日产卵规模随着 DATR 的下降而上升，当 DATR 的 lg 转换值小于 1.56（即 DATR<35 cm）时逐日产卵规模较大；随着 AT 上升呈现先上升，然后较为稳定，到最后再波动下降的趋势，当 AT 的 lg 转换值在 2.80～3.25（即 AT 在 630～1 777℃）时逐日产卵规模较大；随着 RQD 的上升呈现先小幅上升，然后再大幅上升到峰值，最后再波动下降的趋势，当 RQD 的 lg 转换值在 3.60～4.20（即 RQD 在 3 980～15 847 m³/s）时逐日产卵规模较大；随着 DAFD 的上升呈现先上升，然后再波动下降的趋势，当 DAFD 的 lg 转换值在 3.94～4.28（即 DAFD 在 8 709～19 054 m³/s）时逐日产卵规模较大。

（2）对铜鱼而言，其逐日产卵规模随着 AT 的上升呈现先波动上升，然而再快速下降的趋势，当 AT 的 lg 转换值在 3.21～3.35（即 AT 在 1 621～2 238℃）时逐日产卵规模较大；随着 RQWL 的上升呈现先快速上升，然后再波动下降直到保持相对稳定的趋势，当 RQWL 的 lg 转换值在 0.19～0.40（即 RQWL 在 0.55～1.57 m/d）时逐日产卵规模较大。

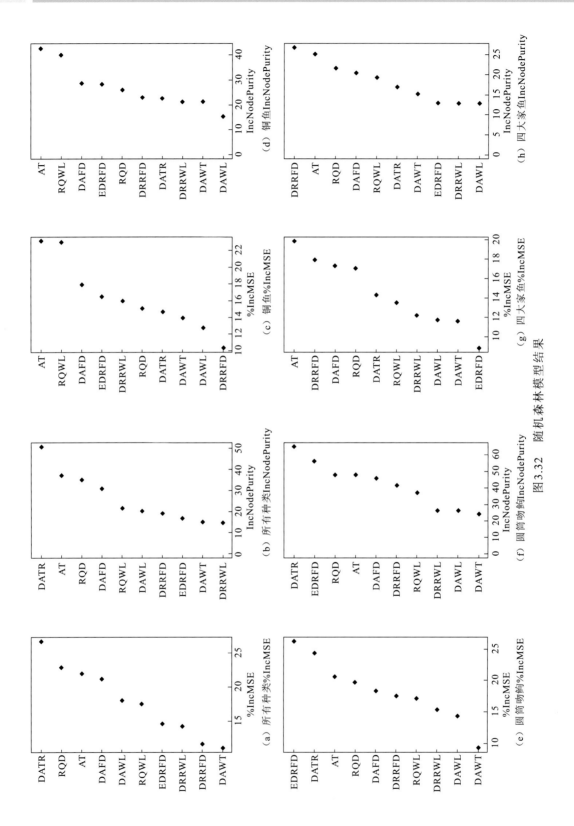

图 3.32 随机森林模型结果

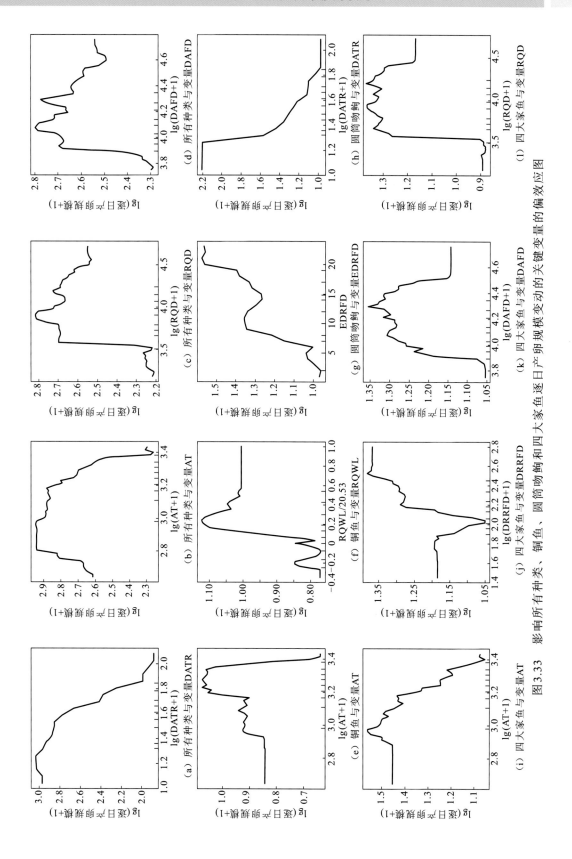

图 3.33　影响所有种类、铜鱼、圆筒吻鮈和四大家鱼逐日产卵规模变动的关键变量的偏效应图

（3）对圆筒吻鮈而言，其逐日产卵规模随着 EDRFD 的上升呈现波动上升的趋势；随着 DATR 的上升呈现先保持相对稳定，然后再快速下降的趋势，DATR 的 lg 转换值小于 1.32（即 DATR<20 cm）时的逐日产卵规模较大。

（4）对四大家鱼而言，其逐日产卵规模随着 AT 的上升，经历保持相对稳定、小幅上升、快速下降、波动下降、再快速下降这一过程；随着 DRRFD 的上升呈现先保持相对稳定，再下降然后再上升的趋势，当 DRRFD 的 lg 转换值大于 2.46[即 DRRFD>287 $m^3/(s\cdot d)$]时逐日产卵规模较大；随着 DAFD 的上升呈现先波动上升，然后再波动下降，最后保持相对稳定的趋势，当 DAFD 的 lg 转换值在 4.02～4.28（即 DAFD 在 10 470～19 054 m^3/s）时逐日产卵规模较大；随着 RQD 的上升经历相对稳定、快速上升、波动上升、波动下降、保持相对稳定这一过程，当 RQD 的 lg 转换值在 3.70～4.20（即 RQD 在 5 011～15 848 m^3/s）时逐日产卵规模较大。

由以上分析结果发现，尽管影响鱼类产卵规模的水文条件在不同种类间存在差异，但是决定这些鱼类产卵规模的关键水文要素均与产卵前的洪水上涨过程（涨水同时透明度下降）有关。

变量 AT 大小在影响三峡库尾江段鱼类产卵规模中扮演着关键或次要角色，其中在影响铜鱼和四大家鱼的产卵规模中起到关键作用，而在影响圆筒吻鮈的产卵规模中起到次要作用，表明积温条件在影响鱼类性腺成熟过程中具有种类差异性，且这种差异很可能与不同种类间性成熟个体的大小差异有关（温海深和林浩然，2001）。

变量 DAWT 的重要性排在 10 个解释变量的最后列（倒数 1～3 位），表明该变量在预测所有产漂流性卵鱼类产卵规模及典型鱼类产卵规模中的作用均较小，该变量不是影响三峡库尾产漂流性卵鱼类产卵规模的关键变量。与 DAWT 不同，DAFD 仍在预测各种产漂流性卵鱼类的逐日产卵规模中扮演着关键或次要作用（DAFD 在重要性排序图中排在前 4 位或更前位）（图 3.32），表明 DAFD 在鱼类产卵活动发生过程中起到重要的作用。通常地，逐日平均流量与研究区域产卵场的形成分布有关。只有在适宜的流量条件下，才能形成更大面积的适宜产卵场。在此背景下，在探讨产漂流性卵鱼类产卵繁殖的生境需求时，不仅要考虑鱼类自身性腺成熟及产卵活动发生的适宜水温、水文格局与过程条件，而且也要充分考虑水流、水温条件与河流现有地形和地貌特征的耦合效应在产卵场形成与分布中的作用。

本研究还发现 DAWL 不是影响三峡库区涪陵以上江段产漂流性卵鱼类产卵规模大小的关键或重要因素（图 3.32），各年采样期间三峡库区的水位高低对涪陵以上江段产漂流性卵鱼类的产卵影响较小，这与三峡水库的水位调度规程有关。通常地，三峡水库的水位在 5 月下旬快速下降，到 6 月初时其已处于低水位运行期（坝前水位控制线在 145 m），此时涪陵以上江段已绝大部分或完全成为适宜产漂流性卵鱼类产卵的流水江段（李翀 等，2007）。尽管如此，在鱼类繁殖期间，当上游来水条件合适时，通过库区的水位调度还可以进一步优化涪陵以上江段的水文条件。如对所有产漂流性卵鱼类种类而言，寸滩水文站的日平均流量在 8 710～19 050 m^3/s，且日平均流量上涨量在 3 980～15 850 m^3/s 时，为鱼类自然繁殖最适宜的水文条件区间；此时，尽量降低库区的蓄水水位，避免库区高水位倒灌对涪陵以上江段水文情势的影响，不仅有利于鱼类适宜产卵场面积的增加，而且也有利于鱼卵孵化漂程的增加。

综上，产漂流性卵鱼类的逐日产卵规模易受产卵时透明度、流量大小、产卵前流量或水位上涨过程及产卵前积温大小的影响。影响不同产漂流性卵鱼类自然繁殖的关键水温、水文因素在不同种类间存在差异，辨识该差异性对于在三峡库区江段实施促进漂流性卵鱼类自然繁殖的生态调度有重要的应用价值。

3.6 库区典型支流鱼类早期资源状况

随着水库生境的变化，不同生态类型鱼类选择不同生境江段进行自然繁殖。辨识这些变动回水区及常年回水区等不同生境条件下产卵鱼类的种类组成、卵苗密度及产卵场的分布位置，对三峡库区水生生态与生物多样性的保护具有重要的意义。本节以三峡水库典型支流小江和磨刀溪回水区为研究区域，开展产漂流性卵鱼类早期资源监测、产黏沉性卵鱼类早期资源调查，了解三峡库区支流不同繁殖习性鱼类组成、产卵规模、产卵场分布等，以期为三峡库区重要生境、水生生物多样性保护等提供科学基础。

3.6.1 小江产漂流性卵鱼类早期资源状况

1. 种类组成

1）鱼卵

2017 年和 2018 年调查期间，分别在小江渠口断面采集到鱼卵 6 216 粒和 41 382 粒。经鉴定，2 年间均在该断面采集到 7 种鱼类的鱼卵，分别为花斑副沙鳅、银鮈、似鳊、翘嘴鲌、蒙古鲌、中华倒刺鲃和鳜，多数为适应库区生境的杂食性或肉食性鱼类。采集到的鱼卵以似鳊、银鮈、翘嘴鲌和蒙古鲌为主，分别占 2017 年和 2018 年总采集鱼卵数的 99.34% 和 99.06%（图 3.34）。

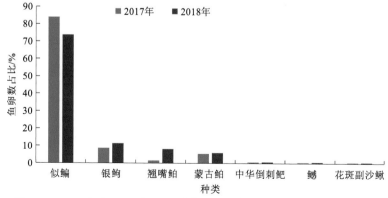

图 3.34　2017 年和 2018 年 5～7 月渠口断面鱼卵种类组成及鱼卵数占比

2）仔鱼

2017 年和 2018 年调查期间，分别在小江渠口断面采集到仔鱼 70 尾和 332 尾（未统计银鱼个体数量）。经鉴定，共监测到仔鱼 7 种，分别为子陵吻虾虎鱼、贝氏䱗、鳘、光泽黄颡鱼、鳜、似鳊和鲇，其中子陵吻虾虎鱼仔鱼被采集到的个体数最多，其分别占各年总仔鱼采集数的 64.29% 和 38.55%（图 3.35）。

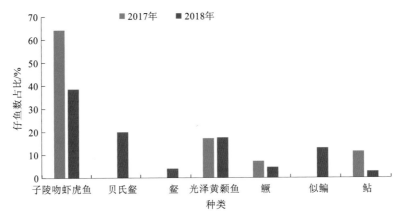

图 3.35　2017 年和 2018 年 5～7 月渠口断面仔鱼种类组成及仔鱼数占比

2. 鱼类早期资源的时间动态

1）鱼卵

2017 年监测期间，共出现 4 次鱼卵高峰期：6 月 7 日～6 月 8 日，平均密度为 53.48 ind./100 m³；6 月 10 日～6 月 13 日，平均密度为 33.06 ind./100 m³；6 月 17 日～6 月 22 日，平均密度为 46.22 ind./100 m³；6 月 25 日，密度为 28.21 ind./100 m³。2017 年度最大密度出现在 6 月 13 日，为 123.65 ind./100 m³。2018 年监测期间，共出现 3 次鱼卵高峰期：6 月 24 日～6 月 27 日，平均密度为 68.68 ind./100 m³；7 月 1 日～7 月 3 日，平均密度为 539.40 ind./100 m³；7 月 6 日～7 月 8 日，平均密度为 193.92 ind./100 m³。2018 年度最大密度出现在 7 月 3 日，为 604.41 ind./100 m³。2 年之间鱼卵密度的逐日变动特征存在明显的差异（图 3.36）。

2）仔鱼

2 年之间仔鱼密度的逐日变动特征也存在明显的差异（图 3.37）。其中，2017 年监测期间，共出现 3 次仔鱼高峰期：6 月 5 日～6 月 10 日，平均密度为 0.41 ind./100 m³；6 月 13 日～6 月 15 日，平均密度为 0.67 ind./100 m³；6 月 25 日，密度为 0.28 ind./100 m³。2017 年度最大密度出现在 6 月 13 日，为 1.57 ind./100 m³。2018 年监测期间，共出现 2 次鱼卵高峰期：6 月 18 日～6 月 26 日，平均密度为 0.60 ind./100 m³；7 月 1 日～7 月 9 日，平均密度为 1.74 ind./100 m³。2018 年度最大密度出现在 7 月 1 日，为 2.73 ind./100 m³。

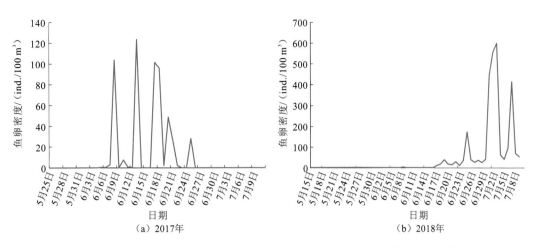

图 3.36　2017 年和 2018 年 5～7 月小江渠口断面漂流性鱼卵密度逐日变动特征

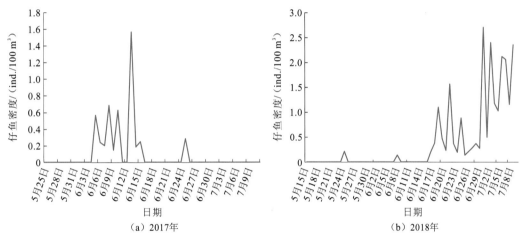

图 3.37　2017 年和 2018 年 5～7 月小江渠口断面漂流性仔鱼密度逐日变动特征

3. 产卵场分布

经推算，2017 年和 2018 年，采样断面至渠口调节坝区域产漂流性卵鱼类的产卵场主要有 3 个，2 年间的产卵场分布无明显差异（图 3.38），从下游到上游的 3 个产卵场分布情况如下。

（1）铺溪村产卵场：根据 4 细胞期～64 细胞期鱼卵推算得出，漂流距离 1.65～3.30 km，位于铺溪村上游至开州区忠宇码头上游附近江段。

（2）渠口镇产卵场：根据囊胚期鱼卵推算得出，漂流距离 4.95～6.60 km，位于渠口镇下游至毛坪村附近江段。

（3）开州区调节坝产卵场：根据原肠期-神经胚期鱼卵推算得出，漂流距离 9.90～13.2 km，位于开州区调节坝下的洪宝村至复洪村江段。

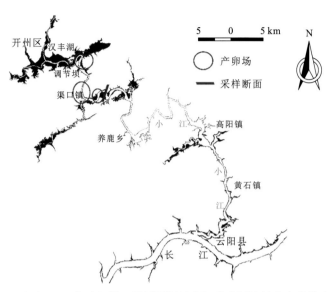

图 3.38　2017 年和 2018 年小江渠口镇铺溪村以上江段产漂流性卵鱼类的产卵场分布

　　根据实地调查，小江变动回水区江段具有江面开阔、岸坡缓坦、水道弯曲、江心多有石岛、河道内多有浅滩、沿岸带植被覆盖度高等特征，为产漂流性卵鱼类自然繁殖提供了适宜的产卵生境。小江变动回水区是翘嘴鲌和蒙古鲌等多种产漂流性卵鱼类的产卵场，其较大的鱼卵密度对于维持这些鱼类在三峡库区早期资源的补充量具有重要的意义。因此，建议加强该江段的生境保护，严格控制采砂、岸坡建设等措施对其产卵场生境的影响。

3.6.2　小江产黏沉性卵鱼类早期资源状况

1. 种类组成

　　2019 年 3~6 月采用两种方法网具（手抄网和拖网）在小江回水区江段（汉丰湖调节坝至河口江段）开展鱼类早期资源调查。调查期间，共采集到仔稚鱼 9 499 尾，12 种，隶属于 4 目 5 科 11 属，其中产黏沉性卵鱼类 5 种，产沉性卵鱼类 4 种，产漂流性卵鱼类 2 种，产浮性卵鱼类 1 种。手抄网共采集到仔稚鱼 1 150 尾，10 种，而拖网共采集到仔稚鱼 8 349 尾，11 种（表 3.10）。手抄网采样中，采集到的中华鳑鲏数量最多，占总采集仔稚鱼总数的 52.43%，其次为鲤，占 14.09%，最少为太湖新银鱼和鳜，各占 0.09%；拖网采样中，采集到的太湖新银鱼数量最多，占总采集仔稚鱼总数的 66.13%，其次为子陵吻虾虎鱼，占 18.42%，最少为中华纹胸鳅，占 0.01%（图 3.39）。

表 3.10　2019 年 3～6 月小江鱼类早期资源种类组成

序号	目	科	种	手抄网	拖网	鱼卵类型
1	鲑形目	银鱼科	太湖新银鱼	Y	Y	沉性
2			宽鳍鱲	Y	Y	沉性
3			贝氏䱗	Y	Y	漂流性
4			飘鱼	Y	Y	黏沉性
5	鲤形目	鲤科	中华鳑鲏	Y	Y	黏沉性
6			似鳊		Y	漂流性
7			鲤	Y	Y	黏沉性
8			鲫	Y	Y	黏沉性
9	鲇形目	鮡科	中华纹胸鮡		Y	黏沉性
10		鮨科	鳜	Y		浮性
11	鲈形目	虾虎鱼科	子陵吻虾虎鱼	Y	Y	沉性
12			波氏吻虾虎鱼	Y	Y	沉性

注：Y 表示该种鱼类被这种网具采集到。

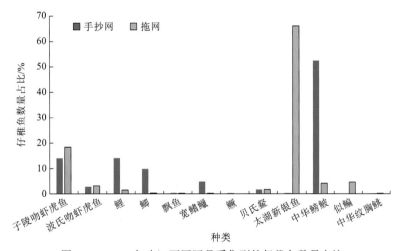

图 3.39　2019 年小江不同网具采集到的仔稚鱼数量占比

2. 仔稚鱼密度的时间动态

不同采样网具逐日仔稚鱼密度逐日变动特征如图 3.40 和图 3.41 所示，其中手抄网采集到的仔稚鱼密度处于 0～3.72 ind./m³，平均值为 0.27 ind./m³，拖网采集到的仔稚鱼密度处于 0.06～28.25 ind./m³，平均值为 6.57 ind./m³。在手抄网采样中，小江回水区江段仔稚鱼密度呈现明显的时空动态特征，其中 4 月初仔稚鱼开始集中出现，4 月下旬～5 月中旬为仔稚鱼采集的高峰期，5 月中旬以后仔稚鱼的采集数量明显减少；在拖网采样中，仔稚鱼的高峰期处于 5 月下旬～6 月初之间。独立样本的 t 检验显示：仔稚鱼密度在 2 种网具间具有显著性的差异，使用拖网采集到的仔稚鱼密度明显高于使用手抄网采集到的仔稚鱼密度（$t=4.640$，$P<0.001$）。

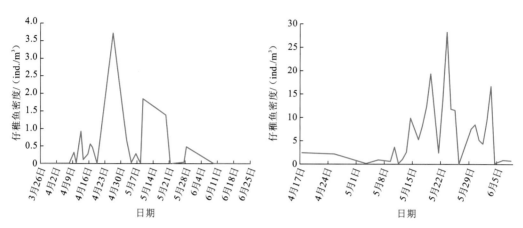

图 3.40　手抄网采集到的仔稚鱼密度逐日变动特征　　图 3.41　拖网采集到的仔稚鱼密度逐日变动特征

手抄网采集到的鲤和鲫仔稚鱼的密度逐日变动特征如图 3.42 和图 3.43 所示。鲤仔稚鱼密度处于 0～0.51 ind./m³，平均值为 0.04 ind./m³；鲫仔稚鱼密度处于 0～0.42 ind./m³，平均值为 0.04 ind./m³。鲤仔稚鱼密度出现高峰的时间为 4 月，而鲫仔稚鱼密度出现高峰的时间为 4～5 月的上、中旬。

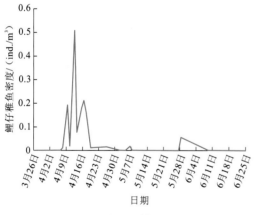 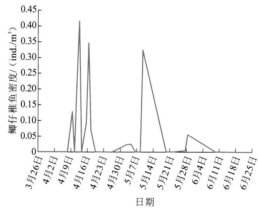

图 3.42　手抄网采集到的鲤仔稚鱼　　　　图 3.43　手抄网采集到的鲫仔稚鱼
　　　　　密度逐日变动特征　　　　　　　　　　　密度逐日变动特征

3. 仔稚鱼密度与环境因子的关系

随机森林模型的结果显示：5 个变量[底质类型（substrate，SUB）、SD、WT、DO 和 pH]能够解释 76.35%的所有种类仔稚鱼的密度变异、73.40%的鲤仔稚鱼的密度变异和

70.94%的鲫仔稚鱼的密度变异，其中 SUB、SD 和 WT 的%IncMSE 值在所有预测变量的重要性排序图中排在前 3 位，表明这 3 个预测变量是影响所有种类、鲤和鲫仔稚鱼密度空间变动的最主要的因素（图 3.44）。相比于 SD 和 WT，SUB 在决定所有种类的密度变异及鲫仔稚鱼的密度变异中处于最重要的地位，而 WT 为影响鲤仔稚鱼空间变动的最重要的环境因子。

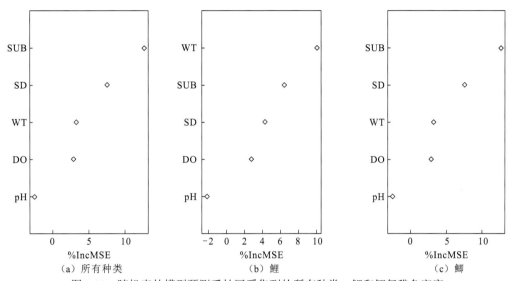

图 3.44 随机森林模型预测手抄网采集到的所有种类、鲤和鲫仔稚鱼密度

以上研究结果显示，水草基质在 3～6 月小江回水区江段仔稚鱼空间分布中扮演了至关重要的角色，表明充足水草基质的维持对于该期间小江回水区江段仔稚鱼的存活具有重要的意义。同时，对于鲤、鲫等黏草产卵鱼类而言，适宜淹水面积的水草是确定其繁殖成功的关键。然而，3～6 月属于三峡水库水位快速消落期，鲤、鲫等黏草产卵鱼类的自然繁殖及其早期存活易受三峡水库水位快速消落的影响。因此，建议在这些黏草产卵鱼类的产卵繁殖高峰期（通常为 4 月）选择一定时间维持三峡水库水位的不变或缓慢消落，从而促进其产卵孵化及早期仔鱼存活。此外，人工鱼巢具有成本低、简单易行、繁殖效率高、不受库区水位波动影响等特点，三峡库区支流回水区可因地制宜地实施人工鱼巢，以促进黏草产卵鱼类繁殖孵化。

在水草基质上采集到的所有种类、鲤、鲫仔稚鱼的平均密度均最大，分别为 0.77 ind./m³、0.11 ind./m³ 和 0.11 ind./m³，而在其他基质上的平均密度均很小（表 3.11）。所有种类、鲤、鲫仔稚鱼的平均密度在不同采样基质间存在极其显著的差异（P 均小于 0.01）。

表 3.11 所有种类、鲤、鲫仔稚鱼的平均密度及其在不同采样基质间的差异

仔稚鱼日平均密度	泥质+石质	水草	淤泥	基岩	F	P
所有种类	0.00±0.01	0.77±0.96	0.00±0.01	0.05±0.05	6.010	0.002
鲤	0	0.11±0.14	0.00±0.01	0.03±0.04	4.986	0.005
鲫	0.00±0.01	0.11±0.15	0	0	5.507	0.003

3.6.3　磨刀溪产黏沉性卵鱼类早期资源状况

磨刀溪是三峡库区云阳县南岸的一级支流，发源于重庆市大风堡自然保护区，年平均径流量达 26.79 亿 m^3，干流全长为 183 km，流域面积达 3 170 km^2（孙荣 等，2010）。根据前期调查结果（阮瑞 等，2017），磨刀溪变动回水区河段存在着鲤、鲫等多种产黏沉性卵鱼类的产卵场。本小节以三峡水库典型支流磨刀溪变动回水区为研究区域，开展产黏沉性卵鱼类早期资源调查，进一步了解三峡库区支流变动回水区产黏沉性卵鱼类的繁殖种类、繁殖时间等。研究区域为支流磨刀溪回水区河口新津乡—龙角镇约 40 km 长的江段（图 3.45），早期资源拖网调查时间为 2019 年 4 月 12 日～6 月 20 日，抄网调查时间为 4 月 24 日～5 月 19 日。

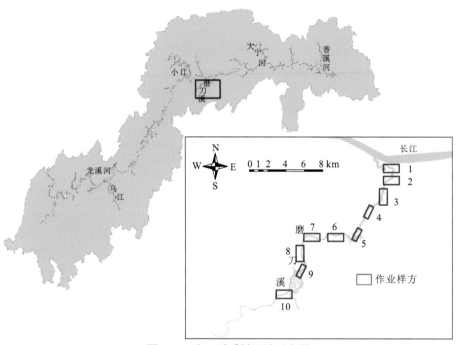

图 3.45　磨刀溪采样区域示意图

1. 种类组成

调查期间，在磨刀溪河口—龙角镇江段拖网采集到鱼苗 55 441 尾，抄网采集到 6 506 尾。经鉴定，近岸带拖网采集到的种类有鲤、间下鱵、虾虎鱼类、银鱼、贝氏䱗、鳑鲏类、鳜 7 种（类），沿岸带手抄网采集到的种类有鲤、鲫、子陵吻虾虎鱼、银鮈、银鲴、间下鱵、贝氏䱗和鳑鲏类 8 种（类）。多数为适应库区生境的杂食性鱼类或肉食性鱼类（图 3.46）。近岸带拖网采集到的鱼苗以贝氏䱗、虾虎鱼类和间下鱵为主，占拖网总采集数量的 76.31%、20.34% 和 3.21%；沿岸带抄网采集到的鱼苗以鲤、鲫和间下鱵为主，占抄网总采集数量的 52.93%、39.70% 和 3.14%（图 3.46）。

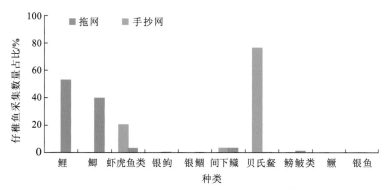

图 3.46　2019 年 4～6 月磨刀溪变动回水区仔鱼种类组成及其采集数量占比

2. 鱼类早期资源的时间动态

由于采样网具有选择性，且采样区域有所差别，拖网和抄网采集到的仔稚鱼除了种类差异较大外，表现出来的时间分布也有较大的差异。

1）拖网

2019 年调查期间共出现 3 次仔稚鱼高峰：首次出现在 6 月 8 日，平均密度为 13.08 ind./m^3；第二次出现在 6 月 11 日，平均密度为 7.68 ind./m^3；第三次出现在 6 月 19 日～6 月 20 日，平均密度为 9.27 ind./m^3（图 3.47）。

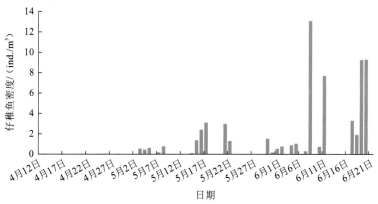

图 3.47　2019 年 4～6 月磨刀溪变动回水区产黏沉性卵鱼类仔稚鱼密度逐日变动特征（拖网）

2）抄网

2019 年调查期间共出现 4 次明显的仔稚鱼高峰：首次出现在 4 月 27 日，平均密度为 3.75 ind./m^3；第二次出现在 5 月 2 日，平均密度为 6.48 ind./m^3；第三次出现在 5 月 8 日，平均密度为 3.42 ind./m^3；第四次出现在 5 月 12 日，平均密度为 3.64 ind./m^3。仔稚鱼密度高峰期集中在 4 月下旬～5 月中旬（图 3.48）。

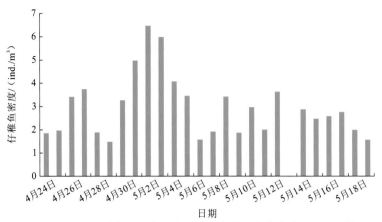

图 3.48　2019 年 4～5 月磨刀溪变动回水区产黏沉性卵鱼类鱼苗密度逐日变动特征（手抄网）

3. 产卵场分布

手抄网在沿岸带采集到的鱼苗发育期均较早（孵出-鳔一室），游泳能力弱，且采集区域为库区支流回水区，静水湖泊相，流速可忽略不计。能影响的鱼苗分布情况，本书仅考虑由风力引起的水流扰动。因此采集鲤、鲫鱼苗可证明，这些种类的产卵场就在采样区域附近。从不同样方采集情况来看，鲤、鲫、间下鱵的产卵场主要分布在姚坪村、普安乡、郎家村和泥溪河河口—万安村这 4 个区域（图 3.49）。从生境特征来看，这几个区域分布有大量以水草为基质的生境，这就为鲤、鲫等鱼类提供了良好的鱼卵黏附基质。

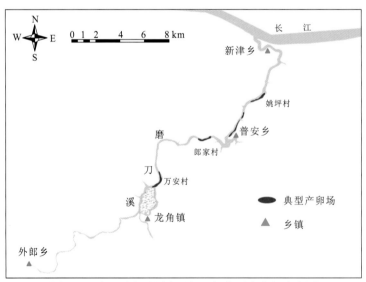

图 3.49　磨刀溪变动回水区鲤、鲫典型产卵场分布图

4. 鱼苗密度与环境因子的关系

调查期间，调查河段 WT 呈逐渐上升趋势，但 5 月初受降水影响 WT 略有下降。采

样初期 WT 较低，为 17.6 ℃，采样后期 WT 可达 28.3 ℃。（图 3.50）

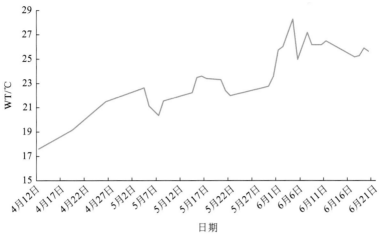

图 3.50　2019 年调查期间磨刀溪 WT 变化情况

经蒙特卡洛等筛选后保留浮游植物密度、浮游动物密度、DO 和 pH 这 4 个重要的环境变量，针对其进行的 RDA 分析显示，RDA 排序图很好地解释了鱼苗与环境因子的关系（图 3.51），冗余轴 1 与冗余轴 2 的累计贡献率为 99.7%（表 3.12）。

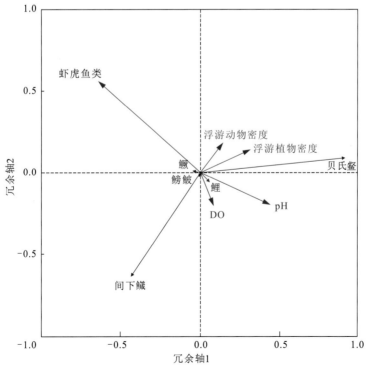

图 3.51　2019 年磨刀溪主要鱼苗密度与环境因子关系的 RDA 排序图

表 3.12　2019 磨刀溪调查到的鱼苗密度与环境因子关系 RDA 分析统计描述

RDA 轴	1	2	3	4
特征值	0.203	0.029	0.001	0.000
物种与环境因子相关性	0.529	0.350	0.134	0.126
种类数据变异的累积解释比例/%	20.3	23.2	23.3	23.3
物种环境相关性变异的累积解释比例/%	87.1	99.7	100.0	0.0

调查到的产黏沉性卵鱼类的鱼苗分布与饵料丰度（浮游植物和浮游动物密度）、DO 和 pH 呈显著相关。通过检验，鲤鱼苗密度还与鳜密度呈显著负相关（Pearson 相关：$R = -0.626$，$P = 0.018$）。

长期以来，诸多学者进行了三峡库区干流江段鱼类早期资源量调查及上游江段四大家鱼等产漂流性卵的鱼类产卵场推算（王红丽，2015；Mu et al.，2014；姜伟，2009）。而对于库区产黏沉性卵鱼类的调查研究，则鲜有报道。同阮瑞等（2017）的研究结果相比，本节在磨刀溪采集到的种类数有 10 种（类），种类数变化不大，但种类组成稍有不同。

从两种网具采集结果来看，采集到的种类有显著性差异，抄网的调查结果显示鲤、鲫为沿岸带水草覆盖区的主要种类，而近岸带拖网调查结果则以贝氏䶧为主。根据同期鱼类资源调查结果显示，鲇、瓦氏黄颡鱼、光泽黄颡鱼等肉食性的产黏沉性卵鱼类在磨刀溪回水区河段有一定数量的分布，且在 6 月下旬可采集到性成熟的亲本，但由于本次调查持续时间较短，未能覆盖到这些鱼类的繁殖期，表明为充分了解磨刀溪回水区河段鱼类早期资源的状况，该区域的监测应延长到 7 月及以后。

根据长江水文监测显示，2019 年 2 月中旬库区水位开始明显下降，至 6 月中下旬降至三峡坝前 145 m 的防洪水位，8 月中下旬库水位开始抬升，至 10 月中下旬三峡坝前水位抬升至 174 m 以上。整个水库消落时段主要是 2 月中旬～6 月中下旬。其中主降期是 4 月下旬～6 月中下旬，为期 2 个月。其主消落期也是大部分产黏沉性卵鱼类的排卵期。沿岸带水草覆盖区域是鲤、鲫等产黏沉性卵鱼类的繁殖场所，调查期间沿岸带鲤和鲫仔鱼出现的高峰期分别是在 5 月上旬和中旬，此时正是库区的快速消落期，调查期间水位单日降幅可达 0.7 m，这将可能对产黏沉性卵鱼类的鱼卵顺利孵出造成影响。贝氏䶧从受精卵到孵出时长较短，约为 26.5 h，而鲤、鲫的孵出时长约为 53 h、100 h（曹文宣 等，2007），同等水位下降幅度条件下，贝氏䶧补充群体能够及时孵化出膜，遭受的损失会更小，而鲤、鲫鱼卵往往由于水位下降过快导致孵化失败，最终干涸致死，有效补充群体数量减少。

已有研究表明，WT、DO、庇护生境面积、饵料丰度及沿岸带利用率是影响库区鱼苗空间分布的决定性因素（Ernandes-Silva et al.，2017；Buczyńska et al.，2016）。尽管许多环境因素没有考虑，本书也得到类似的结论：DO、pH 和饵料丰度是决定 4～6 月磨刀溪回水区河段鱼苗空间分布特征的重要因素。

本节研究结果显示，磨刀溪变动回水区存在鲤、鲫等库区重要经济鱼类的产卵场，库区水位消落影响着产黏沉性卵鱼类的有效补充，可通过在繁殖高峰期维持水位、设置漂浮性人工鱼巢、恢复水生植被等方式来减轻三峡库区消落对其鱼类早期资源的影响，同时加强该江段的生境保护和鱼类资源管理。

第 4 章

三峡水库食物网结构
及营养动力学特征

4.1　三峡水库干支流稳定同位素特征

在摄食生态学研究方面，生物组织中的碳稳定同位素（$\delta^{13}C$）、氮稳定同位素（$\delta^{15}N$）可提供较长期的摄食信息及食物网中的物质和能量传递信息（Fry，2007）。稳定同位素分析是根据消费者稳定同位素比值与其食物相应同位素比值相近的原则来判断此生物的食物来源，进而确定食物贡献；而通过测定生态系统中不同生物的同位素比值还能比较准确地测定食物网结构和生物营养级。$\delta^{13}C$ 常用来分析消费者食物来源，而 $\delta^{15}N$ 常用来确定生物在食物网中的营养位置（李由明 等，2007；Post，2002）。近十几年来，稳定同位素技术已经被广泛地应用到水生生态系统营养结构的研究中（李忠义 等，2005；Post et al.，2000）。本章通过稳定同位素分析获取三峡水库干流和支流小江典型区域江段水生食物网主要功能组颗粒有机物、沉积有机物、浮游植物、水生植物、着生藻类、浮游动物、底栖动物、鱼类等的 $\delta^{13}C$、$\delta^{15}N$ 含量及变化规律，基于稳定同位素特征研究主要鱼类的营养层次，进一步分析典型肉食性鱼类翘嘴鲌和瓦氏黄颡鱼不同生活史阶段食性转变对其 $\delta^{13}C$、$\delta^{15}N$ 含量的影响，并解析三峡水库干流和支流小江食物网典型鱼类稳定同位素特征。

4.1.1　干支流典型区域 $\delta^{13}C$、$\delta^{15}N$ 特征

三峡水库干支流典型区域 $\delta^{13}C$、$\delta^{15}N$ 特征见图 4.1。$\delta^{13}C$ 常被用来分析生态系统中消费者的食物来源。支流上游天然河段东河的 $\delta^{13}C$ 值范围最广，下游河段黄石的 $\delta^{13}C$ 值范围最窄，表明上游地区食物网中可利用的食物源和外源性的营养物质输入更多样化。$\delta^{15}N$ 常被用来分析生态系统中消费者的营养层次。从 $\delta^{15}N$ 值范围看来，中游和下游略高于上游和回水区，暗示着高营养级物种的出现频率增加。同时，随着生境简单化带来的饵料资源单一化，导致中下游的种间捕食竞争较上游增加。三峡水库干流和支流底栖动物的 $\delta^{13}C$ 值均明显高于其他类群，说明其对食物网高营养级生物的贡献较大。主要鱼类碳源主要来自近岸底层营养传递途径，浮游营养传递途径占比相对较低。三峡水库干流各生物类群的 $\delta^{15}N$ 值从初级生产者到高级消费者逐渐增加，体现了 $\delta^{15}N$ 值在食物的消化和吸收过程中产生的富集效应。

碳由初级生产者通过光合作用从无机碳合成转化为有机碳，通过食物网在生态系统中传递和循环。小江颗粒有机物的 $\delta^{13}C$ 值从河口到库尾有降低的趋势，但同种鱼类样品的 $\delta^{13}C$ 值在不同采样江段并无明显差异，这与同为三峡水库主要支流的大宁河体现出相似的特征（邓华堂 等，2014）。这可能与库尾至河口水域面积逐渐增大有关，随着水域面积增大，初级生产力中的碳源主要来源于空气中 $\delta^{13}C$ 值更高的 CO_2 和碳酸盐风化作用产生的碳源，而非呼吸作用产生的 CO_2 中的碳源（李斌 等，2013b；Post，2002）。$\delta^{13}C$ 常被用来分析生态系统中有机物来源及其对食物网基础能量的贡献（Raymond and

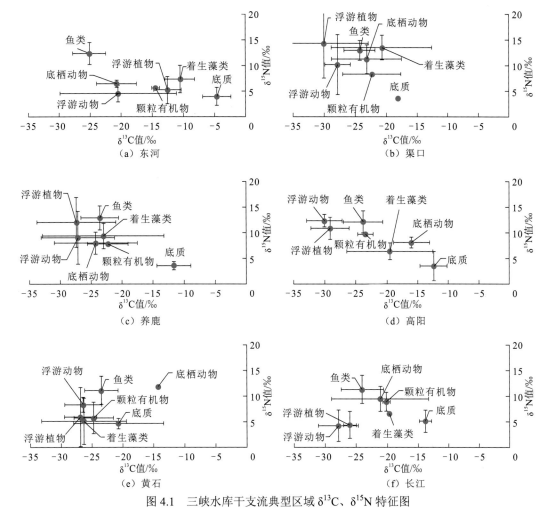

图 4.1　三峡水库干支流典型区域 δ¹³C、δ¹⁵N 特征图

支流上游天然河段：东河；支流上游变动回水区河段：渠口；支流中游河段：养鹿、高阳；支流下游河段：

黄石；干流河段：长江

Bauer，2001）。小江主要经济鱼类的 $\delta^{13}C$ 值均高于颗粒有机物的 $\delta^{13}C$ 值，说明颗粒有机物在其基础能量来源中并非占主要位置，一方面暗示着小江流域外源性营养物质输入可能是食物网基础能量的重要供给部分（Findlay et al.，1998），另一方面暗示着小江鱼类碳源可能主要来自近岸底层营养传递途径，浮游营养传递途径占比相对较低（Vadeboncoeur et al.，2011；Vander et al.，2002）。

　　氮通过大气与地表径流进入水体被初级生产者和微生物利用后通过食物网进入动物组织，通过排泄和分解作用重新返回水体（Robinson，2001）。颗粒有机物的组成通常包括浮游植物、其他微小生物和有机碎屑。水域地理位置、流域植被类型及人类活动污染物排放等均会影响颗粒有机物 $\delta^{15}N$ 值，继而影响食物网中其他生物的 $\delta^{15}N$ 值（Bannon and Roman et al.，2008；Xu et al.，2005；Cabana and Rasmussen，1996）。小江高阳江段的颗粒有机物 $\delta^{15}N$ 值明显高于养鹿、黄石和双江江段，而同种鱼类在小江高阳江段的

δ^{15}N 值显著高于养鹿、渠口和双江江段,与颗粒有机物 δ^{15}N 值体现出相似的特征。这是因为高阳江段相对养鹿、渠口和黄石江段具有更为密集的人口和人类活动。此外,双江江段虽较高阳江段人口更为密集,但三峡库区干流的交汇对颗粒有机物 δ^{15}N 值产生了一定的稀释效应。在 39 种鱼类中,草鱼的 δ^{15}N 值最低,而长吻鮠的 δ^{15}N 值最高,超过草鱼 δ^{15}N 值的 2 倍,这体现了 δ^{15}N 在草食性鱼类至肉食性鱼类体内随营养级升高的富集现象(Fry,2007)。

4.1.2 基于稳定同位素特征的鱼类营养层次分析

依据 δ^{15}N 值计算小江鱼类各种类的相对营养级(trophic level,TL),消费者和食物间的 δ^{15}N 差异就是营养分馏值随着营养级增加 δ^{15}N 值不断增加,根据生物对基线生物 δ^{15}N 相对值计算该生物的营养级,具体计算公式如下:

$$TL = [(\delta^{15}N_{消费者} - \delta^{15}N_{基线})/\Delta\delta^{15}N] + \lambda \qquad (4.1)$$

式中:$\delta^{15}N_{消费者}$ 为鱼类 δ^{15}N;$\delta^{15}N_{基线}$ 为颗粒有机物 δ^{15}N;$\Delta\delta^{15}$N 为不同营养级间的 δ^{15}N 富集值的平均值,取 3.4‰;λ 为常数,当基线定义为生产者时,$\lambda=1$,当基线定义为初级消费者时,$\lambda=2$(Post,2002)。

小江各江段鱼类 δ^{13}C 和 δ^{15}N 值见表 4.1 和表 4.2。其中,各江段的 δ^{13}C 值范围为 -24.28‰(渠口)~-23.16‰(高阳),差值为 1.12‰;δ^{15}N 值范围为 12.01‰(高阳)$\sim$ 13.66‰(渠口),差值为 1.65‰。各种类的 δ^{13}C 值范围为 -27.70‰[银飘鱼(*Pseudolaubuca sinensis*)]~-18.24‰(草鱼),差值为 9.46‰;δ^{15}N 值范围为 8.26‰(草鱼)~17.68‰(长吻鮠),差值为 9.42‰。

表 4.1 小江各江段鱼类样品 δ^{13}C 值

种类	δ^{13}C/‰					n
	渠口	养鹿	高阳	黄石	双江	
鳊	—	—	—	—	-20.04	1
鳌	-25.32	—	—	—	—	1
草鱼	—	—	-18.46	-17.31	-18.96	3
赤眼鳟	-23.12	-22.74	-21.04	-22.26	-26.00	5
大鳍鱊	-23.74	-23.79	—	-23.70	—	3
鳡	—	-23.98	—	-27.09	-25.42	3
光泽黄颡鱼	-25.09	-27.34	-25.28	-25.86	-25.61	5
鳜	-24.76	-24.12	-24.28	-23.35	-25.70	5
黑尾鳌(*Hemiculter nigromarginis*)	—	—	-23.40	-22.58	-28.95	3
厚颌鲂	—	-22.55	—	—	—	1

种类	$\delta^{13}C/‰$					n
	渠口	养鹿	高阳	黄石	双江	
花斑副沙鳅	—	-21.26	-21.88	—	—	2
华鳈	—	—	—	—	-25.44	1
黄颡鱼	-24.15	-22.16	-23.16	—	-23.38	4
黄鳝	—	-25.28	—	—	—	1
鲫	-24.32	-21.01	-18.99	-22.06	-23.52	5
间下鱵	-24.48	—	—	—	—	1
鲤	-23.52	-22.83	-20.77	-21.80	-20.97	5
鲢	—	-22.75	-24.94	-23.95	-26.29	4
麦穗鱼	—	-21.29	—	—	-26.49	2
泥鳅	—	—	-21.01	—	—	1
拟尖头鲌	-24.72	-25.36	-24.60	-24.80	-25.17	5
鲇	-22.70	-23.00	-22.02	-24.18	-23.19	5
翘嘴鲌	-25.97	-24.55	-25.89	-23.91	-25.76	5
青梢鲌（*Erythrouchlter dabryi*）	—	-24.76	-23.86	-24.54	-22.80	4
蛇鮈	-23.71	-27.12	—	-24.76	-26.23	4
似鳊	-21.21	-20.23	-27.08	-22.40	-21.39	5
铜鱼	—	-26.87	-24.88	-27.73	-28.89	4
瓦氏黄颡鱼	-24.67	-26.07	-24.40	-24.34	-23.60	5
乌鳢	—	—	—	—	-24.23	1
胭脂鱼	—	—	—	-20.74	-25.20	2
岩原鲤	—	—	—	—	-22.82	1
银鮈	-23.77	-22.20	-23.02	-22.29	-20.51	5
银飘鱼	-27.32	-28.97	-27.12	-27.41	—	4
鳙	—	-22.44	-25.16	-26.07	-26.66	4
圆口铜鱼	—	—	—	—	-24.61	1
长鳍吻鮈	—	—	—	—	-25.35	1
长吻鮠	—	—	—	-26.74	-24.27	2
中华鳑鲏	—	-18.07	-18.89	—	-21.15	3
子陵吻虾虎鱼	-24.46	-22.55	-22.61	—	-20.77	4

表 4.2　小江各江段鱼类样品 δ¹⁵N 值

种类	$\delta^{15}N$/‰					n
	渠口	养鹿	高阳	黄石	双江	
鳊	—	—	—	—	10.37	1
鳌	12.50	—	—	—	—	1
草鱼	—	—	7.15	8.69	8.95	3
赤眼鳟	14.28	12.53	11.66	8.13	7.97	5
大鳍鳠	14.60	15.90	—	16.42	—	3
鳡	—	14.88	—	15.15	14.49	3
光泽黄颡鱼	14.01	13.40	13.46	14.13	14.90	5
鳜	16.33	14.35	13.39	15.05	15.70	5
黑尾鳘	—	—	10.86	9.32	12.77	3
厚颌鲂	—	11.47	—	—	—	1
花斑副沙鳅	—	13.08	12.07	—	—	2
华鲮	—	—	—	—	12.70	1
黄颡鱼	12.03	13.29	10.81	—	13.64	4
黄鳝	—	8.58	—	—	—	1
鲫	12.15	12.99	10.25	12.48	9.17	5
间下鱵	13.92	—	—	—	—	1
鲤	14.34	10.55	9.17	13.31	11.24	5
鲢	—	10.48	10.65	10.78	13.47	4
麦穗鱼	—	12.02	—	—	13.73	2
泥鳅	—	—	11.38	—	—	1
拟尖头鲌	14.98	15.99	14.76	15.41	15.57	5
鲇	13.31	13.63	12.57	13.47	14.32	5
翘嘴鲌	15.38	14.14	14.54	13.99	17.77	5
青梢鲌	—	14.86	14.65	15.84	14.23	4
蛇鉤	11.48	12.17	—	15.84	11.77	4
似鳊	10.45	10.58	10.15	11.30	11.19	5
铜鱼	—	14.68	16.48	18.19	18.90	4
瓦氏黄颡鱼	14.72	13.39	12.77	13.16	13.33	5
乌鳢	—	—	—	—	10.35	1
胭脂鱼	—	—	—	9.13	9.66	2
岩原鲤	—	—	—	—	10.77	1
银鉤	13.65	12.34	11.99	13.48	13.64	5

续表

种类	δ¹⁵N/‰					n
	渠口	养鹿	高阳	黄石	双江	
银飘鱼	14.63	12.89	14.48	11.37	—	4
鳙	—	12.21	11.68	16.00	16.80	4
圆口铜鱼	—	—	—	—	11.81	1
长鳍吻鮈	—	—	—	—	11.38	1
长吻鮠	—	—	—	18.23	17.13	2
中华鳑鲏	—	9.92	9.61	—	11.36	3
子陵吻虾虎鱼	13.19	12.60	11.68	—	11.84	4

同种鱼类不同江段的稳定同位素值的配对双样本 t 检验结果见表 4.3。各江段的 $\delta^{13}C$ 值均无显著差异（$P>0.05$）；$\delta^{15}N$ 值的比较结果显示，高阳江段与养鹿、双江和渠口江段均有显著差异（$P<0.05$）。其中，高阳江段与渠口江段的 $\delta^{15}N$ 值差异极显著（$t=4.28$，$P=0.001$）。

表 4.3　同种鱼类不同江段 $\delta^{13}C$、$\delta^{15}N$ 值比较

对比项	种类数	$\delta^{13}C$				$\delta^{15}N$			
		均值 Mean	检验值 t	自由度 df	显著性 Sig.（P）	均值 Mean	检验值 t	自由度 df	显著性 Sig.（P）
渠口-养鹿	16	-0.20	-0.45	15	0.656	0.55	1.53	15	0.146
渠口-高阳	14	-0.68	-1.07	13	0.306	1.55	4.28	13	**0.001**
渠口-黄石	14	-0.39	-1.17	13	0.263	0.48	0.75	13	0.467
渠口-双江	14	-0.31	-0.61	13	0.554	0.59	0.96	13	0.355
养鹿-高阳	20	0.03	0.06	19	0.953	0.55	2.27	19	**0.035**
养鹿-黄石	19	0.12	0.33	18	0.742	-0.61	-1.37	18	0.188
养鹿-双江	21	0.86	1.72	20	0.100	-0.67	-1.36	20	0.188
高阳-黄石	18	0.09	0.21	17	0.834	-0.75	-1.56	17	0.138
高阳-双江	20	0.83	1.38	19	0.182	-1.42	-3.51	19	**0.002**
黄石-双江	21	0.78	1.57	20	0.133	-0.09	-0.22	20	0.831

以各江段颗粒悬浮物 $\delta^{15}N$ 值为基准，计算获得小江各江段鱼类的相对营养级见表 4.4。其中，小江最低营养级的初级消费者为草鱼，平均相对营养级为 2.15；流域以次级消费者的杂食性鱼类种类为主，相对营养级在 2.66～3.85；营养级 3.85 以上的鱼类种类向肉

食性鱼类转变，位居最高营养级的为长吻鮠，其相对营养级为 5.12。各江段的平均相对营养级范围为 2.84（高阳）～4.26（渠口），差值为 1.42。

种间营养关系是食物网中之间最重要的联系，也是了解生态系统能流规律的基础。消费者和饵料生物间的 $\delta^{15}N$ 值差异由氮同位素分馏引起，随着营养级增加不断增加。本节得出小江食物网中至少为 4 个营养级，然而，李斌等（2013b）的研究得出小江库湾在枯水期和丰水期间均有 3 个营养级的研究结果，与本节结果体现出 1 个营养级的差异。造成该差异的原因可能与 $\delta^{15}N$ 基线生物的选择及研究样本的大小有关（徐军 等，2010；Persson et al.，1992）。本节选取颗粒有机物作为基线生物，李斌等（2013b）的研究采用枯水期螺类和蚌类 $\delta^{15}N$ 值的平均值作为基线值，螺类和蚌类比颗粒有机物至少高一个营养级。同时，本节的鱼类样本种类（39 种）和数量（121 个）均高于李斌等（2013b）的鱼类样本种类（17 种）和数量（49 个），对小江高营养层次鱼类的取样也相对全面，因而产生了营养级相对较高的结果。

表 4.4　小江各江段鱼类相对营养级

种类	相对营养级					
	渠口	养鹿	高阳	黄石	双江	平均
草鱼	—	—	1.42	2.41	2.61	2.15
泥鳅	—	—	2.66	—	—	2.66
胭脂鱼	—	—	—	2.54	2.82	2.68
黄鳝	—	2.76	—	—	—	2.76
中华鳑鲏	—	3.16	2.14	—	3.31	2.87
黑尾鳘	—	—	2.51	2.60	3.73	2.95
乌鳢	—	—	—	—	3.02	3.02
鳊	—	—	—	—	3.02	3.02
似鳊	3.31	3.35	2.30	3.18	3.26	3.08
赤眼鳟	4.44	3.92	2.74	2.25	2.32	3.13
岩原鲤	—	—	—	—	3.14	3.14
鲢	—	3.32	2.44	3.03	3.94	3.18
鲫	3.81	4.06	2.33	3.53	2.67	3.28
长鳍吻鮈	—	—	—	—	3.32	3.32
鲤	4.46	3.34	2.01	3.77	3.28	3.37
圆口铜鱼	—	—	—	—	3.45	3.45
花斑副沙鳅	—	4.09	2.86	—	—	3.48
子陵吻虾虎鱼	4.12	3.94	2.75	—	3.46	3.57

续表

种类	相对营养级					
	渠口	养鹿	高阳	黄石	双江	平均
黄颡鱼	3.78	4.15	2.49	—	3.99	3.60
厚颌鲂	—	3.61	—	—	—	3.61
华鳈	—	—	—	—	3.71	3.71
银鮈	4.25	3.87	2.84	3.82	3.98	3.75
银飘鱼	4.54	4.03	3.57	3.20	—	3.84
蛇鮈	3.61	3.82	—	4.52	3.44	3.85
鲇	4.15	4.25	3.01	3.82	4.19	3.88
瓦氏黄颡鱼	4.57	4.18	3.07	3.73	3.89	3.89
麦穗鱼	—	3.77	—	—	4.01	3.89
鳌	3.91	—	—	—	—	3.91
鳙	—	3.83	2.75	4.56	4.92	4.02
光泽黄颡鱼	4.36	4.18	3.27	4.01	4.36	4.04
青梢鲌	—	4.61	3.62	4.52	4.16	4.23
鳜	5.04	4.46	3.25	4.29	4.59	4.33
间下鱵	4.33	—	—	—	—	4.33
翘嘴鲌	4.76	4.40	3.59	3.97	5.20	4.38
鳡	—	4.62	—	4.31	4.24	4.39
拟尖头鲌	4.64	4.94	3.65	4.39	4.55	4.43
大鳍鱊	4.53	4.91	—	4.69	—	4.71
铜鱼	—	4.56	4.16	5.21	5.53	4.87
长吻鮠	—	—	—	5.22	5.01	5.12
平均值	4.26	4.00	2.84	3.81	3.78	—

通过 $\delta^{13}C\text{-}\delta^{15}N$ 值双坐标图构建小江主要经济鱼类的相对营养位置图（图 4.2）。选择小江主要经济鱼类 11 种，分别为拟尖头鲌、翘嘴鲌、鳜、瓦氏黄颡鱼、鲇、鳙、鲢、赤眼鳟、鲤、鲫和草鱼。由图 4.2 可见，肉食性鱼类包括拟尖头鲌、翘嘴鲌、鳜、瓦氏黄颡鱼、鲇，均处于最高的营养位置，其次是鳙、鲢、赤眼鳟、鲤、鲫等杂食性鱼类，草食性鱼类草鱼处于最低的营养位置。

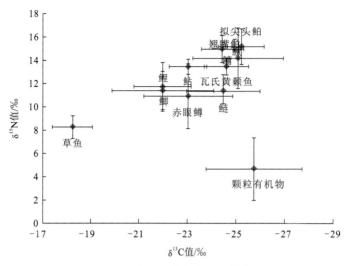

图 4.2　小江主要经济鱼类相对营养位置

4.1.3　典型鱼类 δ¹³C、δ¹⁵N 特征

1. 典型肉食性鱼类稳定同位素特征

定量分析典型肉食性鱼类翘嘴鲌和瓦氏黄颡鱼在不同生活史阶段的食性饵料组成。翘嘴鲌和瓦氏黄颡鱼分组体重范围和样本数量见表 4.5。不同体重组翘嘴鲌和瓦氏黄颡鱼的饵料组成比例见图 4.3 和图 4.4。翘嘴鲌各体重组的饵料贡献均来源于小型鱼类与虾类，占总饵料贡献的 50% 以上。总体看来，翘嘴鲌由幼鱼到成鱼的阶段中动物饵料的贡献率呈增加的趋势，然而，最大体重组的饵料贡献中大个体动物饵料的贡献率下降，浮游动物和浮游植物的贡献率增加，这与成鱼阶段生长减缓可能有一定的关系。与翘嘴鲌的饵料贡献来源主要为上层水体相比，瓦氏黄颡鱼的各个体重组的饵料贡献来源偏于底层，这与其生活水层和生态位显著相关。瓦氏黄颡鱼不同体重组的饵料贡献来源未体现显著差异。

表 4.5　翘嘴鲌和瓦氏黄颡鱼分组体重范围和样本数量

分组编号	翘嘴鲌		瓦氏黄颡鱼	
	体重范围/g	样本数量/尾	体重范围/g	样本数量/尾
组 1	0~80	12	0~25	13
组 2	81~200	19	26~40	27
组 3	201~500	25	41~60	19
组 4	501~1 000	16	61~130	16
组 5	1 001~4 000	11	131~280	6

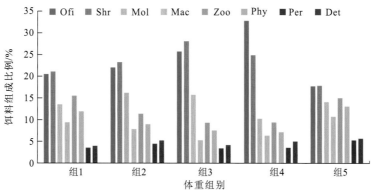

图 4.3　不同体重组翘嘴鲌饵料组成比例

Ofi：鳊、蛇鮈、银鮈等小型鱼类；Shr：日本沼虾（*Macrobrachium nipponense*）、中华绒螯蟹（*Eriocheir sinensis*）；
Mol：中华圆田螺（*Cipangopaludina cahayensis*）；Mac：底栖动物；Zoo：浮游动物；Phy：浮游植物；Per：着生藻类；
Det：碎屑

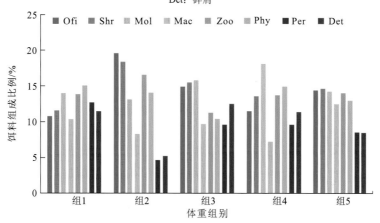

图 4.4　不同体重组瓦氏黄颡鱼饵料组成比例

Ofi：鳊、蛇鮈、银鮈等小型鱼类；Shr：日本沼虾、中华绒螯蟹；Mol：中华圆田螺；Mac：底栖动物；
Zoo：浮游动物；Phy：浮游植物；Per：着生藻类；Det：碎屑

2. 典型浮游生物食性鱼类稳定同位素特征

基于 δ^{13}C、δ^{15}N 测试值，在 R Studio 中运行 Siar 程序计算小江生态系统中银鱼 2019 年 3～12 月饵料组成比例，2019 年 3～12 月小江银鱼饵料组成中的颗粒悬浮物、浮游植物和浮游动物的饵料组成比例见图 4.5。

分析结果显示，2019 年 3 月和 4 月的银鱼饵料组成中浮游动物占比最高，为 80% 左右；9 月和 10 月的银鱼饵料组成中浮游动物占比最低，不超过 20%；其余月份的银鱼饵料组成中浮游动物占比无显著差异，均在 50%～70%。在银鱼饵料组成中，浮游植物占比在 4 月和 5 月最低，之后的月份中升高到 30% 左右；颗粒悬浮物占比在 5 月和 9 月相对较高，其余月份均低于 10%。

银鱼组织的稳定同位素组成受自身生物学特征（体长、体重等）与环境因素（食物、理化因素等）的综合影响。其中，食物的稳定同位素组成是银鱼组织稳定同位素组成的

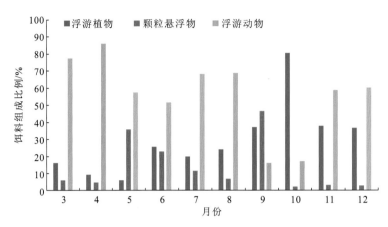

图 4.5　小江生态系统中 2019 年 3～12 月银鱼饵料组成比例

决定性因素。本节中银鱼样本均为小型样本，主要以浮游动物为食，浮游动物对银鱼饵料的贡献在大部分月份中均超过了 50%。

4.2　三峡水库干支流食物网结构及能流特征

三峡水库蓄水后，水文情势的变化改变了库区水生生境格局和水生生物群落结构，对库区水生生态系统食物网产生各种营养级联效应影响。食物网模型在评价生物群落结构演变对水生生态系统的影响方面发挥着重要作用。基于生态系统能量流动和食物网结构的生态通道模型，整合了当今生态学的基础理论，经过约 30 年的发展而逐渐趋于完善，现已经逐步成为水生生态系统有效的管理工具，在国内外得到广泛应用（Christensen et al.，2004）。本节将稳定同位素技术和生态通道模型应用于三峡水库生态系统研究中，结合主要功能组饵料贡献率构建生态通道模型分析三峡水库干流和支流小江食物网各营养级结构，基于食物网结构模型计算各营养级能流和能量转化效率，定量分析研究各营养级间能流特征。

4.2.1　干支流主要功能组饵料贡献率分析

依据三峡水库干流和支流小江生态系统内主要生物类群或种类的生物学与生态学特性，将生态学或者分类地位上相似的物种加以整合，根据不同生物种类的食性，以及它们的个体大小和生长特性来划分功能组。从分类地位、营养类型、个体大小和生活水层等角度，将生物类群划分成 16 个功能组。各功能组的名称及其包括主要种类详见表 4.6。所定义的 16 个功能组能够基本覆盖三峡水库干流和支流小江生态系统中能量流动的全过程。

表 4.6　三峡水库生态系统功能组的划分

功能组编号	功能组名称	功能组缩写	包括的主要种类
1	鲌类	Cul	翘嘴鲌、拟尖头鲌、青梢鲌
2	鳜类	Sin	鳜、大眼鳜
3	鲇类	Sil	鲇
4	黄颡鱼类	Pel	瓦氏黄颡鱼、光泽黄颡鱼、黄颡鱼
5	鳙	Ari	鳙
6	鲢	Hyp	鲢
7	赤眼鳟	Squ	赤眼鳟
8	鲤	Cyp	鲤
9	鲫	Car	鲫
10	其他小型鱼类	Ofi	鳊、蛇鮈、银鮈等小型鱼类
11	虾蟹类	Shr	日本沼虾、中华绒螯蟹
12	螺类	Mol	中华圆田螺
13	浮游动物	Zoo	浮游动物
14	浮游植物	Phy	浮游植物
15	着生藻类	Per	着生藻类
16	碎屑	Det	碎屑

在 R Studio 中运行 Siar 程序进行计算各功能组饵料贡献率，并参考三峡水库实地调查及各种公开发表的期刊、书籍和科研项目结题报告等进行校正。三峡水库干流和支流小江各功能组饵料贡献率见表 4.7 和表 4.8。三峡水库干流生态系统饵料以碎屑为主，浮游植物、浮游动物和小型鱼类也占据了一定的比重。小江生态系统以浮游动物和碎屑为主，与不同季节浮游植物和浮游动物的生物量相对应。

4.2.2　干支流典型区域食物网结构模拟

基于生态通道模型的三峡水库干流生态系统和支流小江生态系统 2013 年食物网结构见图 4.6 和图 4.7。三峡水库干流和小江生态系统可分为 4 个营养级。三峡水库干流生态系统的营养流动主要有两条途径：一是从碎屑开始的碎屑食物链，如：碎屑—浮游动物/底栖动物—肉食性鱼类；二是从浮游植物开始的牧食食物链，如：浮游植物—杂食性鱼类—肉食性鱼类。小江生态系统的营养流动主要有两条途径：一是从碎屑开始的碎屑食物链，如：碎屑—浮游动物/底栖动物—小型鱼类—肉食性鱼类；二是从浮游植物开始的牧食食物链，如：浮游植物—底栖动物—杂食性鱼类—肉食性鱼类。

表 4.7　三峡水库干流各功能组饵料贡献率

功能组名称	鲌类	鳜类	鲇类	黄颡鱼类	鳙	鲢	赤眼鳟	鲤	鲫	其他小型鱼类	虾蟹类	螺类	浮游动物
鲌类	—	—	—	—	—	—	—	—	—	—	—	—	—
鳜类	—	—	—	—	—	—	—	—	—	—	—	—	—
鲇类	—	—	—	—	—	—	—	—	—	—	—	—	—
黄颡鱼类	—	—	—	—	—	—	—	—	—	—	—	—	—
鳊	0.046	0.019	0.114	0.236	—	—	—	—	—	—	—	—	—
鲢	0.013	0.053	0.130	0.098	—	—	—	—	—	—	—	—	—
赤眼鳟	0.002	0.020	0.092	0.069	—	—	—	—	—	—	—	—	—
鲤	0.002	0.023	0.084	0.058	—	—	—	—	—	—	—	—	—
鲫	0.035	0.128	0.121	0.089	—	—	—	—	—	—	—	—	—
其他小型鱼类	0.865	0.312	0.116	0.087	—	—	—	—	—	—	—	—	—
虾蟹类	0.002	0.050	0.089	0.058	—	—	0.186	0.240	0.077	0.116	—	—	—
螺类	—	0.365	0.080	0.049	—	—	0.169	0.252	0.048	0.072	—	—	—
浮游动物	0.035	0.018	0.114	0.213	0.462	0.270	0.146	0.078	0.151	0.209	—	—	—
浮游植物	—	—	—	—	0.343	—	0.100	0.049	0.062	0.088	0.064	—	0.550
着生藻类	—	—	—	—	—	—	0.201	0.177	0.177	0.247	0.032	0.050	—
碎屑	—	0.012	0.060	0.043	0.195	0.730	0.198	0.204	0.485	0.268	0.904	0.950	0.450
合计	1.000	1.000	1.000	1.000	1.000	1.000	1.000	1.000	1.000	1.000	1.000	1.000	1.000

表 4.8　三峡水库支流小江各功能组饵料贡献率

功能组名称	鮊类	鳜类	鲇类	黄颡鱼类	鳙	鲢	赤眼鳟	鲤	鲫	其他小型鱼类	虾蟹类	螺类	浮游动物
鮊类	—	—	—	—	—	—	—	—	—	—	—	—	—
鳜类	—	—	—	—	—	—	—	—	—	—	—	—	—
鲇类	—	—	—	—	—	—	—	—	—	—	—	—	—
黄颡鱼类	—	—	—	—	—	—	—	—	—	—	—	—	—
鳙	0.240	0.433	0.005	0.111	—	—	—	—	—	—	—	—	—
鲢	0.129	0.107	0.012	0.176	—	—	—	—	—	—	—	—	—
赤眼鳟	0.084	0.038	0.009	0.040	—	—	—	—	—	—	—	—	—
鲤	0.057	0.026	0.023	0.031	—	—	—	—	—	—	—	—	—
鲫	0.075	0.032	0.009	0.035	—	—	—	—	—	—	—	—	—
其他小型鱼类	0.098	0.045	0.008	0.048	—	—	—	—	—	—	—	—	—
虾蟹类	0.178	0.092	0.006	0.081	—	—	0.021	0.107	0.067	0.005	—	—	—
螺类	—	0.111	0.007	0.107	—	—	0.026	0.123	0.079	0.007	—	—	—
浮游动物	0.057	0.049	0.890	0.188	0.428	0.500	0.625	0.204	0.295	0.861	—	—	—
浮游植物	—	—	—	—	0.324	0.050	0.031	0.140	0.095	0.009	0.050	—	0.550
着生藻类	—	—	—	—	—	—	0.216	0.212	0.270	0.088	0.550	0.050	—
碎屑	0.082	0.067	0.031	0.183	0.248	0.450	0.081	0.214	0.194	0.030	0.400	0.950	0.450
合计	1.000	1.000	1.000	1.000	1.000	1.000	1.000	1.000	1.000	1.000	1.000	1.000	1.000

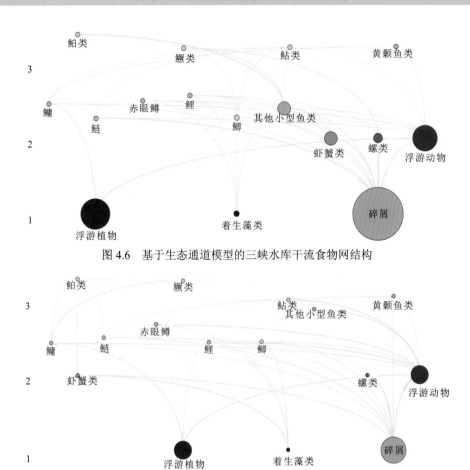

图 4.6 基于生态通道模型的三峡水库干流食物网结构

图 4.7 基于生态通道模型的支流小江食物网结构

4.2.3 干支流食物网营养级间能流特征分析

基于生态通道模型计算三峡水库干支流生态系统 2013 年总体特征见表 4.9。三峡水库干流生态系统的总生产力（4 694.266 t/km²）、净初级生产力（4 395.509 t/km²）和总营养流通量（15 524.010 t/km²）均明显低于支流小江生态系统的总生产力（7 060.961 t/km²）、净初级生产力（6 550.715 t/km²）和总营养流通量（24 764.010 t/km²）。

表 4.9 三峡水库干支流生态系统总体特征

指标名称	三峡水库干流	三峡水库支流小江
总摄食/(t/km²)	5 804.870	10 163.550
总输出/(t/km²)	2 633.945	3 484.604
总呼吸/(t/km²)	1 761.564	3 066.111
总碎屑生成量/(t/km²)	5 323.626	8 049.748

续表

指标名称	三峡水库干流	三峡水库支流小江
总营养流通量/(t/km²)	15 524.010	24 764.010
总生产力/(t/km²)	4 694.266	7 060.961
净初级生产力/(t/km²)	4 395.509	6 550.715
总初级生产力/总呼吸	2.495	2.136
净系统生产力/(t/km²)	2 633.945	3 484.604
总初级生产力/总生物量	75.033	90.222
总生物量/总流通量	0.004	0.003
连接指数	0.330	0.339
系统杂食指数	0.116	0.144

　　三峡水库干支流生态系统内物质流动特征见图 4.8 和图 4.9。从图中可以看出，三峡水库干流生态系统初级生产量流入到碎屑进行再循环的量为 1 315.8 t/km²，占初级生产量的比例为 29.94%；小江生态系统初级生产量流入到碎屑进行再循环的量为 989.5 t/km²，占初级生产量的比例为 15.11%。三峡水库干流生态系统从各个营养级流入碎屑的总量为 5 323.6 t/km²，碎屑组被摄食的量为 2 689.7 t/km²，占碎屑总量的比例为 40.51%；小江生态系统从各个营养级流入碎屑的总量为 8 049.7 t/km²，碎屑组被摄食的量为 4 565.1 t/km²，占碎屑总量的比例为 50.50%。

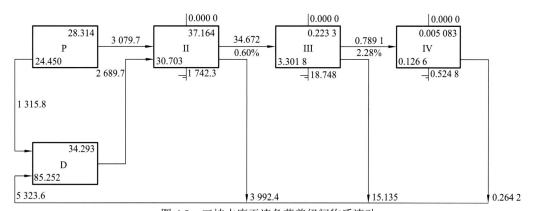

图 4.8　三峡水库干流各营养级间物质流动

P：生产者；D：碎屑

　　三峡水库干流和支流小江生态系统从前一营养级输入后一营养级的流量均随其营养级的升高而依次降低。被摄食量、流入碎屑量和总能流在各营养级的分布均呈金字塔形，即底层营养级的生物量和流量大，逐级减小，符合能量和生物量金字塔规律。三峡水库干流和支流小江生态系统的呼吸量主要来自第 II 营养级，能量主要在 I～III 营养级之间流动。干流营养级 II 和 III 的传输效率依次分别为 0.60% 和 2.28%，平均传输效率为 1.44%；支流小江营养级 II 和 III 的传输效率依次分别为 0.36% 和 3.10%，平均传输效率为 1.73%。

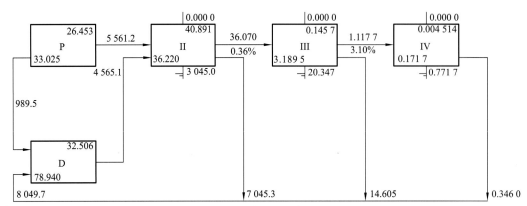

图 4.9　小江生态系统各营养级间物质流动

P：生产者；D：碎屑

从生态系统发育阶段看来，三峡水库干流和小江的总初级生产力/总呼吸分别为2.495 和 2.136，系统的总初级生产量远大于总呼吸消耗量。Christensen 和 Pauly（1993）归纳了利用生态通道模型评估的全球 41 个水域生态系统的总初级生产力/总呼吸，该比值范围为 0.8～3.2。生态系统发育早期通常系统的总初级生产量较高，随着演替的进行，总初级生产力/总呼吸从大于 1 逐渐发展到接近于 1，表明三峡水库生态系统尚处于演替初期。

从系统能量流通量看来，三峡水库干流生态系统的总营养流通量（15 524.010 t/km^2）略低于千岛湖（16 329.000 t/km^2）（刘其根，2005），远低于巢湖（41 003.000 t/km^2）（刘恩生 等，2014）和太湖（66 245.000 t/km^2）（李云凯 等，2009）。总营养流通量为总摄食、总输出、总呼吸及流入碎屑的总量之和，一般与系统规模成正比，表明三峡水库生态系统中有较多的能量未进入食物网中流通。

从食物网复杂程度看来，三峡水库干流生态系统的连接指数和系统杂食指数分别为0.330 和 0.116，均高于巢湖（0.200 和 0.092）（刘恩生 等，2014）、太湖（0.188 和 0.041）（李云凯 等，2009）和千岛湖（0.280 和 0.096）（刘其根，2005）。连接指数和系统杂食指数都是反映系统内部各食物链之间联系复杂程度的指标，表明三峡水库食物网各功能组间的能流联系网状结构更为复杂。

从能流传输效率看来，三峡水库干流营养级 II 和 III 的传输效率依次分别为 0.60%和 2.28%；支流小江营养级 II 和 III 的传输效率依次分别为 0.36%和 3.10%，远低于巢湖（6.30%和 10.80%）（刘恩生 等，2014）、太湖（1.80%和 4.80%）（李云凯 等，2009）和滆湖（4.96%和 9.84%）（贾佩峤 等，2013），表明与天然湖泊食物网相比，三峡水库能流传输效率很低，大量初级生产力未进入更高层次的营养流动，这可能是水华暴发的主要原因。

总体看来，与天然湖泊食物网结构相比，三峡水库及其典型支流生态系统中冗余能量较多，各营养级间的能流传输效率均较低。系统中的关键种为肉食性鱼类和浮游动物食性类群，对浮游植物的抑制作用主要来源于肉食性鱼类的间接影响。总初级生产力/总呼吸和系统杂食指数显示三峡水库生态系统处于早期发育阶段，食物网结构尚不完善。

4.3　三峡水库干支流食物网营养动态研究

食物网中各物种之间具有复杂的捕食和被捕食关系，种间营养关系是食物网中最重要的联系，也是了解生态系统能流规律的基础。本小节开展三峡水库干流和支流小江生态系统的生态位重叠分析和混合营养影响分析，对生态系统内部不同种群相互之间的直接和间接作用进行分析，进一步辨识在生态系统和食物网中起着重要作用的关键种类。同时，对三峡水库典型支流 2013 年和 2018 年的食物网动态进行模拟分析，从生态系统能量流通量、不同营养级能流传输效率、营养生态位重叠情况和混合营养影响方面初步分析三峡水库生态系统发育演变趋势。

4.3.1　干支流食物网功能组间相互作用研究

生态位是现代生态学中表述生物种间关系的最重要概念之一。生态通道模型采用了 Pianka 指数进行生态位分析。Pianka 指数是判定两个功能组对同一被捕食者的营养生态位重叠程度的指数：当数值为 0 时，表明两个功能组对同一捕食对象没有竞争；当数值为 1 时，表明两个功能组对同一捕食对象竞争激烈，即两个功能组的营养生态位完全重叠。通过建立生态通道模型对三峡水库干流和支流小江生态系统 2013 年秋季的捕食者营养生态位重叠进行定量分析，结果见图 4.10 和图 4.11。分析结果表明，三峡水库干流食物网中，虾蟹类和螺类具有最高的捕食者和猎物营养生态位重叠指数，其次是赤眼鳟和鲤；支流小江食物网中，鲤和鲫具有最高的捕食者和猎物营养生态位重叠指数，其次是赤眼鳟和其他小型鱼类。支流小江生态系统各种生物种群之间捕食者营养生态位重叠和猎物营养生态位重叠的情况比干流生态系统严重。

混合营养影响是分析生态系统内部不同种群相互之间的直接和间接作用的有效途径。利用生态通道模型对三峡水库干流和支流小江生态系统各种群进行混合营养影响分析，结果见图 4.12 和图 4.13。在三峡水库干流和支流小江食物网中，瓦氏黄颡鱼对多数鱼类均表现出较强的抑制作用，鳜和鲇对其他生物类群均没有表现出抑制或促进作用，翘嘴鲌在干流食物网中对鳜和其他鱼类表现出一定的抑制作用，在支流小江中仅对鲢表现出一定的抑制作用。在干流和支流小江食物网中，浮游植物的抑制作用均主要来源于浮游动物、瓦氏黄颡鱼和翘嘴鲌，这应是由于肉食性鱼类通过摄食小型鱼类减弱了小型鱼类对浮游动物的摄食压力而产生的抑制作用。

在三峡水库生态系统中，杂食性鱼类间体现出强烈的对同一捕食对象的竞争关系，营养生态位重叠程度很高，而肉食性鱼类则并无生态位重叠。在目前生态系统中有大量营养冗余的状况下，这种营养生态位重叠程度可能不会对食物网结构产生影响。随着系统的进一步发育，在渔业捕捞过程中，应考虑对杂食性鱼类开展有目的的适度捕捞，以改善营养生态位重叠状况。混合营养分析表明，浮游植物的抑制作用主要来源于瓦氏黄颡鱼和浮游动物。一方面体现了浮游动物控藻的下行效应，另一方面体现了肉食性鱼类

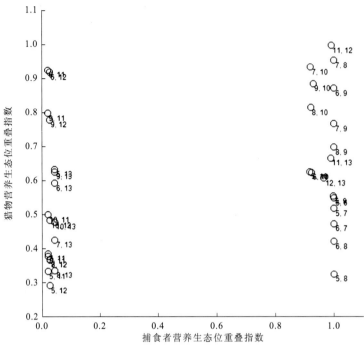

图 4.10　三峡水库干流捕食者营养生态位重叠分析图

1.鲌类；2.鳜类；3.鮊类；4.黄颡鱼类；5.鳙；6.鲢；7.赤眼鳟；8.鲤；9.鲫；
10.其他小型鱼类；11.虾蟹类；12.螺类；13.浮游动物

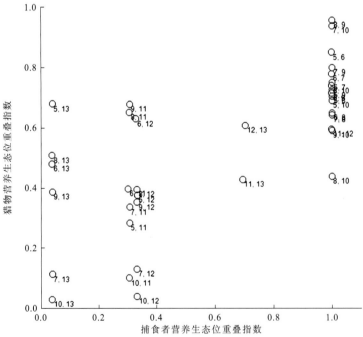

图 4.11　小江生态系统捕食者营养生态位重叠分析图

1.鲌类；2.鳜类；3.鮊类；4.黄颡鱼类；5.鳙；6.鲢；7.赤眼鳟；8.鲤；9.鲫；
10.其他小型鱼类；11.虾蟹类；12.螺类；13.浮游动物

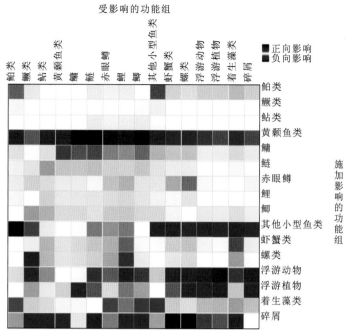

图 4.12　三峡水库干流生态系统各功能组混合营养影响分析图

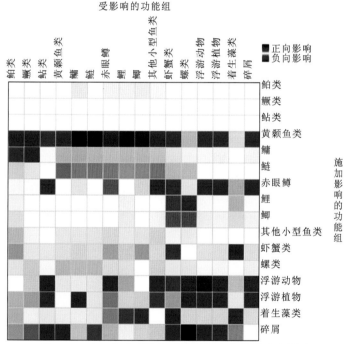

图 4.13　小江生态系统各功能组混合营养影响分析图

通过摄食小型鱼类减弱了小型鱼类对浮游动物的摄食压力而产生了对藻类的抑制作用。作为富营养化水体食物网调控的常见种类，鲢和鳙在三峡水库干流生态系统食物网中并未体现出对浮游植物的抑制作用，表明直接摄食对藻类的抑制效应较为有限。

4.3.2　干支流食物网关键种及其营养作用分析

　　基于混合营养影响分析，生态通道模型提供了辨识关键种的方法。生态系统中的关键种是在生态系统和食物网中起着重要作用的生物种类。利用绘制每一个功能群的总体效应与关键指数的对应图可以辨识关键种，三峡水库干流和支流小江生态系统各功能群按关键种指数值递减的顺序排列如图 4.14 和图 4.15 所示。关键种对应着有较高总体效应和较高的关键指数（值接近或者大于 0）的功能组。由图 4.14 可见，三峡水库干流的关键种为黄颡鱼类、其他小型鱼类和浮游动物；支流小江生态系统的关键种为黄颡鱼类和浮游动物。

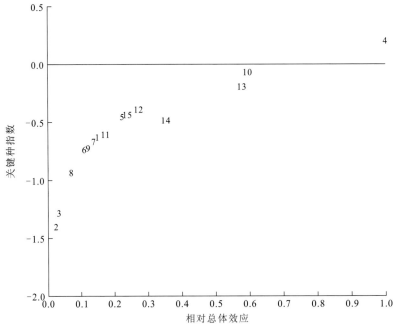

图 4.14　三峡水库干流生态系统各功能组间的总体效应与关键指数

1.鲌类；2.鳜类；3.鲇类；4.黄颡鱼类；5.鳙；6.鲢；7.赤眼鳟；8.鲤；9.鲫；10.其他小型鱼类；11.虾蟹类；12.螺类；13.浮游动物；14.浮游植物；15.着生藻类

4.3.3　不同时期三峡水库典型支流食物网营养动态模拟

　　基于生态通道模型的小江生态系统 2013 年和 2018 年食物网结构见图 4.16。三峡水库典型支流小江 2018 年和 2013 年生态系统总体特征见表 4.10。小江生态系统 2018 年的总生产力（20 634.590 t/km²）、净初级生产力（20 270.290 t/km²）和总营养流通量（46 546.840 t/km²）均明显高于 2013 年的总生产力（7 060.961 t/km²）、净初级生产力（6 550.715 t/km²）和总营养流通量（24 764.010 t/km²）。

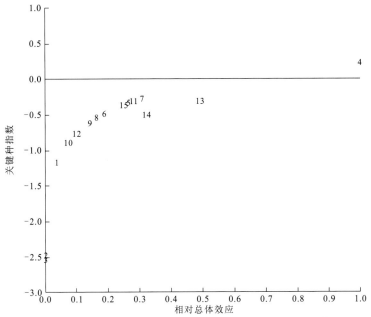

图 4.15　小江生态系统各功能组间的总体效应与关键指数

1.鲌类；2.鳜类；3.鲇类；4.黄颡鱼类；5.鳙；6.鲢；7.赤眼鳟；8.鲤；9.鲫；10.其他小型鱼类；
11.虾蟹类；12.螺类；13.浮游动物；14.浮游植物；15.着生藻类

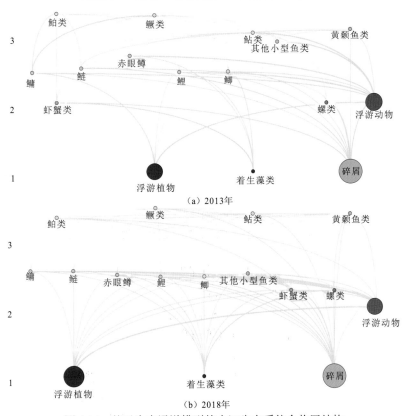

图 4.16　基于生态通道模型的小江生态系统食物网结构

表 4.10　小江生态系统 2013 年和 2018 年生态系统总体特征

指标名称	2013 年	2018 年
总摄食/（t/km²）	10 163.550	7 133.337
总输出/（t/km²）	3 484.604	18 123.630
总呼吸/（t/km²）	3 066.111	2 146.662
总碎屑生成量/（t/km²）	8 049.748	19 143.210
总营养流通量/（t/km²）	24 764.010	46 546.840
总生产力/（t/km²）	7 060.961	20 634.590
净初级生产力/（t/km²）	6 550.715	20 270.290
总初级生产力/总呼吸	2.136	9.443
净系统生产力/（t/km²）	3 484.604	18 123.630
总初级生产力/总生物量	90.222	155.160
总生物量/总流通量	0.003	0.003
连接指数	0.339	0.455
系统杂食指数	0.144	0.211

小江生态系统内 2013 年和 2018 年物质流动特征见图 4.17。从图中可以看出，小江生态系统 2018 年初级生产量流入到碎屑进行再循环的量为 14 188 t/km²，占初级生产量的比例为 69.99%；生态系统 2013 年初级生产量流入到碎屑进行再循环的量为 989.5 t/km²，占初级生产量的比例为 15.11%。小江生态系统 2018 年从各个营养级流入碎屑的总量为 19 143 t/km²，碎屑组被摄食的量为 1 019.6 t/km²，占碎屑总量的比例为 5.33%；生态系统 2013 年从各个营养级流入碎屑的总量为 8 049.7 t/km²，碎屑组被摄食的量为 4 565.1 t/km²，占碎屑总量的比例为 50.50%。

从食物网复杂程度看来，小江生态系统 2018 年的连接指数和系统杂食指数均高于 2013 年，表明三峡水库食物网各功能组间的能流联系网状结构趋向复杂。从各个营养级的能流传输效率看，小江生态系统 2018 年和 2013 年从营养级 II 到 III 的传输效率相当，而 2018 年从营养级 III 到 IV 的传输效率（9.42%）显著高于 2013 年（3.10%），表明三峡水库典型支流的食物网能流传输效率随着水库生态系统发育的稳定逐渐更趋向于天然湖泊食物网。

营养生态位重叠分析结果见图 4.18。小江生态系统 2018 年食物网中的营养生态位重叠程度较 2013 年显著上升，主要体现在鲢、鲤等体型中等的杂食性鱼类的饵料竞争。混合营养影响分析结果见图 4.19。与 2013 年食物网相比，2018 年食物网中浮游动物对浮游植物的抑制作用显著，而瓦氏黄颡鱼等肉食性鱼类则体现了对杂食性鱼类和小型鱼类的普遍抑制作用。这是由于肉食性鱼类通过摄食小型鱼类减弱了小型鱼类对浮游动物的摄食压力，浮游动物大量增殖，所以体现出对浮游植物的强烈抑制作用。鳙和鲢仍未体现出对浮游植物的抑制作用，表明直接摄食对藻类的抑制效应较为有限。在渔业捕捞过程中，应考虑对银鱼等浮游动物食性开展有目的的适度捕捞，以达到控制浮游植物的目标。

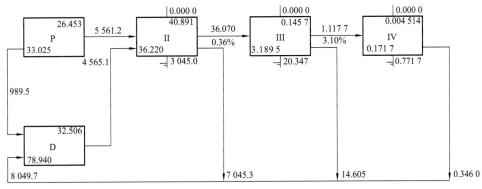

(a) 2013年

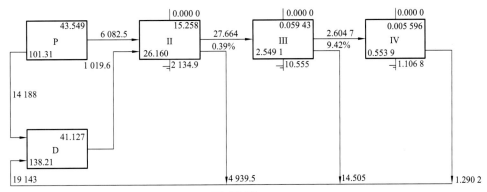

(b) 2018年

图 4.17　小江生态系统 2013 年和 2018 年各营养级间物质流动

P：生产者；D：碎屑

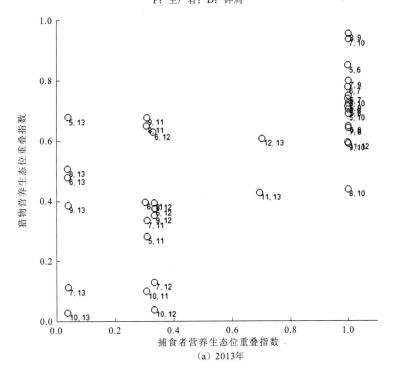

（a）2013年

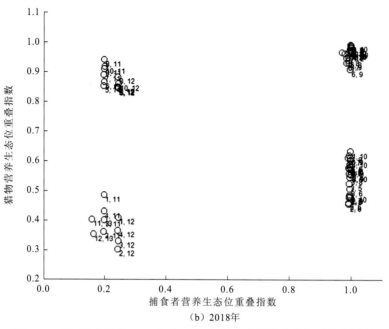

（b）2018年

图 4.18　小江生态系统 2013 年和 2018 年捕食者营养生态位重叠分析图

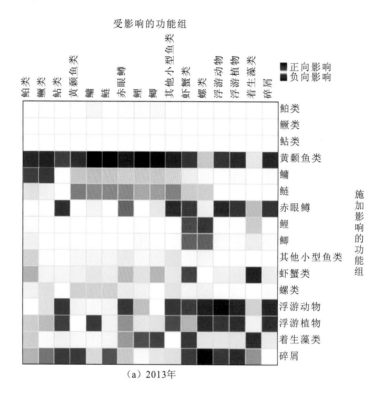

（a）2013年

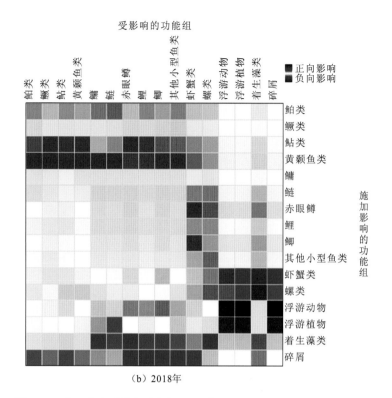

（b）2018年

图 4.19 小江生态系统各功能组 2013 年和 2018 年混合营养影响分析图

第 5 章

三峡水库消落区土壤
环境与植被特征

5.1　消落区土壤理化特性

受三峡水库调度和上游来水的影响，消落区土壤处于周期性干湿交替状态。淹没时段消落区土壤可能释放出氮、磷，出露期间受地表径流和地上植被的影响，土壤中的氮、磷可能流失或被植物吸收，因此，消落区土壤理化性质可能具有较高的空间异质性。本节开展消落区土壤理化性质的监测，在 2009～2011 年沿小江上游至下游，设置渠口（I）、养鹿（II）、高阳（III）、黄石（IV）、双江（V）等 5 个采样站点，如图 5.1 所示。在每个站点消落区高程 150 m、160 m 和 170 m 处各设置 3 个 1 m×1 m 样方，样方间距 10～20 m。采用土壤取样套件钻取土壤样品，每个高程区域采集 1 个混合样品。土壤理化指标的测定均按照《土壤农化分析（第 3 版）》中的相关要求进行。采用非参数检验，分析各站点、高程及月份之间消落区土壤理化特性是否存在显著差异，为三峡水库消落区的生态修复及水质保护提供依据。

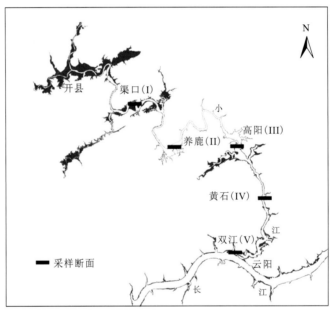

图 5.1　小江消落区采样站点位置示意图

5.1.1　消落区土壤理化性质的空间分布

1. 沿程变化

2010 年小江消落区沿程上游（渠口）到下游（双江）5 个采样站点土壤理化性质分布情况见图 5.2。土壤 pH 沿程上游至下游 5 个站点间变化范围为 5.76～7.82，有机质、TN、碱解氮、TP、有效磷（Olsen-P）的质量分数均值沿程上游至下游 5 个站点间变化范围分别为：11.8～18.27 g/kg、0.26～0.44 g/kg、22.26～42.18 mg/kg、0.22～0.40 g/kg、4.65～19.47 mg/kg。其中，高阳站点土壤 pH 最低，表现为偏酸性，且其氮、磷等营养元素总体低于其他 4 个站点；渠口站点土壤有机质质量分数最高，养鹿站点次之，其他站点稍低。

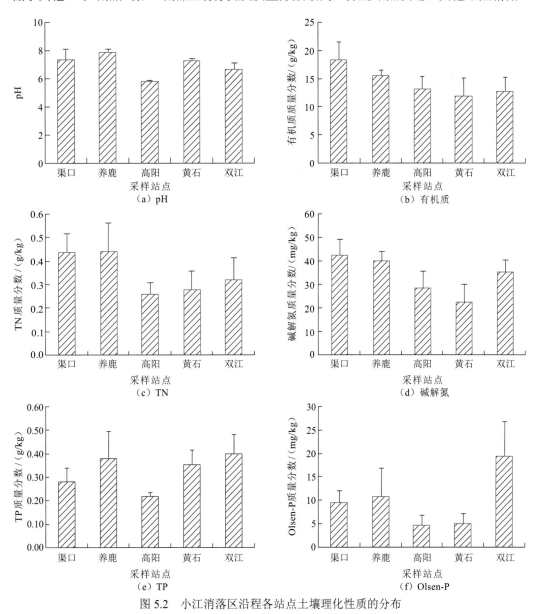

图 5.2　小江消落区沿程各站点土壤理化性质的分布

2. 沿高程变化

2010 年小江消落区高程 150～170 m 土壤理化性质分布情况见图 5.3。土壤 pH 沿高程变化范围为 6.86～7.10，有机质、TN、碱解氮、TN、Olsen-P 的质量分数均值沿高程变化范围分别为 12.56～15.87 g/kg、0.23～0.43 g/kg、27.31～37.93 mg/kg、0.23～0.37 g/kg、7.09～13.23 mg/kg。土壤 pH 沿高程 150～170 m 区域变化趋势不明显，差异不大；土壤有机质质量分数在高程 155 m 处最高，高程 160 m 处次之；碱解氮质量分数和 TN 质量分数则均表现为沿高程增加而变大，初步反映了淹水时间对消落区土壤氮质量分数具有一定影响；土壤 Olsen-P 质量分数和 TP 质量分数均表现为在高程 160 m 处最高，高程 150 m 处最低，这可能与土壤本底情况有关。总体来说，低高程土壤的氮、磷营养元素质量分数明显要低于高高程土壤，可能是由于低高程土壤在水体中浸泡时间相对较长，易导致土壤中氮、磷等营养元素释放转移至水体中。

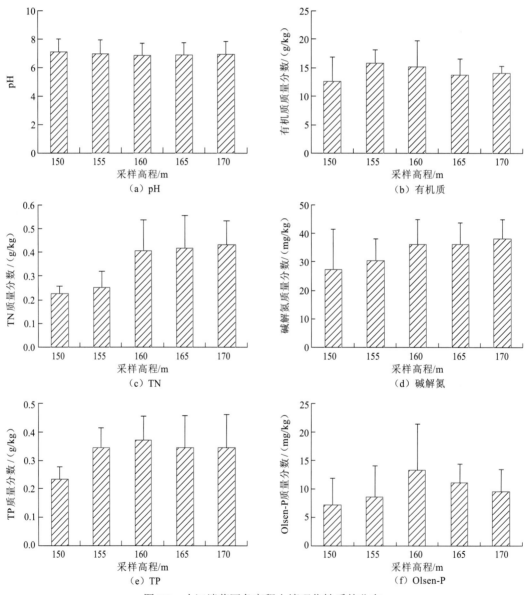

图 5.3 小江消落区各高程土壤理化性质的分布

5.1.2　消落区土壤理化性质的月际变化

2010 年 3～9 月小江消落区土壤理化性质分布情况见图 5.4。土壤 pH 随时间变化范围为 6.63～7.18，有机质、TN、碱解氮、TP、Olsen-P 的质量分数均值随时间变化范围分别为 11.66～17.58 g/kg、0.24～0.70 g/kg、24.26～49.32 mg/kg、0.20～0.50 g/kg、8.39～12.32 mg/kg。其中除 pH 外，土壤有机质和氮、磷等营养元素质量分数在采样的 3～9 月均表现为先降低后升高的趋势，在 6 月最低，8 月或 9 月最高，这可能与消落区自然恢复植被的生长情况有关，6 月是消落区自然恢复植被生长高峰，对土壤中的营养元素吸收较多，6 月以后，消落区植物生长趋势下降或逐渐枯萎，其体内富集的营养成分通过枯萎、凋落等方式回归土壤。

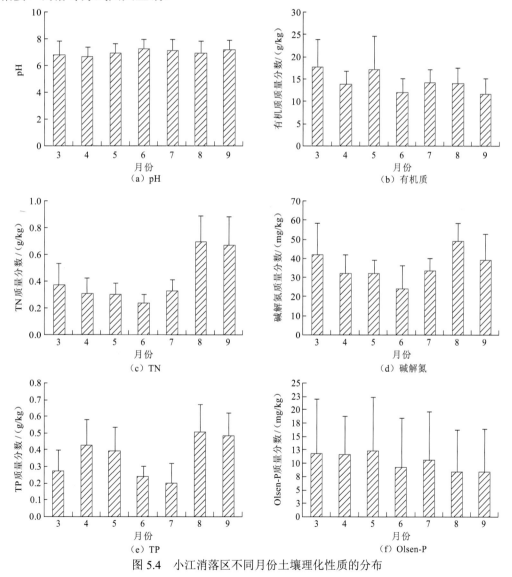

图 5.4　小江消落区不同月份土壤理化性质的分布

3月与8月、9月，5月与9月土壤有机质质量分数（卡方检验 $\chi^2 = 22.746$，$P < 0.01$）、TN 质量分数（$\chi^2 = 62.528$，$P < 0.01$）、有效氮质量分数（$\chi^2 = 40.695$，$P < 0.01$）、全钾质量分数（$\chi^2 = 34.593$，$P < 0.01$）差异显著。3月与8月、9月，5月与7月、8月 TP 质量分数（$\chi^2 = 51.260$，$P < 0.01$）差异显著。各月土壤 pH、Olsen-P 质量分数和有效钾质量分数差异不显著（$P > 0.05$）。除 pH 外，土壤有机质、氮、磷、钾等营养元素质量分数在3～9月均表现为先下降后上升的趋势，在6月最低，8月或9月最高。

5.2　消落区土壤重金属质量分数分布与来源分析

三峡水库在汛期低水位运行时段，地表径流携带的重金属，库周垃圾、废水排放及土地季节性利用产生的重金属可能在消落区淤积。蓄水期间，消落区土壤及沉积物蓄积的重金属与水体发生相互作用，有可能释放进入水体，对库区水环境安全构成威胁。本节调查2010年三峡水库典型支流小江消落区不同断面、不同高程区域土壤重金属的分布特征，综合评价消落区土壤重金属污染状况，为三峡水库水环境保护和重金属污染防治提供参考。

5.2.1　消落区土壤重金属的时空分布

1．沿程变化

2010年小江上游（渠口）到下游（双江）各站点重金属分布情况见图 5.5。铜（Cu）、锌（Zn）、铅（Pb）、铬（Cr）、锰（Mn）、铁（Fe）质量分数均值沿采样站点变化范围分别为 19.95～34.89 mg/kg、49.58～90.56 mg/kg、19.60～26.34 mg/kg、17.06～26.90 mg/kg、426.25～557.16 mg/kg、28.64～40.75 g/kg。Cu、Zn、Cr、Mn、Fe 质量分数均值在高阳最小，Pb 质量分数均值在双江最小，高阳次之；Zn、Pb、Mn、Fe 质量分数均值在黄石最高，Cu 质量分数均值在渠口最高，Cr 质量分数均值在双江最高；各站点重金属质量分数均值在高阳总体偏低，在其他站点变化不大。Fe、Mn、Zn 质量分数在各采样站点的变异系数较低，都低于20%；而 Cu、Pb、Cr 质量分数在各个采样站点

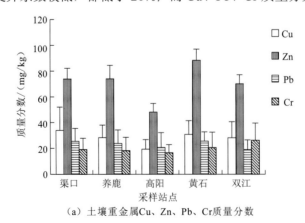

（a）土壤重金属Cu、Zn、Pb、Cr质量分数

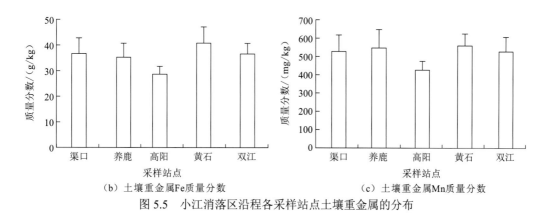

（b）土壤重金属Fe质量分数　　　　　　（c）土壤重金属Mn质量分数

图 5.5　小江消落区沿程各采样站点土壤重金属的分布

的变异系数偏高，其中 Cu 质量分数在渠口站点的变异系数最高为 53.25%，Pb 质量分数在高阳站点的变异系数最高为 55.32%，Cr 质量分数在黄石站点的变异系数最高为 57.89%。

2. 沿高程变化

2010 年小江消落区高程 150～170 m 土壤重金属分布情况见图 5.6。Cu、Zn、Pb、Cr、Mn、Fe 质量分数均值沿高程变化范围分别为 22.42～29.73 mg/kg、68.37～96.95 mg/kg、14.64～37.22 mg/kg、17.14～26.63 mg/kg、460.26～555.37 mg/kg、32.82～37.35 g/kg。重金属 Fe、Cr 质量分数均值随高程升高而升高；Mn 质量分数均值在高程 155 m 最低，但总体趋势也是质量分数随高程升高而升高；Cu 质量分数均值在高程 150 m 最低，在其他高程变化不大；Pb 质量分数均值在高程 150 m 最低，在高程 160 m 最高，在其他高程变化不明显；Zn 质量分数均值在各个高程变化不大。Fe 和 Mn 质量分数在各高程的变异系数比较低，都低于 20%；Zn 质量分数在各高程的变异系数都在 20%左右；Cr 质量分数在各个高程都变异系数偏高，都高于 40%；Cu、Pb 质量分数在高高程变异系数大于低高程，在高程 165 m 和 170 m 处，Cu 质量分数的变异系数最高为 50.35%和 62.81%，Pb 质量分数的变异系数为 45.39%和 54.93%。

总体来说小江消落区土壤大部分重金属质量分数随高程升高都有升高的趋势，个别重金属如 Pb、Cu 质量分数在某些高程和断面上有较大的变异性，一方面与消落区在形成之前的土地利用情况有关，土地不同利用方式会导致土壤重金属质量分数的差异化；另一方面，三峡水库运行后，水文条件改变，消落区反复出露和淹没，泥沙沿坡面有明显的分选作用，其携带的重金属在不同地域的沉降会不同。同时，低高程区域土壤在水体里淹没时间较长，重金属在土壤与水界面中释放沉积、迁移转化，这可能是低高程的重金属质量分数变化比较明显的原因之一。

3. 月际变化

2010 年小江 3～9 月消落区土壤重金属分布情况见图 5.7。Cu、Zn、Pb、Cr、Mn、Fe 质量分数均值沿随时间变化范围分别为 13.08～41.94 mg/kg、70.63～77.39 mg/kg、14.34～34.08 mg/kg、14.94～29.47 mg/kg、452.70～593.50 mg/kg、31.46～41.51 g/kg。

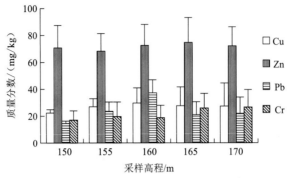

（a）土壤重金属Cu、Zn、Pb、Cr质量分数

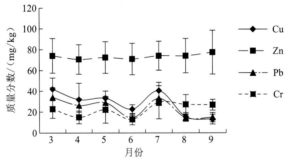

（b）土壤重金属Mn质量分数　　　　　　　（c）土壤重金属Fe质量分数

图 5.6　小江消落区不同高程土壤重金属的分布

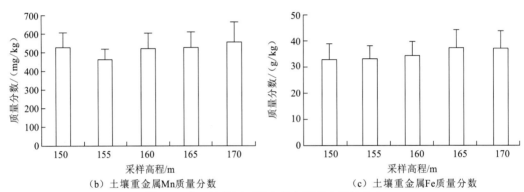

（a）土壤重金属Cu、Zn、Pb、Cr质量分数

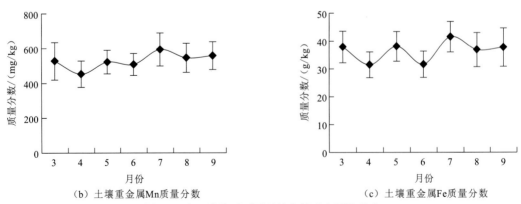

（b）土壤重金属Mn质量分数　　　　　　　（c）土壤重金属Fe质量分数

图 5.7　小江消落区不同月份土壤重金属的分布

Cu 质量分数均值在 3 月、7 月偏高，在 8 月、9 月偏低；Pb 质量分数均值在 3 月、7 月偏高，在 6 月、8 月、9 月偏低；Fe、Cr、Mn 质量分数均值在 4 月、6 月较低，其他各月变幅不大；Zn 质量分数均值比较稳定，在各月变化幅度不大。Fe、Mn 质量分数的变异系数低，各月基本都低于 20%；Pb、Zn 质量分数的变异系数其次，变幅在 20%～30%；Cu 质量分数在 4 月变异系数最高（50.23%），其他各月在 30%左右；Cr 质量分数在各月的变异系数都较高，5 月最高（57.78%）。

小江消落区在 3 月、7 月各重金属质量分数均值较高，可能是因为 3 月是三峡水库水位由高水位缓慢下降时期，水体和消落区土壤存在着离子迁移和转化，导致土壤部分重金属质量分数会增加，而 7 月可能是与期间降水量大、重金属随地表径流向消落区转移有关。

5.2.2　消落区土壤重金属污染评价

土壤重金属主要来源于其成土的母质，另外与赋存介质的酸碱度、氧化还原电位、黏土与有机质质量分数、地形地貌特征、气候条件、生物作用及人为活动等因素密切相关。三峡水库蓄水后，消落区土壤经过周期性的淹水和出露，土壤有机质、pH、温度等理化性质和环境参数影响重金属的存在形态和迁移转化，加上小江流域近年来工农业的快速发展，废气、废水和废渣的大量排放，以及农业面源污染，使流域土壤受到了不同程度的重金属污染。小江流域消落区 5 个站点土壤 Cu、Zn、Pb、Cr、Fe、Mn 质量分数均值分别为 28.90 mg/kg、72.73 mg/kg、23.58 mg/kg、20.70 mg/kg、35 580.00 mg/kg、517.14 mg/kg。根据土壤环境质量农用地土壤风险管控标准，消落区土壤 Cu、Zn、Pb、Cr 质量分数均未超过农用地土壤风险筛选值。

5.3　淹水—出露对消落区土壤氮形态的影响

关于淹水期间消落区土壤氮形态如何变化，水环境和土壤氮相关酶活性与氮形态的关系等方面的研究较少。本节通过原位浮台装置（图 5.8），将盛有土壤的塑料盆悬挂于不同水深处（0 m、2 m、5 m、15 m），设置淹水 60 d、180 d，出露 180 d，再次淹水 180 d，

（a）原位浮台装置照

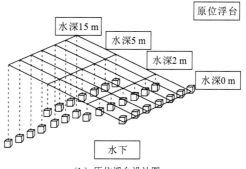
（b）原位浮台设计图

图 5.8　原位浮台装置试验

揭示三峡水库周期性淹水—出露对消落区土壤氮形态及其转化特征的影响，为准确预测消落区土壤氮形态及其质量分数的演变趋势提供基础支撑。

5.3.1　淹水期间水环境特征

试验期间，水下环境因子光照强度、WT、DO 浓度、Turb、pH 和 Cond 均值分别为（134.85±153.27）Lux、（20.79±5.33）℃、（6.62±1.96）mg/L、（48.12±53.31）NTU、8.25±0.47 和（398.56±51.43）μS/cm。随着淹水深度的增加，水环境因子变化趋势不同。其中光照强度、WT 和 DO 浓度均值呈下降趋势，水体 Turb 增加，pH 和 Cond 变化趋势不明显，见表 5.1。

表 5.1　水环境因子变化

指标	水深/m	采样时间		
		淹水 60 d	淹水 180 d	再淹水 180 d
光照强度/Lux	2	244.02±46.01	449.67±136.21	307.73±111.82
	5	109.03±13.01	18.79±8.76	80.01±12.22
	15	2.44±0.85	0.11±0.01	1.83±0.42
WT/℃	2	13.91±0.66	22.76±1.09	27.01±0.43
	5	13.82±0.61	22.02±0.31	26.51±0.52
	15	13.63±0.61	20.94±0.92	26.54±0.23
DO 浓度/（mg/L）	2	7.42±0.40	10.40±4.71	3.81±0.62
	5	7.41±0.13	8.16±1.32	4.53±0.52
	15	7.31±0.56	5.73±1.90	4.81±0.63
Turb/NTU	2	4.72±1.20	6.32±2.13	128.32±50.86
	5	6.11±1.32	7.30±1.31	125.92±73.21
	15	19.64±0.73	20.06±0.22	114.73±62.12
pH	2	8.62±0.21	7.01±3.29	8.13±0.12
	5	8.53±0.11	8.61±0.48	8.11±0.14
	15	8.43±0.12	8.49±0.32	8.32±0.22
Cond/（μS/cm）	2	335.43±14.01	446.33±128.00	407.01±15.12
	5	333.00±16.12	473.00±93.03	388.72±39.56
	15	346.92±14.14	467.67±100.55	389.04±37.72

5.3.2　消落区土壤 pH 及碳质量分数变化

淹水可导致土壤 pH 上升，淹水 180 d 后，落干 180 d，再淹水 180 d 时，不同淹水深度处理的土壤 pH 均比未淹水土壤低，见表 5.2。

表 5.2　淹水—落干条件下供试土壤 pH

淹水深度/m	淹水 0 d	淹水 60 d	淹水 180 d	落干 180 d	再淹水 180 d
0	6.56±0.20	6.69±0.23	6.66±0.20	6.40±0.41	6.41±0.06
2	6.56±0.20	6.65±0.04	6.73±0.26	6.68±0.13	6.45±0.02
5	6.56±0.20	6.54±0.08	6.82±0.27	6.60±0.15	6.43±0.23
15	6.56±0.20	6.56±0.05	6.81±0.41	6.42±0.01	6.48±0.21

试验期间，土壤全碳质量分数变化范围为 0.39%～2.01%，平均值为（1.15±0.45）%。淹水 60 d 时，水深 2 m、5 m、15 m 处的土壤全碳质量分数均低于未淹水土壤，分别为 0.54%、0.57%、0.44%。淹水 180 d 和落干 180 d 时，淹水 2 m、5 m、15 m 处土壤全碳质量分数高于未淹水土壤。第 2 次淹水 180 d 时，淹水 2 m、5 m、15 m 处土壤全碳质量分数低于未土壤（1.75%），分别为 1.37%、1.6%、1.24%，见图 5.9。

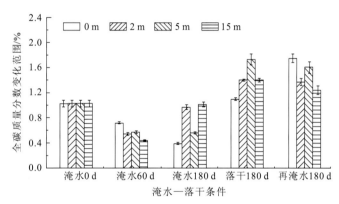

图 5.9　淹水—落干—再淹水对消落区土壤全碳质量分数的影响

5.3.3　消落区土壤 TN 及有机氮质量分数变化

试验期间，未淹水土壤 TN、酸解全氮、非酸解态氮、酸解氨态氮、氨基酸态氮和氨基糖态氮质量分数均值分别为（1 188.11±83.46）mg/kg、（702.79±154.81）mg/kg、（485.32±127.22）mg/kg、（441.78±133.33）mg/kg、（559.14±124.63）mg/kg 和（170.78±70.86）mg/kg。

第一次淹水 60 d 时，淹水 2 m 处土壤各形态氮质量分数上升。淹水 5 m 处土壤 TN、酸解全氮和非酸解态氮质量分数与未淹水土壤相比，变化不大，而酸解氨态氮质量分数下降，氨基酸态氮和氨基糖态氮质量分数上升。淹水 15 m 处土壤 TN、酸解全氮、非酸解态氮、酸解氨态氮质量分数上升，而氨基糖态氮质量分数下降。随着淹水深度的增加，土壤氨基酸态氮质量分数呈下降趋势，其他形态氮质量分数变化规律不明显，见图 5.10 和图 5.11。

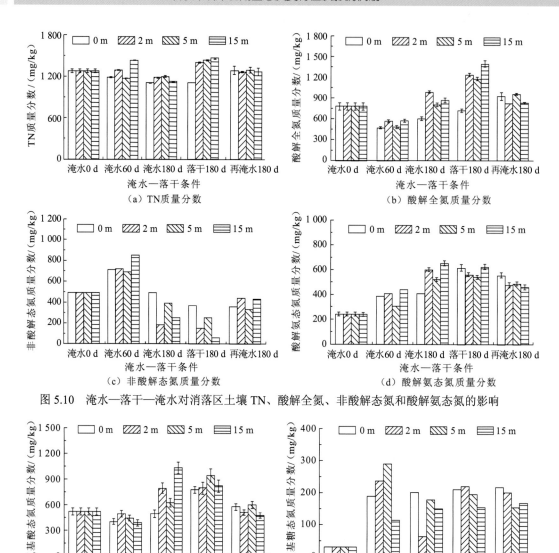

图 5.10　淹水—落干—淹水对消落区土壤 TN、酸解全氮、非酸解态氮和酸解氨态氮的影响

图 5.11　淹水—落干—淹水对消落区土壤氨基酸态氮和氨基糖态氮的影响

　　第一次淹水 180 d 时，淹水 2 m、5 m 和 15 m 处土壤 TN、酸解全氮、酸解氨态氮和氨基酸态氮质量分数与未淹水土壤相比，均有不同程度上升，而非酸解态氮、氨基糖态氮质量分数下降。随着淹水深度增加，各形态氮质量分数变化规律不明显，见图 5.10 和图 5.11。

　　落干 180 d 时，淹水 2 m、5 m 和 15 m 处的土壤 TN、酸解全氮、氨基酸态氮和酸解氨态氮质量分数与未淹水土壤相比，均有不同程度的上升，而非酸解态氮质量分数下降。随着淹水深度的增加，土壤 TN 质量分数呈上升趋势，而氨基糖态氮质量分数呈下降趋势，其他形态氮质量分数变化规律不明显，见图 5.10 和图 5.11。

　　落干土壤经历再淹水 180 d，淹水处理土壤的酸解氨态氮和氨基糖态氮质量分数明显低于未淹水（0 m），而水深 5 m 消落区土壤酸解全氮和氨基酸态氮质量分数高于未淹水土壤,见图 5.10 和图 5.11,表明多次淹水—出露会导致消落区土壤酸解氨态氮和氨基糖态氮质量分数下降。

与未淹水土壤相比,经过淹水—落干—淹水过程的土壤 TN 和酸解全氮质量分数均值上升,非酸解态氮、酸解氨态氮和氨基酸态氮质量分数均值变化不大,而氨基糖态氮质量分数均值下降,见图 5.12 和图 5.13,表明淹水—出露—再淹水会导致消落区土壤不同形态有机氮之间发生相互转化,氨基糖态氮已转化为其他氮形态。

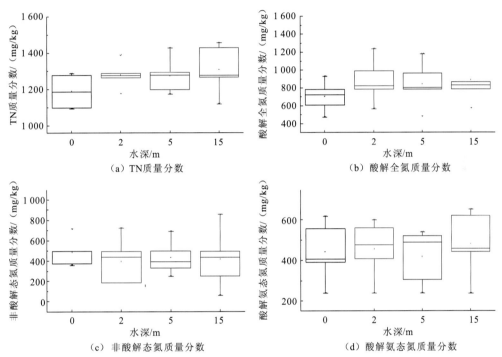

（a）TN质量分数　　　　　　　　（b）酸解全氮质量分数

（c）非酸解态氮质量分数　　　　　（d）酸解氨态氮质量分数

图 5.12　淹水—落干—淹水对消落区土壤 TN、酸解全氮、非酸解态氮和酸解氨态氮的影响

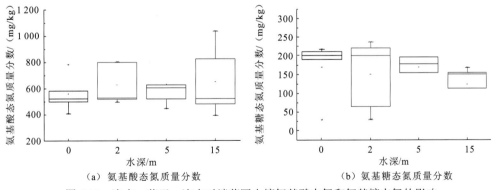

（a）氨基酸态氮质量分数　　　　　（b）氨基糖态氮质量分数

图 5.13　淹水—落干—淹水对消落区土壤氨基酸态氮和氨基糖态氮的影响

土壤有机氮质量分数占土壤 TN 的 92%～98%,大部分必须经过矿化为无机氮后才可被作物吸收利用,能直接利用的有机氮只有很小一部分,如游离的氨基酸等(黄昌勇和徐建明,2010)。不同形态的有机氮,其矿化能力存在着明显差异。消落区土壤有机氮

组分和矿化能力影响着植物和微生物对氮的利用效率，与水库蓄水淹没期间土壤氮释放风险密切相关。其中氨态氮是氨基酸、氨基酸肽和蛋白质水解后的产物，微生物死亡后会释放大量的氨态氮。氨基酸态氮来源复杂，包括游离的氨基酸（存在于土壤溶液中，可直接被植物及微生物等利用），与黏土矿物结合的氨基酸、肽或蛋白质等。酸解氨态氮和氨基酸态氮是土壤可矿化氮的主要来源（从耀辉 等，2016；王瑞军 等，2004）。与未淹水土壤（0 m）相比，经过淹水周期的土壤酸解全氮和氨基酸态氮占土壤 TN 的比例增加，而氨基糖态氮、酸解氨态氮、酸不溶性氮比例下降，说明淹水可能导致不同形态有机氮之间发生相互转化。

5.3.4　消落区土壤无机氮质量分数变化

土壤无机氮主要包括铵态氮和硝态氮。本研究表明，土壤无机氮质量分数占土壤 TN 质量分数的（1.82±0.42）%。淹水深度影响着消落区土壤铵态氮和硝态氮质量分数的变化。淹水 60 d、180 d 和落干 180 d 时，水深 2 m 处的土壤铵态氮、硝态氮质量分数高于未淹水土壤。随着淹水深度的增加，铵态氮和硝态氮质量分数呈下降趋势。第二次淹水 180 d 时，淹水处理的土壤硝态氮质量分数均低于未淹水土壤，见图 5.14，表明多次淹水—出露会导致消落区土壤硝态氮质量分数下降。

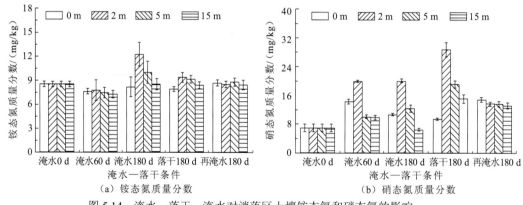

图 5.14　淹水—落干—淹水对消落区土壤铵态氮和硝态氮的影响

土壤和沉积物无机氮占 TN 的 2%～8%，包括可交换性氮（铵态氮、硝酸盐态氮和亚硝态氮）和固定态铵（存在于矿物晶格中的铵）（黄昌勇和徐建明，2010）。消落区土壤铵态氮主要来源于农业面源污染、土壤有机质的好氧分解、有机氮矿化等，而铵态氮的去向包括淋溶流失、硝化作用、生物固定等。第 1 次淹水 60 d、180 d 和落干 180 d 时，土壤铵态氮质量分数均高于未淹水土壤，随着淹水深度的增加，铵态氮质量分数呈下降趋势（图 5.14）。其原因可能为：①淹水期间，土壤长时间浸泡于水中，破坏了团聚体结构，释放出活性有机氮，微生物获得底物，促进有机质分解（程丽 等，2016；Fierer and Schimel，2002）；②淹水会导致土壤矿物晶格开放，释放出固定态铵；③淹水环境下，较低的氧化还原电位限制了铵态氮向硝态氮转化（李源 等，2014）；④随着淹水深度的增加，水体 DO 浓度和光照强度下降较快，好氧微生物活性降低，氮矿化作用减少（于航 等，2011）。

　　土壤硝态氮主要来源于铵态氮的硝化作用，易溶于水，随水分移动流失，其质量分数与铵态氮质量分数、淋溶和反硝化作用（厌氧条件）密切相关。已有研究证明，反硝化速率与水体 DO 呈显著负相关（白洁 等，2007）。本小节表明，淹水期间，消落区土壤硝态氮质量分数随淹水深度的增加呈下降趋势，说明淹水深度对土壤硝态氮质量分数影响显著，见图 5.14。丁庆章等（2014）在长江中下游湖泊的研究结果也显示，湖滨带淹没时间越长，淹没深度越大，底质养分流失就越快。这是因为反硝化细菌是兼性厌氧菌，光照对其活动至关重要。本小节表明水深 15 m 处的光照强度远低于其 2 m 和 5 m 处，有可能抑制反硝化细菌。因此，消落区土壤硝态氮质量分数减少很有可能是淋溶流失和反硝化共同作用的结果。第 2 次淹水 180 d 时，与未淹水土壤相比，淹水处理的土壤硝态氮质量分数下降。其中硝态氮淋溶流失是其主要原因，淹水环境中，氧含量低，促进了反硝化作用，导致硝态氮质量分数减少。因此，三峡水库蓄水淹没期间，消落区土壤极易释放硝态氮进入水体，影响水环境安全。

5.3.5　消落区土壤各形态氮的相关性

　　土壤 TN 与酸解全氮质量分数极显著正相关，非酸解态氮与酸解氨态氮及氨基糖态氮、氨基酸态氮、酸解氨态氮质量分数极显著负相关，酸解全氮与酸解氨态氮、氨基酸态氮质量分数极显著正相关。土壤铵态氮质量分数与酸解全氮质量分数显著正相关，与非酸解态氮质量分数显著负相关。硝态氮质量分数与酸解全氮、铵态氮质量分数显著正相关，具体见表 5.3。

表 5.3　土壤氮形态之间的相关性

	TN	酸解全氮	非酸解态氮	酸解氨态氮及氨基糖态氮	氨基糖态氮	氨基酸态氮	酸解氨态氮	铵态氮	硝态氮
TN	1.000								
酸解全氮	0.536**	1.000							
非酸解态氮	−0.154	−0.917**	1.000						
酸解氨态氮及氨基糖态氮	−0.078	0.461*	−0.577**	1.000					
氨基糖态氮	−0.115	−0.245	0.232	0.219	1.000				
氨基酸态氮	0.023	0.718**	−0.830**	0.664**	−0.224	1.000			
酸解氨态氮	0.004	0.582**	−0.679**	0.769	−0.454*	0.753**	1.000		
铵态氮	−0.058	0.431*	−0.532*	0.422	−0.052	0.575**	0.419	1.000	
硝态氮	0.400	0.462*	−0.351	0.469*	0.296	0.274	0.234	0.444*	1.000

注：**表示极显著相关，$P<0.01$；*表示显著相关，$P<0.05$。

5.3.6 水体与消落区土壤各形态氮之间的相关性

从表 5.4 中可以看出土壤 TN 与水环境 Cond 极显著负相关，酸解全氮与 WT、水体 Turb 极显著正相关。非酸解态氮与 WT 极显著负相关，与水体 Turb 显著负相关，与水环境 pH 显著正相关。酸解氨态氮及氨基糖态氮与 WT 显著正相关，与水环境 pH 显著负相关。氨基酸态氮与 pH 显著负相关。酸解氨态氮与 WT 显著正相关，与 pH 极显著负相关。土壤铵态氮与水环境 pH 极显著负相关，硝态氮与水下光照强度极显著正相关。

表 5.4 土壤氮形态与水环境因子之间的相关性

	光照强度	WT	DO	Turb	pH	Cond
TN	-0.026	0.121	-0.049	0.484	0.023	-0.809**
酸解全氮	0.221	0.708**	-0.024	0.633**	-0.435	-0.404
非酸解态氮	-0.263	-0.759**	0.008	-0.523*	0.507*	0.128
酸解氨态氮及氨基糖态氮	0.424	0.498*	0.240	0.090	-0.528*	0.021
氨基糖态氮	0.068	-0.367	-0.006	-0.235	0.469	-0.167
氨基酸态氮	0.257	0.447	0.278	0.116	-0.540*	-0.011
酸解氨态氮	0.222	0.565*	0.156	0.217	-0.653**	0.127
铵态氮	0.478	0.361	0.471	-0.114	-0.700**	0.315
硝态氮	0.717**	0.319	0.218	0.145	-0.316	-0.471

注：**表示极显著相关，$P<0.01$；*表示显著相关，$P<0.05$。

5.3.7 消落区土壤酶活性与各形态氮之间的相关性

消落区土壤酶活性与各形态氮之间具有明显的相关性。土壤 TN 与脲酶显著正相关，与硝酸还原酶显著负相关。土壤有机氮组分中，酸解全氮、氨基酸态氮均与脲酶、亚硝酸还原酶极显著正相关。土壤无机氮组分中，铵态氮与羟胺还原酶显著正相关，硝态氮与脲酶、羟胺还原酶显著正相关，见表 5.5。

表 5.5 土壤氮各形态与土壤酶活性之间的相关性

	脲酶	硝酸还原酶	亚硝酸还原酶	羟胺还原酶
TN	0.476*	-0.503*	0.212	-0.006
酸解全氮	0.910**	-0.704**	0.834**	0.143
非酸解态氮	-0.833**	0.579*	-0.871**	-0.170
酸解氨态氮及氨基糖态氮	0.491*	-0.317	0.584*	0.123

	脲酶	硝酸还原酶	亚硝酸还原酶	羟胺还原酶
氨基糖态氮	-0.123	0.014	-0.185	0.113
氨基酸态氮	0.627**	-0.421	0.799**	0.241
酸解氨态氮	0.524*	-0.296	0.648**	0.037
铵态氮	0.274	0.085	0.258	0.603*
硝态氮	0.598*	-0.344	0.346	0.524*

注：**表示极显著相关，$P<0.01$；*表示显著相关，$P<0.05$。

5.4　淹水—出露对消落区土壤无机磷形态变化的影响

磷是大多数水体富营养化的主要限制因子，通过地表径流、土壤侵蚀及淋溶流失等形式从土壤转移到河流湖泊等地表水体。三峡水库消落区土壤在反复淹水—落干过程中，其组成和性质必然会发生一系列的变化。干湿交替很可能会引起三峡水库消落区土壤的理化性质、氧化还原状态、植物及微生物生长环境的改变，而这些因素的改变可能会影响消落区土壤磷等污染物的释放、转移和转化。本节通过原位浮台装置（图 5.8），提取各形态磷，研究消落区土壤磷素的形态分布特征，探讨淹水—落干过程对土壤理化性质、磷素形态分布及磷流失的影响，以期为三峡水库消落区土壤中磷素流失及水体富营养化的防治提供基础支撑。

5.4.1　淹水—出露对消落区土壤 pH 和有机质质量分数的影响

淹水—落干过程可导致消落区土壤 pH 变化。2014 年淹水期间（淹水 30～180 d），水深 2 m、5 m、15 m 处的土壤 pH 均呈上升趋势，而未淹水土壤 pH 呈下降趋势。消落区土壤出露期间，淹水处理的土壤 pH 下降，而未淹水土壤 pH 上升，见表 5.6。pH 范围为 6.42～7.53，最大值为落干 180 d 后淹水 0 m 的土壤样品，最小值为落干 180 d 后淹水 15 m 处的土壤样品。淹水 0 m（地面）土样 pH 在试验期（180 d）内呈下降趋势，范围在 6.81～7.08；淹水 2 m、5 m 和 15 m 的土壤淹水前期（淹水 0～60 d），土壤 pH 均有降低趋势。在淹水后期（60～180 d），3 种淹水深度的土壤 pH 呈升高的趋势。淹水 180 d 后，不同淹水深度土样 pH 都接近 7.0，土壤呈中性。落干 180 d 后，随淹水深度增加土壤 pH 下降，且降低幅度增大。

表 5.6 淹水—落干条件下供试土壤 pH

淹水深度/m	淹水 0 d	淹水 30 d	淹水 60 d	淹水 120 d	淹水 180 d	落干 180 d
0		7.08	6.93	6.81	6.86	7.53
2		6.74	6.69	6.73	7.00	6.82
5	7.07	6.71	6.62	6.69	7.07	6.67
15		6.68	6.61	6.63	7.22	6.42

pH 是土壤各种地球化学特征的综合体现。本试验中，淹水后土壤 pH 在前期先小幅降低，再升高最后趋于中性。张金洋等（2004）通过模拟三峡水库消落区淹水研究，发现淹水后酸性土壤的 pH 升高，碱性土壤的 pH 值降低，最终土壤 pH 趋于中性，本试验结果与其一致。淹水前期 pH 降低可能是由于植物产生较多的生物酸，持续淹水后 pH 逐渐升高，可能是由于盆内植物的生物活性降低甚至死亡，酸性物质分泌量减少甚至不产生，而土壤中的高价态金属离子发生还原反应而继续消耗 H^+。

试验期间，土壤有机质质量分数的变化规律不太明显，但水深处理能显著影响土壤有机质的质量分数，水深 2 m 处的土壤有机质质量分数均为最高，见表 5.7。淹水期间（0～180 d），除 2 m、15 m 深度于淹水 180 d 时，有机质质量分数高于淹水前土壤的有机质（19.05 g/kg）外，其他淹水时间的有机质质量分数均低于淹水 0 d。落干 180 d 后，土壤有机质质量分数在 12.20～20.30 g/kg，多数也低于淹水 0 d（19.05 g/kg）。从表 5.7 可看出，淹水 30 d、60 d 和 120 d 时，有机质质量分数随淹水深度的增加整体呈下降趋势，质量分数在 11.26～18.68 g/kg。

表 5.7 淹水—落干条件下供试土壤有机质质量分数 （单位：g/kg）

淹水深度/m	淹水 0 d	淹水 30 d	淹水 60 d	淹水 120 d	淹水 180 d	落干 180 d
0		15.02 b	11.92 b	14.78 b	18.96 b	17.23 b
2		18.68 a	18.40 a	16.40 a	22.68 a	20.30 a
5	19.05	11.54 c	11.26 b	12.88 c	15.25 c	12.20 c
15		11.55 c	11.36 b	12.53 c	21.43 a	17.28 b

注：数值后不同字母表示 $P<0.05$ 上有显著差异。

土壤有机质不仅是各种营养物质的重要来源，也是反映有机营养程度的重要指标，土壤有机质能增加土壤储存与供应养分的能力，同时也能增加土壤的缓存性能，提高土壤保水性能。淹水前期有机质质量分数因矿化而降低，后期有机质质量分数升高是由于持续淹水导致盆中植物缺氧死亡，植物残体成为新有机质来源，新形成有机质的速度大于矿化的速度。落干期间，土壤含氧量充足，有机质持续矿化，导致有机质质量分数降低。

5.4.2 淹水—出露对消落区土壤 TP 和 Olsen-P 质量分数的影响

淹水—落干后消落区土壤 TP 质量分数的变化见表 5.8。TP 质量分数变化范围为

0.35～0.53 g/kg，最大值为淹水深度 0 m，淹水 30 d 时的土样，最小值为淹水深度 5 m，淹水 60 d 时的土样。未淹水土壤在 30 d 时达到最大，然后逐渐下降，而水深 2 m、5 m、15 m 处的土样在淹水 120 d 时达到最大，然后逐渐下降。落干 180 d 时，水深 2 m 处的土壤 TP 质量分数最高。

表 5.8 淹水—落干条件下供试土壤 TP 质量分数 （单位：g/kg）

淹水深度/m	淹水 0 d	淹水 30 d	淹水 60 d	淹水 120 d	淹水 180 d	落干 180 d
0		0.53 a	0.50 a	0.40 c	0.39 c	0.36 b
2	0.47	0.43 b	0.37 b	0.51 a	0.48 a	0.43 a
5		0.42 b	0.35 c	0.45 b	0.44 b	0.41 a
15		0.43 b	0.39 b	0.46 b	0.45 b	0.42 a

注：数值后不同字母表示 $P<0.05$ 上有显著差异。

整个淹水—落干过程，TP 质量分数多次升降，大致分 3 个时期，前期（淹水 0～60 d）质量分数降低，可能是流水冲走部分吸附磷的土壤颗粒及盆内植物前期吸收磷较多；中期（淹水 60～180 d）TP 质量分数升高，可能是此阶段消落区的外源磷经地表径流和淋溶流失等方式流入淹水土壤内，且持续淹水植物生物活性降低导致植物吸磷量也降低；后期（落干后），盆内植株生长活力增强，吸磷量增加，因此土壤 TP 质量分数降低。

试验期间，消落区土壤 Olsen-P 质量分数总体呈增加趋势，淹水期间（淹水 30～180 d），淹水处理导致消落区土壤 Olsen-P 质量分数增幅高于与未淹水土壤，而落干后土壤 Olsen-P 的增幅低于未淹水土壤（表 5.9）。Olsen-P 质量分数变化范围为 3.42～23.01 g/kg，最大值为淹水深度 0 m，落干 180 d 时的土样（此条件下 pH 亦最大），最小值为淹水深度 0 m，淹水 60 d 时的土样。由表 5.9 看出，淹水 30、60 d 时，各深度土样 Olsen-P 质量分数为 3.42～7.76 mg/kg；淹水 120 d、180 d 时，各深度土样 Olsen-P 质量分数为 4.53～13.59 mg/kg，除 0 m 外，各深度的 Olsen-P 质量分数均高于淹水 0 d（6.84 mg/kg）；落干 180 d 后，未淹水土壤、各淹没水深处土壤 Olsen-P 质量分数增加，质量分数在 15.43～23.01 mg/kg。

表 5.9 淹水—落干条件下供试土壤 Olsen-P 质量分数 （单位：g/kg）

淹水深度/m	淹水 0 d	淹水 30 d	淹水 60 d	淹水 120 d	淹水 180 d	落干 180 d
0		4.81 b	3.42 d	5.73 b	4.53 b	23.01 a
2	6.84	6.35 a	7.76 a	8.59 a	13.22 a	21.81 a
5		6.47 a	4.07 c	8.50 a	13.59 a	19.41 b
15		4.99 b	5.18 b	8.27 a	13.03 a	15.43 c

注：数值后不同字母表示 $P<0.05$ 上有显著差异。

本试验 Olsen-P 质量分数随淹水时间先降低后逐渐升高，与 TP 质量分数的变化规律基本一致，但落干 180 d 后，Olsen-P 质量分数显著升高，可能是由于落干后土壤吸附态

Fe-P 向游离态 $FePO_4$ 转化，Fe-P 质量分数降低，而 Olsen-P 质量分数升高，同时落干后盆栽植物吸收 Olsen-P 增加，促进缓效态和闭蓄态磷向 Olsen-P 转化。朱强等（2012）研究发现，消落区淹水土壤中的 Olsen-P 主要是游离的 $FePO_4$ 和 $AlPO_4$，在淹水过程中 Olsen-P 质量分数的变化可能是由于部分游离态的 $FePO_4$、$AlPO_4$ 与有效性较低的 Fe-P 和 Al-P 相互转化或是非晶形铁铝对磷吸附、解吸，也可能与盆内植株吸收利用及转化有关。

5.4.3　淹水—出露对消落区土壤无机磷各形态变化的影响

由表 5.10 看出，相同淹水深度不同淹水时间或者相同淹水时间不同淹水深度下，Fe-P 质量分数范围 157.4～251.6 mg/kg，占 TP 的比例 36.33%～69.41%；Al-P 质量分数范围 29.1～65.5 mg/kg，占 TP 的比例 6.25%～15.48%；Ca_8-P 质量分数范围 8.6～31.3 mg/kg，占 TP 的比例 2.02%～8.62%；Ca_2-P 质量分数范围 7.2～25.9 mg/kg，占 TP 的比例 1.45%～6.32%。4 种无机磷质量分数占 TP 质量分数的比例大小顺序均表现出 Fe-P＞Al-P＞Ca_8-P＞Ca_2-P。

表 5.10　各淹水时刻和淹水深度无机磷形态分布特征（占 TP 百分比/%）

无机磷形态	深度/m	淹水 0 d	淹水 30 d	淹水 60 d	淹水 120 d	淹水 180 d	落干 180 d
Ca_2-P	0		1.45 d	1.45 d	1.79 c	2.77 c	6.32 a
	2	2.92	3.17 a	3.28 a	2.20 a	2.34 d	5.98 b
	5		2.70 b	2.51 b	2.17 a	3.02 b	5.77 b
	15		2.28 c	2.11 c	2.01 b	3.62 a	4.79 c
Ca_8-P	0		4.63 b	4.71 b	4.89 a	5.08 a	8.62 a
	2	5.83	5.95 a	6.59 a	2.89 b	3.08 c	6.85 b
	5		3.23 c	3.54 c	2.74 b	4.07 b	6.27 bc
	15		2.02 d	2.21 d	2.66 bc	4.11 b	5.50 d
Al-P	0		6.25 c	8.47 d	9.07 bc	11.48 bc	14.23 c
	2	10.06	8.92 b	10.64 b	9.59 b	11.15 c	14.41 bc
	5		6.91 c	9.95 c	8.95 d	11.84 b	14.65 b
	15		10.25 a	12.13 a	11.30 a	13.02 a	15.48 a
Fe-P	0		36.33 b	44.08 b	58.91 a	64.32 a	69.41 a
	2	38.91	46.04 a	50.46 a	45.88 b	51.09 b	51.30 b
	5		46.45 a	53.23 a	45.74 b	54.40 b	52.93 b
	15		44.52 a	45.62 b	43.73 b	47.57 bc	37.17 c

注：数值后不同字母表示 $P < 0.05$ 上有显著差异。

淹水期间（淹水 30～180 d），淹水处理的土壤 Ca_2-P 占 TP 的百分比高于未淹水土壤，而落干 180 d 时低于未淹水土壤。落干 180 d 后 Ca_2-P、Ca_8-P 和 Al-P 的质量分数占比均升高，Fe-P 质量分数占比呈降低的趋势。

淹没水深也能影响无机磷的形态。淹没水深 2 m 处消落区土壤的 Ca_2-P、Ca_8-P 比例高于水深 5 m、15 m 处的土壤，而水深 15 m 处消落区土壤的 Al-P 比例高于水深 2 m 和 5 m 处的土壤。

蒋柏藩和顾益初（1989）对石灰性土壤无机磷有效性的研究表明，Ca_2-P 是作物的 Olsen-P 源，Al-P、Ca_8-P 和 Fe-P 是缓效磷源，而 O-P 是无效磷源。沈善敏（1998）的试验结果表明，Ca_2-P、Al-P 是作物高度有效的磷源，Ca_8-P 和 Fe-P 的有效性也较高，Ca_{10}-P 和 O-P 有效性较低，不能被作物吸收利用。因此，本试验进行磷分级时未考虑 Ca_{10}-P 和 O-P，而只是探讨 Ca_2-P、Ca_8-P、Al-P 和 Fe-P 的变化。

在持续淹水过程中，土壤 Ca_2-P 和 Ca_8-P 随淹水时间和淹水深度的变化趋势大体一致，在淹水 0 m（地面）和 2 m 时，随淹水时间增长其质量分数持续降低，在淹水 5 m、15 m 时则先降低后升高，在淹水 60 d 时随淹水深度增加，Ca_2-P 和 Ca_8-P 质量分数均有所降低，但淹水 180 d 后，Ca_2-P 和 Ca_8-P 质量分数随淹水深度的增加而升高，原因可能是淹水提高了 CO_2 的质量分数，导致土壤中 Ca-P 溶解进入土壤溶液，落干 180 d 后两者质量分数升高；Ca_2-P 占 TP 1.45%～6.32%，Ca_8-P 占 TP 的 2.02%～8.62%。Ca_8-P 质量分数占 TP 比例最低。一般 Ca-P 是土壤中较惰性的磷形态，难以被植物吸收利用（谢德体 等，2007），对库区水质影响较小。

本试验两种 Ca-P 占 TP 比例相对较低，Al-P 稍高，Fe-P 是土壤磷的主要存在形态，这与金相灿等（2008）研究太湖沉积物磷形态和黄进（2008）研究沉积物磷形态发现 Fe-P 或 Al-P 为 TP 的主要存在形态的结果一致，可能是试验区生活污水含磷及在落干期农业活动施磷。pH 和氧化还原电位等环境条件变化时，Fe-P 或 Al-P 可转化成可溶态，具有较高的生物活性。因此，这两种形态的磷通常被称为活性磷，也称为生物可利用性磷。该区域的 Fe-P 或 Al-P 质量分数较高，特别是 Fe-P，因此研究 Fe-P 的变化对该区域水体磷污染有重要意义。

5.5　消落区土壤对磷和重金属的吸附与解吸特征

消落区土壤受季节性淹水影响，土壤理化性质随之改变，势必影响土壤磷的吸附和形态转化，磷在土-水界面间的迁移也会发生改变。本节以三峡水库小江消落区黄壤（yellow soil，YS）和紫色土（purple soil，PS）为研究对象，供试土壤理化性质见表 5.11。通过模拟培养和磷的等温吸附试验，揭示消落区土壤在淹水期间铁的形态变化、磷的吸附及形态转变规律；通过平衡吸附法，揭示消落区土壤对 Cu^{2+}、Zn^{2+} 的吸附特征，分析土壤对重金属的吸附能力，为消落区生态环境治理提供科学依据。

表 5.11　供试土样理化性质

土样	pH	有机质质量分数/(g/kg)	TP质量分数/(g/kg)	Olsen-P质量分数/(mg/kg)	非晶形铁质量分数/(g/kg)	晶形铁质量分数/(g/kg)	黏粒(<0.002 mm)质量分数/%	粉粒(0.002～0.02 mm)质量分数/%
YS	5.68	35.69	0.92	44.4	5.83	14.14	14.07	56.15
PS	6.31	18.02	0.46	6.10	3.10	8.40	19.98	47.37

5.5.1　淹水过程对消落区土壤非晶型铁和晶型铁质量分数的影响

从图 5.15 可以看出，YS 和 PS 的 Feo（无定形铁氧化物）质量分数在淹水后都有增加。与淹水前相比，YS 和 PS 的 Feo 质量分数分别在第 15 d 第 10 d 增幅最大，分别由原来的 5.81 g/kg 和 3.08 g/kg，增加到 6.17 g/kg 和 3.39 g/kg，增幅分别达 6.2%和 10.2%。而 YS 和 PS 的结晶态铁氧化物（Fed-Feo）质量分数在淹水初期降幅较快，之后下降缓慢。到淹水 20 d，YS 和 PS 的 Fed-Feo 质量分数分别由 14.09 g/kg 和 8.33 g/kg 降低到 12.25 g/kg 和 6.89 g/kg，降幅分别达 13.1%和 17.3%。非晶形铁的增加量小于结晶态铁的减少量。

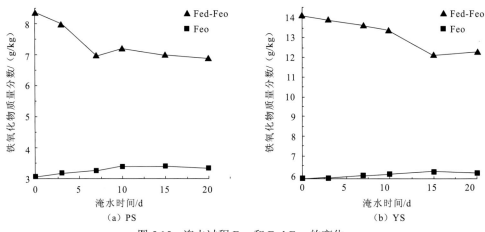

图 5.15　淹水过程 Feo 和 Fed-Feo 的变化

5.5.2　淹水前后消落区土壤对磷的等温吸附

淹水前和淹水后磷在 YS 和 PS 上的等温吸附曲线如图 5.16 所示。可看出，磷的吸附量随磷初始浓度的增加先快速上升，后缓慢上升。磷在淹水前后的土壤上吸附情况有较大的不同，与淹水前 YS 相比，磷在淹水 15 d 后的 YS（YS-15）上的吸附量较明显地增加，而在 PS 上，淹水 15 d 后的 PS（PS-15）比淹水前的吸附量增加并不显著。磷的吸附量的总体趋势为 YS-15>YS，PS-15>PS。

磷在供试土壤表面的吸附曲线均为 L 型，用 Langmuir 方程对其进行拟合的结果可知，淹水后土壤吸附磷的能力显著增加，YS 的最大吸附量 X_m 淹水前为 619.3 mg/kg，淹水后 1 057.8 mg/kg；PS 淹水前为 488.6 mg/kg，淹水后为 535.2 mg/kg，淹水后分别增加了 70.8%和 9.5%。磷在土壤表面的吸附的亲和力常数 K 的变化为：YS-15>YS、PS-15>PS，最大缓冲能力的变化为：YS-15>YS、PS-15>PS。

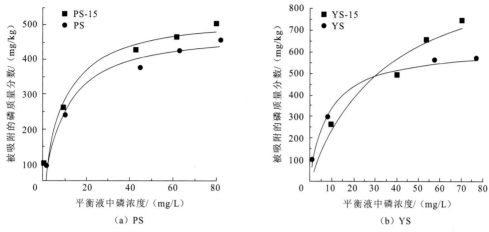

图 5.16　25℃淹水前后磷在 YS、PS 上的等温吸附曲线

通过土壤培养使得 YS 和 PS 的 Olsen-P 质量分数由低到高，从图 5.17 可以看出两种土壤 Olsen-P 和可溶性磷（$CaCl_2$-P）之间存在非线性 Q/I 关系（nonlinear quantity-intensity relationship），当 Olsen-P 达到其域值时，0.01 mol/L $CaCl_2$ 提取的磷会显著增加，水溶态磷的显著增加将会导致水体中含磷量增加进而污染水体。PS 方程 $y=0.215x-4.578$；$y=0.093x-0.564$（拐点处 $x=32.9, y=2.5$），即当超过 Olsen-P 质量分数=32.9 mg/kg，$CaCl_2$-P 质量分数=2.5 mg/kg 这个阈值后，土壤 Olsen-P 质量分数的增加将显著增加 $CaCl_2$-P 的质量分数。而 YS 方程 $y=0.093x-7.219$；$y=0.044x-1.925$（拐点处 $x=107.7, y=2.8$），其阈值 Olsen-P 质量分数=107.7 mg/kg，$CaCl_2$-P 质量分数=2.8 mg/kg。由前面磷的形态研究可知，YS 的 Olsen-P 的主要组成部分是游离的 $FePO_4$ 和 $AlPO_4$，在淹水过程中钙磷质量分数不发生变化，说明 Olsen-P 在 $CaCl_2$-P 的释放过程中起主导作用，至于 Olsen-P 达到阈值后 $CaCl_2$-P 会随之显著增加，一方面说明土壤中磷达到饱和后 $CaCl_2$-P 的释放会显著增加；另一方面加入到土壤中的磷达到平衡后，磷的转化及释放由土壤本身的性质决定。

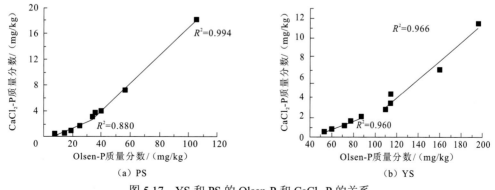

图 5.17　YS 和 PS 的 Olsen-P 和 $CaCl_2$-P 的关系

YS 和 PS 的磷饱和率（phosphorus staturation rate，PSR）和 $CaCl_2$-P 之间的关系。PSR 值可以衡量土壤吸附磷的能力，可以预测磷从土壤释放能力，并能衡量磷进入地表水的潜在趋势。从图 5.18 可以看出，随着土壤 PSR 值的升高，两种土壤的 $CaCl_2$-P 值呈现先缓慢后急剧的升高趋势。并且 YS 方程 $y=72.89x-6.57$；$y=283.47x-34.49$；拐点处 $CaCl_2$-P 质量分数为 3.1 mg/kg，PSR=0.133。PS 方程 $y=22.42x-0.039$；$y=286.81x-25.24$；拐点处 $CaCl_2$-P 质量分数为 2.1 mg/kg，PSR=0.095。当 YS 和 PS 的 PSR 分别超过 0.133 和 0.095 时，土壤向水体中释放磷的趋势会显著增加。在拐点处 PSR 值 YS>PS，说明 YS 比 PS 磷的潜在流失风险要大。在拐点处的 $CaCl_2$-P 质量分数 YS>PS，也说明 YS 具有较高的磷潜在流失风险。

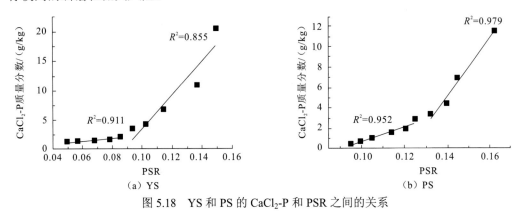

图 5.18 YS 和 PS 的 $CaCl_2$-P 和 PSR 之间的关系

5.5.3 淹水前后消落区土壤对重金属 Cu^{2+}、Zn^{2+} 的等温吸附

1. PS 对 Cu^{2+} 的等温吸附

在试验条件下，碱性、中性、酸性 PS 中 Cu^{2+} 的吸附量与平衡液中 Cu^{2+} 浓度的关系曲线及溶液 pH 的变化趋势如图 5.19 和 5.20 所示。

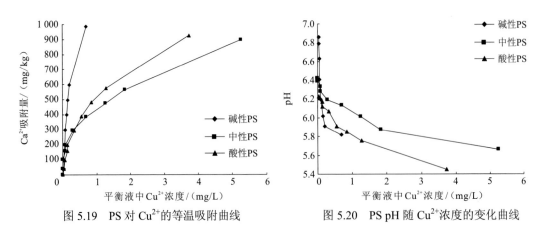

图 5.19 PS 对 Cu^{2+} 的等温吸附曲线　　　图 5.20 PS pH 随 Cu^{2+} 浓度的变化曲线

由图 5.19 可知，随着平衡液中 Cu^{2+} 浓度的增大 3 种 PS 对 Cu^{2+} 的吸附量均增加，且增加的幅度渐缓。当 Cu^{2+} 初始浓度小于 15 mg/L（平衡液中的浓度<0.33 mg/L）时，碱性、中性、酸性 PS 对 Cu^{2+} 的吸附量相差不大。随着初始浓度的增大，碱性 PS 的吸附量越来越大于中性 PS 和酸性 PS，中性 PS 和酸性 PS 吸附量相差却不大，见图 5.19。在 Cu^{2+} 初始浓度小于 15 mg/L 时，中性 PS 对 Cu^{2+} 的吸附量大于酸性 PS，当 Cu^{2+} 初始浓度大于 15 mg/L 时，酸性 PS 对 Cu^{2+} 的吸附量大于中性 PS。

总体上说，在重金属离子初始浓度小于 15 mg/L 时，PS 对 Cu^{2+} 的吸附顺序为：碱性 PS>中性 PS>酸性 PS；而在初始浓度大于 15 mg/L 时，吸附顺序为：碱性 PS>酸性 PS>中性 PS。

随着平衡液中 Cu^{2+} 浓度的增加，碱性、中性、酸性 PS 平衡液的 pH 不断降低。当平衡液中 Cu^{2+} 浓度较低时，平衡液 pH 随着 Cu^{2+} 浓度的增加而大幅度降低，这与低浓度条件下吸附量随初始浓度的增大而快速增加有关。碱性 PS pH 的降幅（15.2%）大于中性 PS（11.8%）和酸性 PS 的（12.5%），表明碱性 PS 对 Cu^{2+} 的吸附能力强于中性、酸性 PS。

3 种 PS 对 Cu^{2+} 的等温吸附试验数据均可用 Langmuir 方程、Freundlich 方程进行较好的拟合，拟合结果如表 5.12 所示。

表 5.12　3 种 PS 中 Cu^{2+} 等温吸附曲线的拟合特征值

土壤类型	方程					
	Langmuir			Freundlich		
	K_L	b	R^2	K_f	n	R^2
碱性 PS	2.910	1 499.5	0.988	1 293.7	0.603 3	0.953
中性 PS	0.980	985.6	0.920	457.2	0.389 1	0.988
酸性 PS	0.937	1 150.8	0.985	494.8	0.492 2	0.992

注：K_L、K_f 和 n 表示土壤对重金属的吸附常数；b 表示土壤对重金属的最大吸附量，单位 mg/kg。

从表 5.12 可见，3 种 PS 中 Cu^{2+} 的吸附试验数据用 Langmuir 方程和 Freundlich 方程进行拟合的效果较好（$R^2 > 0.920$），达到显著水平。由 Langmuir 方程拟合的碱性 PS 最大吸附量 1 499.5 mg/kg 大于实际最大吸附量 986.2 mg/kg，而由 Langmuir 方程拟合的中性 PS 和酸性 PS 的最大吸附量分别为 985.6 mg/kg 和 1 150.8 mg/kg，略高于试验最大吸附量 894.8 mg/kg 和 925.4 mg/kg。因此，Langmuir 方程描述 Cu^{2+} 在碱性 PS 中的等温吸附行为劣于描述其在中性 PS 及酸性 PS 中的等温吸附行为。由 Langmuir 方程拟合的 b 值可看出，3 种 PS 对 Cu^{2+} 的最大吸附量依次为：碱性 PS>酸性 PS>中性 PS。

表 5.13　PS 吸附重金属 Cu^{2+} 的解吸率　　　　（单位：%）

土壤类型	Cu^{2+} 的初始浓度/（mg/L）								
	2	5	8	10	15	20	25	30	50
碱性 PS	1.50	0.66	0.61	1.30	0.39	0.29	0.27	0.23	0.16
中性 PS	2.03	0.69	0.79	0.61	0.81	1.27	1.70	2.08	2.99
酸性 PS	2.19	1.30	0.86	0.80	0.68	0.83	0.96	1.13	2.05

Freundlich 方程中的 n 值可作为土壤对重金属离子的吸附能力的强度指标。3 种 PS 对 Cu^{2+} 吸附的 n 大小顺序为：碱性 PS（0.603 3）>酸性 PS（0.492 2）>中性 PS（0.389 1），即对 Cu^{2+} 吸附能力的大小顺序为碱性 PS>酸性 PS>中性 PS，这与 Langmuir 方程拟合的结果一致。

由图 5.21 可看出，3 种 PS 对 Cu^{2+} 的解吸量均随吸附量增加而增加，两者间呈显著线性相关（R^2>0.93）。吸附量相同时，3 种 PS 对 Cu^{2+} 解吸量的顺序为：中性 PS>酸性 PS>碱性 PS。但 3 种 PS 吸附态 Cu^{2+} 的解吸均有明显的滞后现象，在吸附量小于 300 mg/kg 条件下，Cu^{2+} 的解吸量随吸附量的增大变化不明显。比较图 5.19、图 5.21 可知，PS 中吸附 Cu^{2+} 的解吸比例与 PS 对 Cu^{2+} 的吸附能力成反比。在吸附量较低时（<300 mg/kg），解吸量的增加趋势缓慢；吸附量较高时，解吸量增加的幅度较大。说明在吸附量较低的区域，大部分 Cu^{2+} 被高结合能吸附点所吸附，解吸剂很难将其解吸下来；而达到一定吸附量后，低结合能吸附位点开始吸附，但重金属与低结合能吸附位点结合不牢固，解吸剂容易把 Cu^{2+} 解吸下来，使解吸量增加。

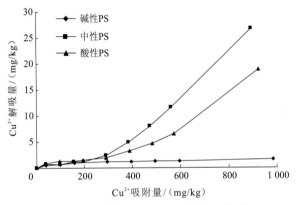

图 5.21　Cu^{2+} 解吸量与吸附量间的关系

在试验条件下，碱性 PS 的 Cu^{2+} 最大吸附量为 984.8 mg/kg，解吸量为 1.6 mg/kg，解吸率 0.16%；中性土的最大吸附量为 893.3 mg/kg，解吸量是 26.7 mg/kg，解吸率为 2.99%；酸性 PS 的最大吸附量为 923.9 mg/kg，解吸量是 18.9 mg/kg，解吸率为 2.05%，在外源 Cu^{2+} 条件下，PS 吸附态 Cu^{2+} 解吸量很小。同时由表 5.13 也可看出，碱性、中性、酸性 PS 吸附态 Cu^{2+} 的解吸率较低，分别为 0.16%～1.50%、0.61%～2.99%、0.68%～2.19%。表明在试验条件下，3 种 PS 中吸附的 Cu^{2+} 大部分不能被解吸的，特别是碱性 PS 在外源 Cu^{2+} 浓度范围内，吸附态 Cu^{2+} 几乎不被解吸，解吸量<1.6 mg/kg。显然，低浓度的 Cu^{2+} 一旦被 PS 吸附后就很难解吸，因此 PS 中的 Cu^{2+} 不会发生大范围迁移。

2. PS 对 Zn^{2+} 的等温吸附

试验条件下，供试 PS 中 Zn^{2+} 的吸附量与平衡液中 Zn^{2+} 浓度的关系如图 5.22 所示。

由图 5.22 可以看出，随着平衡液中 Zn^{2+} 浓度的增大，3 种 PS 对 Zn^{2+} 的吸附量增加趋势与 Cu^{2+} 相似，且吸附量增加的趋势随平衡液中 Zn^{2+} 浓度的增大逐渐减缓。当 Zn^{2+}

初始浓度小于 25 mg/L（平衡液中的浓度<3 mg/L）时，碱性、中性、酸性 PS 对 Zn^{2+} 的吸附量相差不明显，在初始浓度为 25 mg/L 条件下，吸附量分别为 467.2 mg/kg、442.4 mg/kg、438.5 mg/kg；但随着初始浓度的增加，3 种 PS 对 Zn^{2+} 的吸附量大小顺序为：碱性 PS>中性 PS>酸性 PS，且随着浓度的增加，碱性 PS 中 Zn^{2+} 吸附量与中性、酸性 PS 的差异越显著，中性 PS 和酸性 PS 的吸附量相差相对较小。在最高供试 Zn^{2+} 初始浓度下（200 mg/L），碱性、中性、酸性 PS 对 Zn^{2+} 的吸附量分别为 2 521.8 mg/kg、2 020.2 mg/kg、1 930.6 mg/kg，吸附率分别为 63.0%、50.5%、48.3%。由吸附率和等温吸附曲线可推断出，在试验最大初始浓度条件下，3 种 PS 对 Zn^{2+} 的吸附趋于饱和。

如图 5.23 可知，随着 Zn^{2+} 浓度的增加，碱性、中性、酸性 PS 平衡液 pH 逐渐降低，说明土壤介质表面 H^+ 通过交换吸附作用可被 Zn^{2+} 或 $Zn(OH)^+$ 置换出来。在平衡液 Zn^{2+} 浓度较低时，pH 随平衡液中 Zn^{2+} 浓度的增大降低较快，此现象与低浓度时吸附量随初始浓度的增加而迅速增大相符。碱性 PS 的 pH 降低幅度（18.8%）大于中性（16.4%）和酸性 PS（15.6%），表明碱性 PS 对 Zn^{2+} 的交换吸附能力大于中性、酸性 PS。

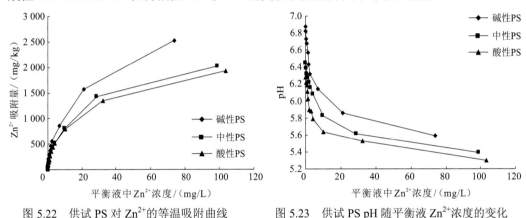

图 5.22　供试 PS 对 Zn^{2+} 的等温吸附曲线　　　图 5.23　供试 PS pH 随平衡液 Zn^{2+} 浓度的变化

3 种 PS 对 Zn^{2+} 的等温吸附试验都可用 Langmuir 方程、Freundlich 方程进行拟合且两者拟合的效果均较好，如表 5.14 所示。

表 5.14　3 种 PS 中 Zn^{2+} 等温吸附曲线的拟合特征值

土壤类型	方程					
	Langmuir			Freundlich		
	K_L	b	R^2	K_f	n	R^2
碱性 PS	0.076	2 845.4	0.975	366.484	0.453	0.996
中性 PS	0.069	2 247.8	0.989	276.878	0.443	0.983
酸性 PS	0.071	2 098.4	0.987	262.999	0.439	0.985

从表 5.15 可看出，Langmuir 方程和 Freundlich 方程均可较好地描述 Zn^{2+} 在 3 种 PS 中的吸附，确定性系数 R^2>0.980，达到显著水平。由 Langmuir 方程拟合的碱性、中性、酸性 PS 的最大吸附量分别为 2 845.4 mg/kg、2 247.8 mg/kg、2 098.4 mg/kg，略高于实际

试验所得的最大吸附量 2 521.8 mg/kg、2 020.2 mg/kg、1 930.6 mg/kg。因此，Langmuir 方程适宜描述 Zn^{2+} 在 3 种 PS 中的等温吸附行为。由 Langmuir 方程拟合的最大吸附量可看出，3 种 PS 对 Zn^{2+} 的最大吸附量大小顺序为：碱性 PS>中性 PS>酸性 PS。

表 5.15　PS Zn^{2+} 的解吸率（%）

土壤类型	Zn^{2+} 的初始浓度/(mg/L)										
	2	5	8	10	15	20	25	30	50	100	200
碱性 PS	1.52	0.72	0.72	0.50	0.61	0.62	0.93	1.17	2.40	4.75	8.31
中性 PS	4.03	3.99	4.32	4.62	4.85	4.95	5.07	5.16	6.70	10.22	13.13
酸性 PS	4.82	4.51	4.44	4.60	5.04	5.01	4.95	5.10	5.49	11.86	14.01

由 Freundlich 方程拟合的特征值 n 可知，不同 PS 对 Zn^{2+} 吸附的 n 大小顺序为碱性 PS（0.453）>中性 PS（0.443）>酸性 PS（0.439），即 PS 对 Zn^{2+} 吸附能力大小为碱性 PS>中性 PS>酸性 PS，与 Langmuir 拟合的结果相同。

由图 5.24 可知，3 种 PS 对 Zn^{2+} 的解吸量均随吸附量的增加而增加，且两者之间呈显著正相关（$R^2>0.91$）。在吸附量相同时，3 种 PS 对 Zn^{2+} 的解吸量大小顺序为：酸性 PS>中性 PS>碱性 PS。中性、酸性 PS 的解吸量相差不大，吸附量低于 528.6 mg/kg 条件下，两者解吸量基本相等，当吸附量高于 528.6 mg/kg 时，两者的解吸量有明显的差异；但碱性 PS 的解吸量远远低于中性 PS 及酸性 PS，当吸附量低于 559.3 mg/kg（初始浓度<30 mg/L），碱性 PS 几乎不发生解吸。比较可知，PS 中吸附 Zn^{2+} 的解吸比例与其对 Zn^{2+} 的吸附能力成反比。由图 5.24 可看出，在吸附量较低时（<500 mg/kg），解吸量增加的趋势较缓；在吸附量较高时，解吸量增加的幅度较大。说明吸附量较低时，大部分 Zn^{2+} 被高结合能吸附位点吸附，解吸剂很难将其解吸下来；而到一定吸附量后，低结合能吸附位点开始吸附，但重金属与低结合能吸附位点结合不牢固，解吸剂易把 Zn^{2+} 解吸下来。

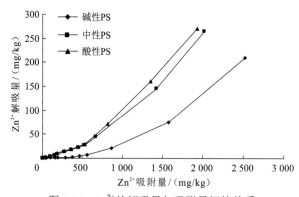

图 5.24　Zn^{2+} 的解吸量与吸附量间的关系

在试验条件下，碱性 PS 对 Zn^{2+} 的最大吸附量为 2 521.8 mg/kg 时，解吸量为 209.6 mg/kg，解吸率为 8.31%；中性 PS 的最大吸附量为 2 020.2 mg/kg，解吸量是 265.3 mg/kg，解吸率为 13.13%；酸性 PS 的最大吸附量为 1 930.6 mg/kg，解吸量是

270.5 mg/kg，解吸率为 14.01%。可看出，Zn^{2+} 的解吸量远低于吸附量。同时由表 5.15 也可看出 3 种 PS 对 Zn^{2+} 的解吸率较低，分别为：0.50%～8.31%、3.99%～13.13%、4.44%～14.01%。这表明，3 种 PS 中吸附的 Zn^{2+} 大部分是不能被解吸的。在低吸附量条件下，重金属的解吸率较小，而在高浓度条件下，土壤对重金属的解吸率较大。由以上分析可知，三峡库区 PS 对外源锌污染具有一定的缓冲和固定作用，但酸性、中性 PS 中的锌比碱性 PS 更易转移。

吸附分配系数 K_d 可用来描述土壤对重金属吸附能力的大小，为固相介质吸附的重金属离子浓度与液相中重金属离子浓度的比值，K_d 值越高说明土壤对重金属的吸附能力越强，而较低的 K_d 值则表明重金属大部分以离子的形态留在土壤中，使重金属有较强的可迁移性和生物有效性。3 种 PS 中 Cu^{2+}、Zn^{2+} 的吸附分配系数如下表 5.16 所示：

表 5.16　每个初始浓度的吸附分配系数 K_d　　　　（单位：L/kg）

初始浓度/（mg/L）	碱性 PS		中性 PS		酸性 PS	
	Cu^{2+}	Zn^{2+}	Cu^{2+}	Zn^{2+}	Cu^{2+}	Zn^{2+}
2	1 521.4	1 736.7	1 105.0	360.8	1 181.2	296.6
5	2 757.8	981.0	1 940.1	308.7	1 739.0	266.0
8	3 202.6	654.0	2 009.7	240.1	1 184.4	215.6
10	3 330.1	471.3	2 383.8	223.2	1 374.2	199.1
15	3 746.5	379.9	1 018.1	196.4	886.3	176.8
20	3 387.2	303.4	551.9	171.1	697.8	166.7
25	3 096.2	284.6	377.0	153.5	571.1	142.6
30	2 887.0	240.0	304.9	129.4	451.4	123.7
50	1 429.6	127.2	170.1	81.5	248.0	77.8
100	—	74.6	—	49.4	—	41.8
200	—	34.1	—	20.4	—	18.7

从表 5.16 中可以看出，3 种 PS 对 Cu^{2+}、Zn^{2+} 的吸附分配系数 K_d 均随初始浓度的增大而降低，表明随着平衡液中重金属离子浓度的增大，吸附率降低，土壤固相吸附位点的性质发生变化。在低平衡液浓度条件下，主要是高结合能吸附位点的专性吸附；随着平衡液中重金属离子浓度的增大，专性吸附位点逐渐被占据，非专性吸附位点增加，吸附能力相对降低，从而使 K_d 降低。3 种 PS 对 Cu^{2+} 都有较强的吸附能力，在初始浓度小于 15 mg/L（碱性 PS 小于 20 mg/L）时，平衡液中重金属离子浓度较低甚至低于仪器检测限，因此使得计算的 K_d 值变化的规律不明显。由表 5.16 知，3 种 PS 中 Cu^{2+} 吸附的 K_d 值明显大于 Zn^{2+}，特别是碱性 PS，表明 PS 对 Cu^{2+} 的吸附能力大于 Zn^{2+}。在低初始浓度（<15 mg/L）时，3 种 PS 对 Cu^{2+} 吸附的 K_d 值大小顺序碱性 PS＞中性土 PS＞酸性 PS，而在高初始浓度（>15 mg/L）下，K_d 值大小顺序为碱性 PS＞酸性 PS＞中性 PS；对 Zn^{2+} 吸附的 K_d 值大小顺序为碱性 PS＞中性 PS＞酸性 PS。

5.6　消落区植物群落特征

植被是水库消落区生态系统的主要生物组成，具有重要的生态功能。本研究于 2017 年 4 月、6 月和 8 月，在三峡水库消落区设置了 15 个调查样地（图 5.25），每个样地分为 145～155 m、156～165 m 和 166～175 m 共 3 个区域，并设置未淹水区域（高程 176～185 m）为对照，以期揭示三峡水库消落区植被自然分布状况及植物群落结构的季节性变化规律。

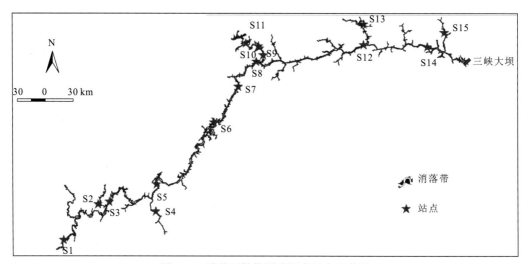

图 5.25　消落区植物群落调查站点示意图

5.6.1　消落区植物种类组成

小江消落区有维管束植物 142 种，隶属于 115 属、40 科。其中蕨类植物 2 科 2 属 2 种，双子叶植物 33 科 84 属 106 种，单子叶植物 5 科 29 属 34 种。有 5 个科均含有 5 个属以上，其中菊科（Compositae）20 属 25 种，禾本科（Gramineae）20 属 22 种，豆科（Leguminosae）8 属 10 种，莎草科（Cyperaceae）5 属 8 种，唇形科（Labiatae）5 属 5 种。这 5 个科所含有的属、种数分别占总属、总种数的 51.33%、50%，表明这些科的植物在小江消落区植被中占据主要地位。此外，单属单种的植物占有相当大的比例，共有 18 科，占总科数的 47.37%，而属、种数仅为 15.93%、12.86%。

依据植物茎的形态分类，草本植物占有绝对优势，共有 129 种，其中，一年生草本 65 种、多年生草本 49 种、一年生或多年生草本植物 15 种；乔木 4 种，分别为山槐（*Albizia kalkora*）、桑（*Morus alba*）、构树（*Broussonetia papyifera*）和女贞（*Ligustrum lucidum*）；灌木 3 种，分别为大叶胡枝子（*Lespedeza davidii*）、截叶铁扫帚（*Lespedeza cuneata*）和黄荆（*Vitex negundo*）；藤本植物 4 种，分别为地果（*Ficus tikoua*）、鸡矢藤 （*Paederia scandens*)、山葡萄(*Vitis amurensis*)和三裂叶野葛(*Pueraria phaseoloides*)。乔、灌植物如构树、女贞等大多单株出现,为土壤种子发育而成的实生苗。

根据植物对水分的依赖程度划分,旱生植物占绝对优势,共有 131 种,湿生植物仅有问荆(*Equisetum arvense*)、水蓼(*Polygonum hydropiper*)、稻(*Oryza sativa*)、石龙芮(*Ranunculus sceleratus*)、喜旱莲子草(*Alternanthera philoxeroides*)、水芹(*Oenanthe javanica*)、积雪草(*Centella asiatica*)、䓍草(*Beckmannia syzigachne*)、丁香蓼(*Ludwigia prostrata*) 9 种。

5.6.2　优势种类及时空分布

消落区出露期间,随着出露时间的延长,消落区优势种及其优势度变化规律因植物的生活型不同呈现出相反的变化规律。4~8 月,狗牙根、牛鞭草(*Hemarthria altissima*)、喜旱莲子草等多年生草本植物优势度下降,鬼针草(*Bidens pilosa*)、苍耳(*Xanthium sibiricum*)、鳢肠(*Eclipta prostrata*)、水蓼、野胡萝卜(*Daucus carota*)、狗尾草(*Setaria viridis*)等一年生草本植物优势度增加。4~8 月,未淹水区植物优势种及其优势度变化规律不会因生活型不同而表现出不同的规律,其中多年生草本植物柔枝莠竹(*Microstegium vimineum*)(复盛镇段)、乌蔹莓(*Cayratia japonica*)(巫峡镇段)的优势度呈增加趋势,多年生草本植物牛鞭草(石宝寨段)、问荆(珞璜镇段)、四叶葎(*Galium bungei*)(南沱段)却呈下降趋势;一年生草本植物鬼针草(白涛镇段、南沱段)、艾蒿(*Artemisia argyi*)(白涛镇段)、苍耳(南沱段)、狗尾草(南沱段、水田坝乡段)的优势度呈增加趋势,而荩草(*Arthraxon hispidus*)(石宝段)的优势度呈下降趋势。

不同高程区域消落区的植物群落优势种存在着一定的差异。以 6 月为例(消落区已完全出露),高程 145~155 m 区域的 11 个样带中,狗牙根优势最为明显(11 个);其次为苍耳、香附子、鬼针草和无芒稗(*Echinochloa crusgalli* var. *mitis*),分别在 8 个、6 个、5 个、5 个样带中均为优势种。高程 156~165 m 区域的 14 个样带中,狗牙根的优势最为明显(14 个),其次为苍耳(11)和香附子(5 个)。高程 165~175 m 区域的 15 个样带中,狗牙根的优势也很明显,在 12 个样带中为优势种,其次苍耳(9 个)、鬼针草(8 个),无芒稗(6 个)。未淹水区(高程 176~185 m)的 15 个样带中,不同地点的植物群落优势种差异较大,相对来说艾蒿较为优势,在 5 个样带中均为优势种,其次为小白酒草(*Conyza canadensis*)(4 个)。

5.6.3　生物量及其动态变化

4 月,消落区植物鲜重和盖度均值高于未淹水区,消落区高程 156~165 m 区域植物鲜重均值(321.9±194.5) g/m² 高于高程 166~175 m 区域的(282.6±149.9) g/m²,但不同高程区域植物鲜重差异不显著(图 5.26)。消落区高程 156~165 m 区域植物盖度与高程 166~175 m 区域相近(图 5.26)。消落区植物高度均值显著低于未淹水区域(F=13.278,P=0.001)。

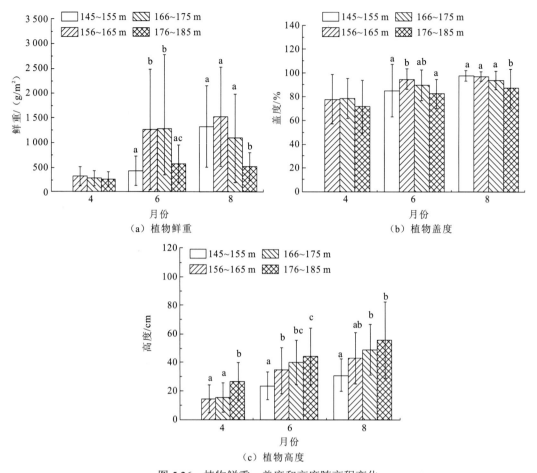

图 5.26　植物鲜重、盖度和高度随高程变化

不同小写字母表示 0.05 水平差异显著

6 月，消落区植物鲜重和盖度均值高于未淹水区，高程 156～165 m 区域的植物鲜重均值（1 266.7±1 219.9）g/m² 与高程 166～175 m 区域鲜重均值（1 263.2±1 503.6）g/m² 相近，显著高于高程 145～155 m 区域的鲜重均值（426.8±300.8）g/m²（F=5.822，P=0.001）。高程 156～165 m 区域植物盖度均值显著高于高程 145～155 m 区域和未淹水区域（F=5.926，P=0.001）。消落区植物高度均值显著低于未淹水区域（F=9.751，P=0.001）；随着高程的增加，植物高度均值呈增加趋势（图 5.26）。

8 月，消落区植物鲜重和盖度均值高于未淹水区。消落区高程 145～155 m、156～165 m、166～175 m 区域植物鲜重均值（F=10.078，P=0.001）和盖度均值（F=5.887，P=0.001）都高于未淹水区域，其中 156～165 m 区域植物鲜重均值最大，为（1 519.8±1 002.5）g/m²，未淹水区域最低，仅（514.9±282.1）g/m²。随着高程的增加，植物盖度呈下降趋势，高程 145～155 m 区域植物盖度均值最大，为（97.5±4.5）%，未淹水区域最低，为（86.9±16.3）%。消落区植物高度均值显著低于未淹水区域（F=6.381，P=0.001）。随着高程的增加，植物高度均值呈增加趋势（图 5.26）。

5.6.4　生物多样性指数及其动态变化

4 月，消落区高程 166～175 m 植物群落 Shannon-Wiener 多样性指数为（1.91±0.42）（F=26.546，P=0.001），Margalef 丰富度指数为（2.01±0.99）（F=9.262，P=0.001），Pielou 均匀度指数为（0.82±0.11）（F=8.957，P=0.001），Simpson 多样性指数为（0.78±0.11）（F=33.266，P=0.001）显著高于高程 156～165 m 区域。未淹水区域植物群落 Shannon-Wiener 多样性指数、Margalef 丰富度指数、Simpson 多样性指数均值高于高程 156～165 m 区域，但低于高程 166～175 m 区域（图 5.27）。

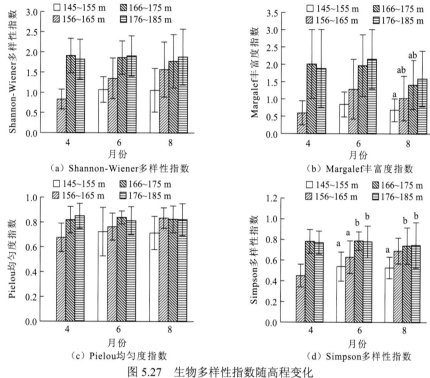

图 5.27　生物多样性指数随高程变化

不同小写字母表示 0.05 水平差异显著

6 月，植物群落 Shannon-Wiener 多样性指数、Margalef 丰富度指数、Pielou 均匀度指数、Simpson 多样性指数随着高程的上升呈递增趋势。未淹水区域 Shannon-Wiener 多样性指数（1.90±0.49）（F=10.212，P=0.001）和 Margalef 丰富度指数（2.16±0.85）（F=7.115，P=0.001）最高，显著高于高程 145～155 m 和高程 156～165 m 区域。未淹水区域 Simpson 多样性指数均值（F=9.516，P=0.001）与消落区高程 166～175 m 区域相近，但显著高于高程 145～155 m 和高程 156～165 m 区域（图 5.27）。

8 月，植物群落 Shannon-Wiener 多样性指数、Margalef 丰富度指数、Simpson 多样性指数随着高程的上升呈递增趋势。未淹水区域 Shannon-Wiener 多样性指数为（1.88±0.68）（F=3.829，P=0.015），Margalef 丰富度指数为（1.59±0.80）（F=4.778，P=0.005），Simpson 多样性指数最高（0.75±0.22）（F=3.321，P=0.029），显著高于高程 145～155 m 区域（图 5.27）。

5.7　消落区生境异质性对植物群落的影响

　　三峡水库消落区土壤性质、容重及养分等生境要素在空间和时间分布上具有较高的异质性，生境异质性对植被的分布及多样性特征影响较大。本节以典型流域小江消落区为研究区域，于 2009～2011 年沿高程梯度对植物群落进行调查，统计分析植物重要值和多样性指数（Jolley et al.，2010；Zhao et al.，2010），探讨其生物量与消落区地形地貌、土壤理化因子的关系，旨在揭示生境异质性对植物群落特征的影响，为消落区植被恢复、稳定性维持与管理提供基础支撑。

5.7.1　土壤理化性质对植物鲜重的影响分析

　　小江消落区土层厚度均值为（29.91±17.81）cm，0°～5° 处土层厚度均值最大（73 cm），45° 以上区域土层厚度均值最小（7.6 cm）。坡度等级越大，土层厚度越小，且不同坡度等级之间的土层厚度差异显著（$F=9.293$，$P<0.01$）。

　　消落区土壤容重均值为（1.35±0.12）g/cm^3，0°～5° 处土壤容重均值最小（0.79 g/cm^3），45° 以上区域土壤容重均值最大（1.9 g/cm^3）。坡度等级越大，土壤容重越大，且不同坡度等级之间的土壤容重差异显著（$F=2.664$，$P<0.05$）。

　　消落区坡度影响土层厚度和土壤容重，进而影响植物的分布，不同坡度等级处植物盖度、鲜重差异显著（图 5.28）。6°～15° 区域植物盖度均值最大 [（86.1±22.4）%]；45° 以上区域植物盖度均值最低 [（54.1±23.6）%]。6°～15° 区域植物鲜重均值最高 [（1 517.6±971.9）g/m^2]，45° 以上区域植物鲜重均值最低，为（780.8±497.1）g/m^2。

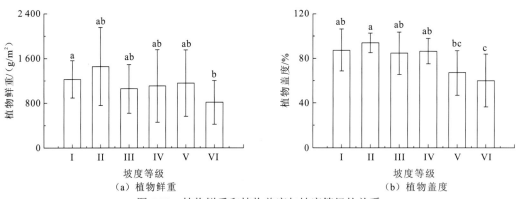

图 5.28　植物鲜重和植物盖度与坡度等级的关系

Ⅰ～Ⅵ表示级度等级；等级Ⅰ：0°～5°；等级Ⅱ：6°～15°；等级Ⅲ：16°～25°；等级Ⅳ：26°～35°；

等级Ⅴ：36°～45°；等级Ⅵ：大于45°

　　线性回归分析表明，小江消落区植物鲜重随着 TN（$P<0.01$）、TP（$P<0.05$）、全钾（$P<0.01$）、有效氮（$P<0.01$）和有效钾（$P<0.05$）质量分数的增加而显著增加，而土壤、有机质、Olsen-P 质量分数和 pH 对植物鲜重的影响不显著（$P>0.05$）（图 5.29）。

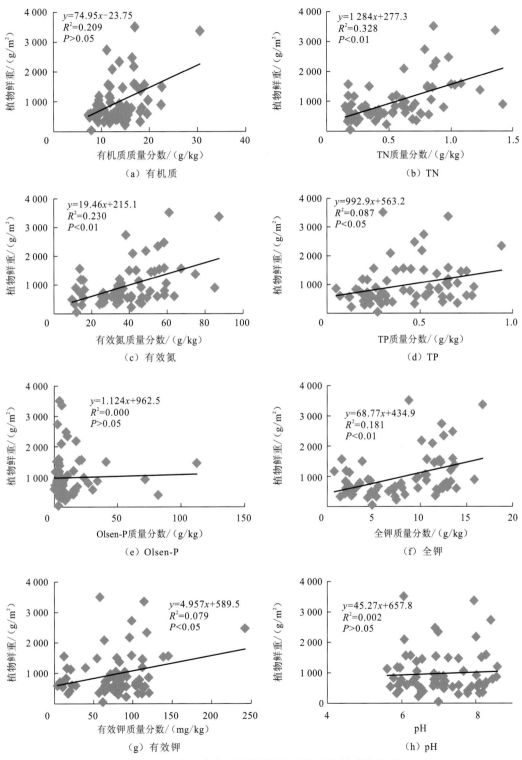

图 5.29　小江消落区植物鲜重与土壤理化性质的关系

对植物鲜重与土壤理化因子进行多元逐步回归分析，结果表明最先引入回归模型的因子为土壤 TN，第二个引入模型的因子为土壤容重，其他环境因子被剔除，回归方程为 $y=1\,569.892+1\,280.442x_1-948.417x_2$（$F=29.394$，$R^2=0.618$，$P<0.01$），其中 y 为植物鲜重，x_1 为土壤 TN 质量分数，x_2 为土壤容重，说明影响植物鲜重的主要环境因子为土壤 TN 和土壤容重等。

影响植物鲜重的主要环境因子为土壤容重和 TN。消落区土壤长期受淹水、浪涌冲刷、降水侵蚀及落淤等因素的影响，严重制约着植被的定居与生长。三峡水库蓄水引起的库岸坍塌、侵蚀至少需要 50 年的时间才能稳定下来，消落区的土壤性质在相当长的时期内处于不稳定状态（Yang et al.，2007）。目前情况下，尽管高程之间，消落区土壤氮、磷等养分差异不显著，但反复的淹没—出露—淹没过程也导致了土壤氮、磷等养分从土壤向水体转移，造成土壤养分流失和水体富营养化。坡度等级越大，土层厚度越小，土壤容重越大。随着三峡水库运行的时间延长，消落区，尤其是陡坡消落区，土层厚度将变得越来越小，植物有可能失去赖以生存和生长的基础，水土流失将更会越来越严重。因此，在消落区实施植被恢复工程时，尤其是在陡坡区域，应考虑采取必要的水土保持措施。

5.7.2 环境因子对植物重要值的影响分析

对物种数据进行除趋势分析（detrended correspondence analysis，DCA）分析，最大轴的梯度长度为 2.524，小于 3，因此选择 RDA 分析物种与环境因子的关系。冗余轴 1 和冗余轴 2 可以解释物种重要值的比例分别为 41.4% 和 21.7%，总典范特征值为 0.952。高程的边际影响特征值最大（0.39），也排在条件影响变量中的第 1 位（0.39）（表 5.17）。变量高程（$F=8.17$，$P<0.01$）和土壤有效氮质量分数（$F=2.52$，$P<0.05$）通过了蒙特卡洛检验（图 5.30），说明影响消落区植物重要值的主要环境因子为高程和有效氮。

表 5.17 前向选择中各变量的边际影响及条件影响

边际影响		条件影响			
变量	特征值	变量	特征值	P	F
高程	0.39	高程	0.39	0.002	8.17
土壤容重	0.21	有效氮	0.09	0.014	2.52
土层厚度	0.14	土层厚度	0.07	0.132	1.71
有效氮	0.13	pH	0.06	0.192	1.43
有机质	0.11	坡度	0.08	0.102	1.85
TN	0.10	TP	0.06	0.084	1.90
坡度	0.07	有机质	0.04	0.218	1.44
TP	0.06	全钾	0.04	0.220	1.56

续表

边际影响		条件影响			
变量	特征值	变量	特征值	P	F
Olsen-P	0.05	Olsen-P	0.03	0.374	1.07
全钾	0.04	土壤容重	0.03	0.542	0.81
pH	0.04	有效钾	0.02	0.612	0.63
有效钾	0.02	TN	0.04	0.268	1.95

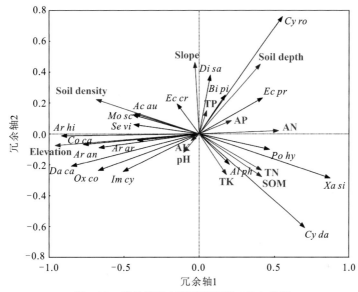

图 5.30　优势植物与环境因子的 RDA 分析

Elevation: 高程；Slope: 坡度；Soil depth: 土壤厚度；Soil density: 土壤容重；SOM: 有机质；TN: 全氮；AN: 有效氮；TP: 全磷；AP: 有效磷；TK: 全钾；AK: 有效钾；Ac au: 铁苋菜；Ar an: 黄花蒿；Ar ar: 艾蒿；Ar hi: 苊草；Ar ph: 喜旱莲子草；Bi pi: 鬼针草；Co ca: 小白酒草；Cy da: 狗牙根；Cy ro: 香附子；Da ca: 野胡萝卜；Di sa: 马唐；Ec pr: 鳢肠；Ec cr: 稗；Im cy: 白茅；Mo sc: 石荠苎；Po hy: 水蓼；Se vi: 狗尾草；Xa si: 苍耳；Ox co: 酢浆草

RDA 排序图中物种箭头与数量型环境因子箭头如果同向表示正相关，如果反向，表示负相关，夹角越小相关性越高。小白酒草、黄花蒿（*Artemisia annua*）、艾蒿、苊草和野胡萝卜等物种重要值与高程正相关，狗牙根、香附子、水蓼和鳢肠等物种重要值与高程负相关。水蓼重要值与土壤有效氮正相关，狗牙根重要值与土壤有机质质量分数正相关，香附子重要值与土壤 TP 质量分数正相关（图 5.30）。

影响植物重要值主要环境因子为高程和土壤有效氮（图 5.30）。与高程正相关的物种主要有小白酒草、黄花蒿、艾蒿、苊草、野胡萝卜等，与高程负相关的物种主要有狗牙根、香附子、水蓼和鳢肠等（图 5.30）。2009～2011 年，不同物种的优势度发生了不同变化。其中狗牙根优势度在高程 145～155 m、156～165 m 和 166～175 m 区域的优势度均有所上升，这可能因为狗牙根为多年生植物，且在淹水期间，其根径、根系数量和生物量均有不同程度的增加，可以耐受 200 d 的淹水，水位消退后能迅速萌发，具有较强的竞争能力。

可以推断随着三峡水库的正常运行,狗牙根的竞争优势可能进一步体现,并有逐渐向高程较高区域蔓延趋势。水蓼、鳢肠等一年生植物虽不耐淹水,但种子能在 9 月库区蓄水前完全成熟,完成生活史,且淹水期间,大多数种子没有失去活力,水位消退后,仍能萌芽和生长,因此它们的优势度也有所上升。还有些物种,如鬼针草、莐草和苍耳,蓄水前种子尚未完全成熟(尤其是在高程较低区域),再经过长期淹水,种子萌发率低,致使物种优势度减小。因此,物种优势度的变化与该物种是否能够在蓄水前完成生活史、淹水期间根茎或种子还能否保持活力有关。消落区形成初期,三峡水库蓄水对植被的影响还处于累积过程,而植物群落演替方向如何还需进行长期调查和观测。

5.7.3　植物群落多样性指数与环境因子的关系

对 2010 年植物群落多样性指数进行 DCA 分析表明,最大轴的梯度长度为 0.608,小于 3,因此选择 RDA 分析植物群落多样性指数与环境因子的关系。结果表明,冗余轴 1 可以解释植物群落多样性指数的比例为 29.6%,总典范特征值为 0.300。土壤 TN 的边际效应特征值最大(0.08),也排在条件效应变量中的第 1 位(表 5.18)。土壤有效氮的边际效应排在第 2 位(0.06),但蒙特卡洛检验在提出 TN 这一变量后,其条件效应立即降低到第 4 位(0.03),反映出高程与土壤容重存在强相关性。其余环境因子的条件效应也有不同程度的下降,但变量土壤 TN($F=10.03$,$P<0.01$)、高程($F=12.08$,$P<0.01$)和 Olsen-P($F=6.92$,$P<0.01$)通过了蒙特卡洛检验,说明影响植物群落多样的主要环境因子为高程、土壤 TN、Olsen-P(图 5.31)。

表 5.18　环境因子对植物群落多样性指数的边际效应和条件效应

边际效应		条件效应			
变量	特征值	变量	特征值	P	F
TN	0.08	TN	0.08	0.002	10.03
有效氮	0.06	高程	0.09	0.004	12.08
土壤容重	0.05	Olsen-P	0.04	0.008	6.92
土层厚度	0.04	有效氮	0.03	0.064	3.61
高程	0.04	有效钾	0.02	0.112	2.77
有机质	0.04	pH	0.01	0.110	2.71
全钾	0.03	TP	0.01	0.200	1.50
有效钾	0.03	土层厚度	0.01	0.260	1.13
Olsen-P	0.02	土壤容重	0.01	0.316	0.93
pH	0.00	有机质	0.00	0.584	0.34
TP	0.00	全钾	0.00	0.540	0.26
坡度	0.00	坡度	0.00	0.740	0.16

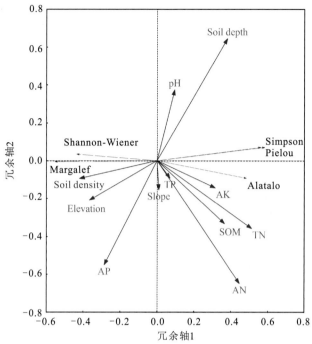

图 5.31　植物群落多样性指数与土壤理化性质的 RDA 图

Elevation：高程；Slope：坡度；Soil depth：土壤厚度；Soil density：土壤容重；SOM：有机质；TN：全氮；

AN：有效氮；TP：全磷；AP：有效磷；TK：全钾；AK：有效钾

植物群落多样性 Shannon-Wiener 多样性指数和 Margalef 丰富度指数与土壤容重、高程、Olsen-P 正相关，土壤 TN 负相关，而 Pielou 均匀度指数、Simpson 多样性指数和 Alatalo 均匀度指数与高程、土壤 Olsen-P 负相关，与土壤有效钾、TN、有机质、有效氮、TP、土层厚度正相关。

5.8　淹没水深对消落区植物生长及抗氧化酶活性的影响

三峡水库消落区植物群落以草本植物为主，其中多年生草本植物狗牙根和牛鞭草的分布范围最广，且是典型的耐淹植物。为探讨耐淹植物对淹水的适应机制，在重庆市开州区开展原位试验，设置淹水水深 0 m、2 m、5 m、15 m，淹水时间 30 d、60 d、180 d，分析淹没水深对狗牙根和牛鞭草生长、根系总蛋白、超氧化物歧化酶（superoxide dismutase，SOD）、过氧化物酶（peroxidase，POD）、丙二醛（malondialdehyde，MDA）等酶活性的影响，旨在为消落区人工植被构建提供基础支撑。

5.8.1　淹水期间植物生长状况

与未淹水（0 m）植物相比，淹水处理导致牛鞭草和狗牙根植物高度、盖度、萌芽数和鲜重均有不同程度的下降。随着淹水深度的增加，盖度和萌芽数总体呈降低趋势（表 5.19）。

表 5.19 牛鞭草和狗牙根高度、盖度、萌芽数及鲜重

指标	水深/m	牛鞭草			狗牙根		
		淹水 30 d	淹水 60 d	淹水 180 d	淹水 30 d	淹水 60 d	淹水 180 d
高度/cm	0	25.7±2.1	33.0±8.5	36.0±9.5	28.5±3.5	31.0±2.6	40.0±10.0
	2	23.5±2.1	27.0±0.0	9.5±3.5	17.0±1.4	24.3±6.4	34.7±2.3
	5	22.5±0.7	18.0±0.0	16.5±0.7	18.0±1.4	23.0±6.3	30.3±2.3
	15	18.7±1.1	15.3±0.6	14.5±0.7	19.5±2.1	18.0±2.6	25.7±3.8
盖度/%	0	90.0±5.0	95.3±4.6	98.0±0.0	91.3±7.1	96.0±1.7	97.3±1.2
	2	80.0±0.0	85.0±5.0	35.0±7.1	85.0±14.1	88.3±2.9	55.0±5.0
	5	77.5±3.5	16.6±11.5	40.0±0.0	82.5±3.5	80.0±8.7	60.0±20.0
	15	66.7±5.8	10.0±0.0	20.0±0.0	60.0±7.1	57.5±26.3	46.7±5.8
萌芽数/个	0	17.5±10.1	16.3±1.5	13.7±3.1	11.0±1.4	17.7±3.1	11.0±4.0
	2	9.5±3.5	12.0±4.0	5.5±0.7	7.0±1.4	13.0±3.6	8.7±1.5
	5	7.5±2.1	10.0±0.0	8.0±1.7	8.0±0.0	9.0±3.0	7.7±1.5
	15	0.67±0.6	6.3±3.2	3.0±1.4	4.5±3.5	6.0±2.4	7.0±1.0
鲜重/g	0	375.7±66.1	374.2±68.9	397.0±69.5	275.8±30.5	260.9±65.5	284.3±24.8
	2	411.2±75.6	362.3±63.5	203.8±71.6	264.8±12.6	258.3±59.2	149.0±4.6
	5	409.8±239.5	318.6±67.3	207.5±63.4	379.7±102.8	194.4±23.3	146.3±42.4
	15	305.6±25.7	295.3±68.7	157.7±40.0	325.8±44.7	219.0±72.8	115.6±16.6

蓄水淹没期影响消落区植物的生理生态响应是水体光照强度、DO、pH、Turb 和 CO_2 等环境因子综合作用的结果。随着水深增加，植物可以利用的光迅速减少，蛋白质合成被抑制。水深 15 m 处，光照强度均值仅（2.4±0.8）Lux。当光照强度低于植物光合补偿点时，植物将难以存活（Mommer and Visser，2005；Ramakrishnayya et al.，1999）。当水中含有较多的泥沙和浮游植物（Turb 很高）时，也可能导致到达植物冠层的光线会严重不足（吴晓东 等，2011；Ni，2001）。O_2 在水中的浓度很低，大气中的 O_2 浓度为 2.66×10^{-4} g/cm^3，而在水中（WT 25 ℃）O_2 的浓度为 8.26×10^{-6} g/cm^3（Jackson and Ram，2003；Armstrong，1979）。当 O_2 浓度低于 5%时，植物会受到厌氧或缺氧胁迫（Sachs et al.，1996）。在淹水时，pH 也能影响 CO_2 浓度，在中性或微酸性 pH 下，HCO_3^- 分解产生 CO_2，促进植物叶片扩展，加强光合作用，提高生存率。

5.8.2　淹水对植物抗氧化酶活性的影响

与未淹水（0 m）相比，淹水处理后，牛鞭草和狗牙根植株的 SOD 活性、MDA 活性均下降，POD 活性上升。随着淹水深度增加，SOD 活性降低，POD 活性增加。试验期间，牛鞭草植株 POD 活性和 SOD 活性低于狗牙根（图 5.32）。

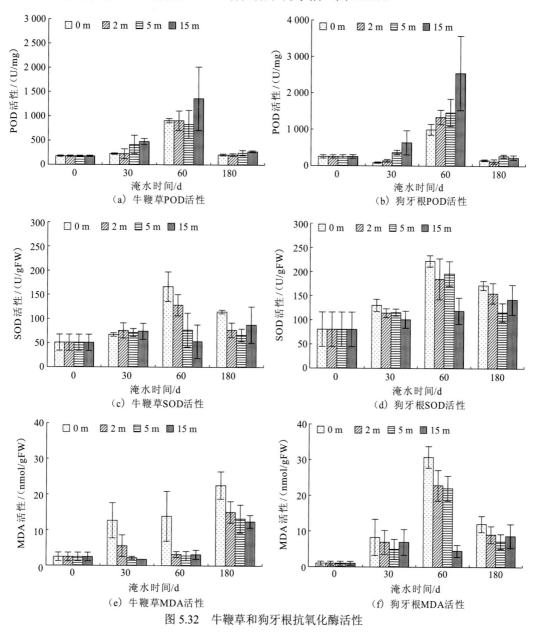

图 5.32　牛鞭草和狗牙根抗氧化酶活性

5.8.3 根系总蛋白与抗氧化酶活性的相关性

相关分析表明，根系 SOD 活性与 POD 活性显著正相关。淹水处理可以影响到根系总蛋白与 MDA 活性的相关性，淹水水深 5 m 处的植物根系总蛋白与 MDA 活性显著正相关。未淹水处理的植物根系，抗氧化酶活性之间的相关系数最大。淹水处理后，根系抗氧化酶活性之间的相关系数减小，淹水水深 15 m 处，SOD 活性与 POD 活性之间的相关系数最小（表 5.20）。不同物种，根系抗氧化酶活性的相关系数也有差异，狗牙根的相关系数较大。

表 5.20　基于检测个体数据的根系总蛋白与抗氧化酶活性 Pearson 相关系数

水深/m	指标	根系总蛋白	POD	SOD	MDA
0	根系总蛋白	1			
	POD	-0.437*	1		
	SOD	-0.769**	0.821**	1	
	MDA	-0.056	-0.578**	-0.317	1
2	根系总蛋白	1			
	POD	-0.487**	1		
	SOD	-0.561**	0.895**	1	
	MDA	0.167	-0.476**	-0.298	1
5	根系总蛋白	1			
	POD	-0.364*	1		
	SOD	-0.486**	0.769**	1	
	MDA	0.393*	-0.486**	-0.339*	1
15	根系总蛋白	1			
	POD	-0.387*	1		
	SOD	-0.400*	0.729**	1	
	MDA	0.149	-0.428**	-0.370*	1
全部	根系总蛋白	1			
	POD	-0.422*	1		
	SOD	-0.487**	0.769**	1	
	MDA	0.204	-0.455**	-0.334**	1

5.9　三峡水库消落区典型草本植物氮、磷养分计量特征

植物氮、磷生态化学计量特征是植物群落结构的一种内在调控机制，是揭示植物养分限制状况及其适应策略的重要手段。本节以三峡消落区常见种鬼针草、苍耳、水蓼、藜（Chenopodium album）、狗尾草为研究对象，设置 3 种氮、磷水平：对照（CK）、中量氮、磷（N1P1，0.2 g N/kg 土、0.2 g P₂O₅/kg 土）、高量氮、磷（N2P2，0.5 g N/kg 土、0.4 g P₂O₅/kg 土），其中 CK 代表贫营养水平，N1P1 代表中营养水平，N2P2 代表高营养水平。分析植物在不同养分条件下的氮、磷化学计量特征，比较植物的氮、磷吸收特征与生长特征，以期为消落区草本植物生长与群落演替提供理论基础。

5.9.1　消落区植物的生长特征及对土壤氮水平的响应

比较 5 种植物对氮的累积作用，鬼针草氮累积最强，其次为水蓼，藜和苍耳氮累积较弱，狗尾草最差。植物茎叶的氮累积量明显高于根。与贫营养土壤相比，中营养土壤明显促进植株氮累积量增加。其中，鬼针草累积的氮量增加最明显，其次是苍耳、水蓼、狗尾草，中营养条件下藜根中氮累积量与贫营养没有明显差异；鬼针草茎叶累积的氮量增加最明显，其次是水蓼和苍耳。与中营养土壤相比，高营养土壤对植物氮累积作用的促进不明显，甚至降低了水蓼、藜、苍耳的氮累积量。其中，根氮累积量都有明显增加，而茎叶氮累积量除鬼针草与狗尾草增加外，其余 3 种植物均有所下降（表 5.21）。这表明，土壤中营养的丰富先促进植物茎叶对氮营养的累积作用，再促进根对氮营养的累积；营养质量分数过高会降低植物茎叶对氮的累积（表 5.21）。

表 5.21　消落区 5 种植物不同部位不同营养水平下氮累积量　　　（单位：mg）

部位	处理	鬼针草	水蓼	藜	苍耳	狗尾草
全株	CK	24.81±3.88	14.97±1.26	8.237±0.90	9.579±1.56	4.695±1.09
	N1P1	215.6±8.74	128.2±10.8	41.77±10.4	71.36±13.7	23.41±0.76
	N2P2	269.8±21.2	119.9±14.8	36.96±7.25	65.41±16.7	25.91±14.3
根	CK	5.128±0.51	2.997±0.30	2.058±0.57	1.290±0.27	0.470 1±0.24
	N1P1	16.93±2.99	8.391±1.67	2.032±0.15	8.037±1.02	1.255±0.27
	N2P2	27.57±4.46	13.56±2.62	6.872±2.72	10.78±4.84	2.187±1.31
茎叶	CK	15.81±7.21	11.97±1.05	6.624±1.00	8.289±1.72	4.225±0.86
	N1P1	198.7±6.18	119.8±9.71	37.72±15.9	59.52±7.92	22.05±1.03
	N2P2	242.3±25.5	106.3±12.2	28.07±1.40	48.45±7.17	23.73±13.0

　　消落区植物体内累积的氮均主要分布在茎叶中，根的氮累积量仅占整株的 10%～25%，其中，狗尾草根的氮累积量占整株的比值最低，鬼针草最高。土壤氮、磷营养丰富促进植物茎叶对氮的累积，使得中营养土壤中鬼针草、水蓼、藜、苍耳、狗尾草的茎叶的氮累积量所占的比值均高于贫营养土壤。高营养土壤中，植物茎叶的氮累积量比值一般低于贫营养土壤，高于中营养土壤。（图 5.33）。

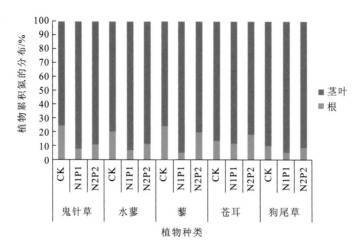

图 5.33　消落区植物体内累积氮在根和茎叶中的分布

　　植物生长过程中土壤 TN 质量分数表现为降低趋势，尤其在高营养土壤中表现明显。中营养土壤中，植物生长使土壤 TN 质量分数下降接近于贫营养土壤总氮水平，其中鬼针草表现最明显（图 5.34）。

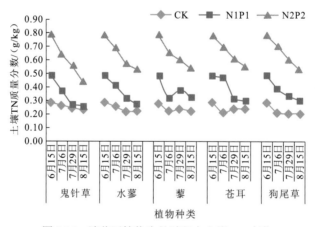

图 5.34　消落区植物生长过程中土壤 TN 变化

　　植物生长过程中土壤有效氮的变化趋势与 TN 相似，高营养土壤有效氮的降低作用最明显。中营养土壤中，除藜外，植物生长过程中土壤有效氮质量分数明显降低，且接近于贫营养土壤的有效氮水平（图 5.35）。

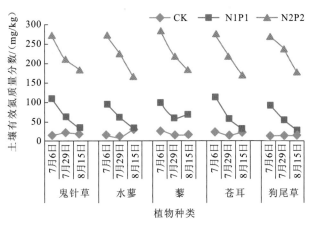

图 5.35 消落区植物生长过程中土壤有效氮的变化

通过计算植物氮累积量与土壤中 TN 减少量的占比关系,分析植物对土壤氮去除的贡献率。鬼针草氮去除贡献率最高,其次为水蓼和苍耳,藜和狗尾草最低。营养添加后植物氮去除贡献率均明显升高,中营养土壤中植物氮去除贡献率高于贫营养土壤。但营养进一步添加后植物氮去除贡献率降低,高营养土壤中植物氮去除贡献率低于中营养(表 5.22)。

表 5.22 不同营养水平下消落区植物的氮去除贡献率 (单位:%)

处理	鬼针草	水蓼	藜	苍耳	狗尾草
CK	18.40	9.62	3.90	8.44	3.36
N1P1	90.60	55.60	22.00	32.90	11.70
N2P2	75.80	42.60	12.30	24.40	9.51

通过计算单位量植物的氮累积能力评价植物对氮的去除能力。贫营养土壤中,鬼针草氮去除能力最强,其次为水蓼和狗尾草,苍耳和藜氮去除能力较弱。营养添加后植物氮去除能力明显增强。中、高营养土壤中鬼针草的氮去除能力最强,其次为水蓼和苍耳(表 5.23)。

表 5.23 不同营养水平下消落区植物的氮去除能力 (单位:mg/kg)

处理	鬼针草	水蓼	藜	苍耳	狗尾草
CK	3 526	2 242	889	1 285	1 780
N1P1	71 454	40 332	17 583	20 811	14 575
N2P2	97 575	33 777	15 187	34 342	18 586

5.9.2 消落区植物磷计量特征及对土壤磷水平的响应

比较 5 种植物对磷的累积作用,鬼针草磷累积作用最强,其次为水蓼和苍耳。植物茎叶磷累积量明显高于根（图 5.36）。与贫营养土壤相比，中营养土壤明显促进植株磷累积量增加，与根相比，茎叶的磷累积量增加更明显；苍耳、鬼针草根中磷累积量增加明显。与中营养土壤相比，高营养土壤对植物磷累积的促进作用不明显，甚至降低了藜、苍耳、水蓼的磷累积量；除狗尾草外，其余 4 种植物茎叶磷累积量均下降；而根磷累积量均增加。土壤中氮、磷营养丰富先促进磷在植物茎叶的累积，再促进磷在根的累积，营养质量分数过高会降低植物茎叶对磷的累积（表 5.24）。

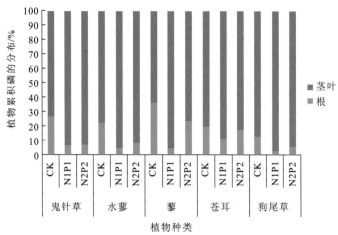

图 5.36　消落区植物体内累积磷在根和茎叶中的分布

表 5.24　消落区 5 种植物不同部位不同营养水平下磷累积量　（单位：mg）

部位	处理	鬼针草	水蓼	藜	苍耳	狗尾草
全株	CK	2.735±0.59	1.095±0.07	0.885 1±0.21	1.595±0.28	0.452 5±0.09
	N1P1	34.66±2.79	14.74±1.26	8.138±2.43	14.46±2.68	4.106±0.64
	N2P2	32.01±8.80	12.93±1.01	3.680±0.32	9.081±2.83	5.065±4.07
根	CK	0.725 0±0.03	0.250 5±0.04	0.282 9±0.01	0.313 5±0.031	0.059 10±0.042
	N1P1	2.182±0.21	0.646 6±0.23	0.301 8±0.31	1.522±0.009	0.096 62±0.026
	N2P2	2.304±0.64	1.112±0.24	0.930 1±0.35	1.383±0.457	0.312 0±0.291
茎叶	CK	2.010±0.59	0.844 0±0.03	0.484 3±0.04	1.282±0.27	0.393 4±0.13
	N1P1	32.48±2.68	14.10±1.03	6.612±0.66	12.47±1.86	3.403±1.13
	N2P2	29.71±8.17	11.82±0.77	2.973±0.34	6.339±0.41	4.753±3.78

　　消落区植物体内累积的磷均主要分布在茎叶中，根的磷累积量仅占整株的 13%～37%，其中，狗尾草根的磷累积量占整株的比值最低，藜最高。土壤氮、磷营养的丰富促进植物茎叶对磷的累积，使得中营养土壤中鬼针草、水蓼、藜、苍耳、狗尾草的茎叶磷累积量占比均高于贫营养土壤。高营养土壤中，植物茎叶磷累积量占比一般低于贫营养土壤，高于中营养土壤（图 5.36）。

植物生长过程中土壤 TP 质量分数总体表现为下降趋势，植物生长初期土壤 TP 质量分数降低明显，生长后期土壤 TP 质量分数表现出增加趋势，其中水蓼、苍耳、狗尾草表现更明显。（图 5.37）。

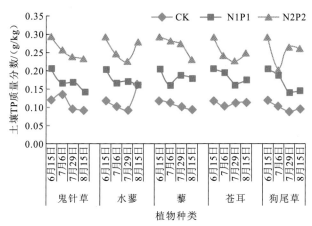

图 5.37　消落区植物生长过程中土壤 TP 变化

植物生长过程中，不同植物生长的土壤 Olsen-P 质量分数的变化趋势表现出差异，狗尾草生长的土壤 Olsen-P 质量分数较高，鬼针草生长的土壤 Olsen-P 质量分数较低。植物生长过程中贫营养土壤 Olsen-P 质量分数变化不明显；中、高营养土壤 Olsen-P 一般呈现逐渐降低的趋势（图 5.38）。

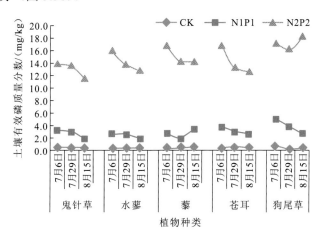

图 5.38　消落区植物生长过程中土壤 Olsen-P 变化

通过计算植物磷累积量与土壤 TP 减少量的占比关系，分析植物对土壤磷去除的贡献率。贫营养土壤中，苍耳磷去除贡献率最高；营养添加后植物磷去除贡献率均明显升高。中营养土壤中，鬼针草磷去除贡献率最高，其次是苍耳、水蓼和藜，狗尾草最低。高营养土壤中鬼针草、苍耳和藜的磷去除贡献率低于中营养土壤，而水蓼和狗尾草的磷去除贡献率高于中营养土壤（表 5.25）。

表 5.25　不同营养水平下消落区植物的磷去除贡献率　　　（单位：%）

处理	鬼针草	水蓼	藜	苍耳	狗尾草
CK	0.77	0.75	0.80	5.22	0.89
N1P1	51.30	27.30	20.20	36.90	4.30
N2P2	46.40	62.70	3.64	14.60	12.70

通过计算单位量植物的磷累积能力来评价植物对磷的去除能力。贫营养土壤中，狗尾草的磷去除能力最强。营养添加后植物磷去除能力明显增强。中、高营养土壤中，鬼针草的磷去除能力最强，其次为水蓼和苍耳（表 5.26）。

表 5.26　不同营养水平下消落区植物的磷去除能力　　　（单位：mg/kg）

处理	鬼针草	水蓼	藜	苍耳	狗尾草
CK	70	76	74	87	138
N1P1	10 784	4 116	2 680	3 956	1 775
N2P2	10 712	3 097	1 175	3 964	3 284

5.10　消落区植物群落特征变化趋势及优势植物适应策略

本节基于 2009～2021 年三峡水库消落带 14 个监测站点（图 5.39）的固定样方序列数据、优势植物叶片功能性状数据和生态适应策略分析，揭示消落区 3 个高程区域植物群落组成特征和多样性变化过程，揭示水库运行特征和气象因子对消落区优势植物的影响，为科学认知大型水库消落区的生态演变趋势和科学管理提供理论基础。

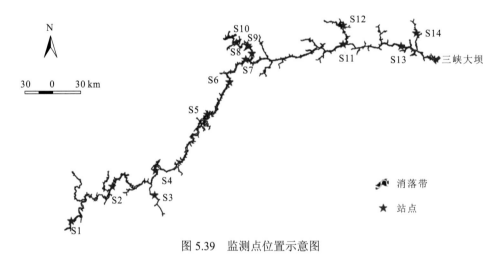

图 5.39　监测点位置示意图

5.10.1　消落区植物群落多样性变化趋势

2009～2021 年，随着高程的增加，植物群落 Shannon-Wiener 多样性指数和 Pielou

均匀度指数增加。高程 145～155 m 区域植物群落 Shannon-Wiener 多样性指数最低
（1.47±0.47）（$F=6.232$，$P=0.007$），显著低于高程 165～175 m 区域（2.22±0.21）。高
程 145～155 m 区域植物群落 Pielou 均匀度指数最低（0.67±0.07）（$F=16.608$，$P=0.00$），
显著低于高程 155～165 m 区域（0.78±0.81）和高程 165～175 m 区域（0.81±0.04）。

高程 145～155 m 和 155～165 m 区域植物群落 Shannon-Wiener 多样性指数［图 5.40（a）］
和 Pielou 均匀度指数［图 5.40（b）］总体上呈波动下降趋势。高程 165～175 m 区域植物
Shannon-Wiener 多样性指数稍微下降，但 Pielou 均匀度指数大体上呈增加趋势。3 个高
程区域样方内（1 m×1 m）植物的物种数呈下降趋势（图 5.40）。相关性分析表明，高程
145～155 m（$P<0.01$）和高程 155～165 m（$P<0.05$）区域的 Shannon-Wiener 多样性指
数和 Pielou 均匀度指数呈显著正相关，而高程 165～175 m 区域的 Shannon-Wiener 多样
性指数和 Pielou 均匀度指数虽然呈正相关性，但不显著。

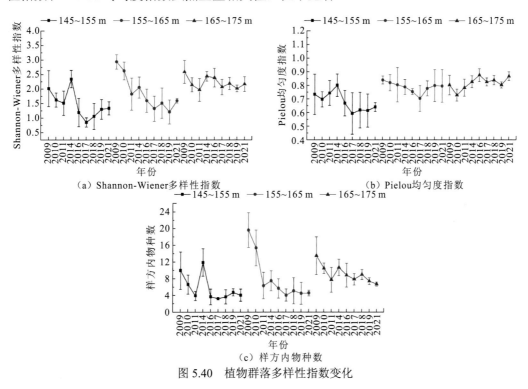

图 5.40　植物群落多样性指数变化

5.10.2　消落区优势植物重要值变化趋势

2009～2021 年，植物群落的优势种的重要值发生变化。其中多年生草本植物狗牙根
的重要值在消落区的 3 个高程梯度区域内均呈增大趋势（图 5.41）。香附子的重要值在高
程 145～155 m 区域呈先增大后减小趋势，在高程 155～165 m 区域呈增大趋势，在高程
165～175 m 区域的重要值变化不大（图 5.41）。

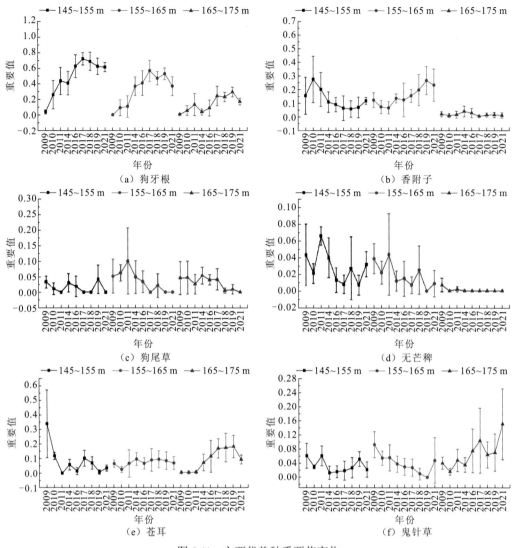

图 5.41　主要优势种重要值变化

不同年之间，一年生草本植物的重要值变动幅度较大。在 3 个高程梯度区域内狗尾草和无芒稗的重要值呈减小趋势（图 5.41）。苍耳的重要值在高程 145～155 m 区域呈减小趋势，在高程 155～165 m 区域变化不大，而在高程 165～175 m 区域呈增大趋势[图 5.41（e）]。鬼针草的重要值在高程 145～155 m 区域和高程 155～165 m 区域呈减小趋势，而在高程 165～175 m 区域呈增大趋势。

5.10.3　消落区优势植物生态适应策略

消落区优势植物表现出较高的 R（杂草型）策略（26.9%～71.3%），其次为 C（竞争型）策略（5.9%～61.3%），S（忍受型）策略得分最低，尤其是苍耳 S 策略得分为 0。

不同的优势植物,其适应策略有所差异,其中多年生植物狗牙根的策略为 SR,以 S 策略上投资为主(C∶S∶R=5.9%∶53.4%∶40.7%)。苍耳的策略为 CR,以 C 策略为主(C∶S∶R=61.3%∶0%∶38.7%)。地果为 C/CSR,水蓼为 CSR,牛鞭草为 SR/CSR。小白酒草和喜旱莲子草为 R/CR,鬼针草为 R/CSR(图 5.42)。

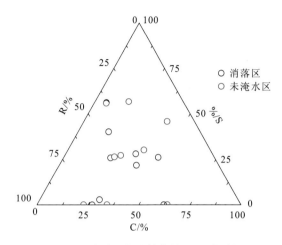

图 5.42　消落区优势植物的 CSR 策略图

比叶面积可以作为衡量消落区植物适应环境能力的综合指标,在草地和林地等生态系统研究中已被认为是研究特定环境条件下植物生态学策略的首选指标(Liu et al.,2021;Adler et al.,2014),是植物在生长过程中资源获取策略的关键叶性状指标,能够反映植物在不同生境下的资源获取能力。本章研究表明消落区优势植物中狗牙根的比叶面积最大,为(32.8±7.2)mm²/mg,鬼针草、牛鞭草和苍耳的比叶面积次之,地果的比叶面积最小,这也就说明了不同物种间比较,狗牙根适应消落区的极端胁迫环境的能力最强。地果的适应能力相对较差,仅在较高高程(170~175 m)区域分布。不同生活环境或演替阶段的植物的比叶面积大小有差异。生活在相对贫瘠的环境中和处于演替初期的植物具有更小的比叶面积,因为它们需要将更多的干物质投入以抵御不良环境。本章研究结果也证明了这点,消落区植物狗牙根、喜旱莲子草、小白酒草、水蓼、艾蒿、鬼针草和苍耳的比叶面积小于未淹水区。

在 CSR 理论中,C 表征植物在高资源和低干扰的环境中迅速抢占资源的能力,S 表征逆境中存活的物种特性,R 具有杂草特性,表征植物将获得的资源投入繁殖行为中的能力(林马震 等,2022;程苾登 等,2019)。本小节表明消落区植物狗牙根以 S 策略为主(53.4%),苍耳以 C 策略为主(61.3%),小白酒草(64.6%)、喜旱莲子草(71.3%)和鬼针草(50.9%)以 R 策略为主,这也从侧面说明了不同植物的适应策略差异,其中狗牙根的适应机制是较强的耐淹水能力,苍耳的比叶面积较大,在消落区出露初期可较快地占用光热资源,消落区出露末期小白酒草和鬼针草可将占用的资源转化为个体小而数量极为庞大的种子。

第 6 章

汉丰湖及入湖支流
生态环境特征

6.1　汉丰湖流域生态景观变化

　　汉丰湖位于重庆市开州区东河与南河交汇处（图6.1），它是在原小江开州汉丰街道段乌杨村（左岸）至木桥村（右岸）间构筑一座水位调节坝后形成的。汉丰湖水位调节坝竣工后，将开州区原有东河、桃溪河、南河及部分小江变更为汉丰湖流域，形成库容0.56亿 m³、水域面积14.83 km²的一座水库。本节以汉丰湖流域为研究对象，运用地理信息系统（geographic information system，GIS）空间分析与统计分析，研究2010～2015年间三峡水库运行和高速城市化进程对汉丰湖流域土地利用类型结构及其区域景观格局的影响。

图6.1　汉丰湖地理位置

　　为分析汉丰湖在过去不同时期的土地利用变化情况，充分考虑遥感数据的可获取性及其数据质量状况，本节选择汉丰湖形成后初步稳定的2010年和汉丰湖景区正式被批准后的2015年为研究年份，获取这2个年份的卫星影像（图6.2）。2010年、2015年的遥感数据分别为美国的陆地卫星7（Landsat-7）与Landsat-8所获取的影像。在ENVI监督分类的基础上，结合GIS目视解译，并通过参考有关资料和Google Earth定位，根据全国土地利用分类系统，对研究区域进行数据采集、编辑、分析，最后完成研究区不同时期土地利用图的编绘与成图工作（Poursanidis et al.，2015）。

　　在此基础上，利用GIS软件将分类完成的2个时期土地利用数据进行空间叠加分析，并提取土地利用变化的数据，评价该地区各时期的土地利用变化。分析利用地图迭代法建立的不同时期土地利用转移矩阵与研究区域的土地利用动态变化。此外，本节运用Fragstats软件对汉丰湖流域不同时期的景观格局进行描述，并对该流域研究时间内景观格局的整体变化进行分析。同时，利用香浓多样性指数（Shannon's diversity index，SHDI）、香浓均匀度指数（Shannon's evenness index，SHEI）、散布与并列指数（interspersion and juxtaposition index，IJI）和蔓延度（contagion，CONTAG）分别对汉丰湖流域 2 个时期整体景观格局进行分析（雷雅凯 等，2012；雷雅凯，2009），最终得出该区域近 5 年景观变化状况。

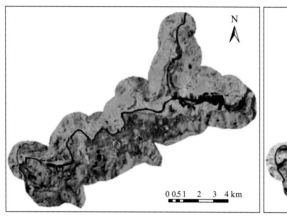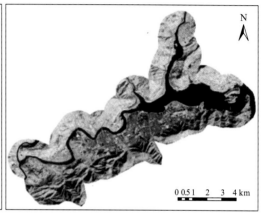

（a）2010年　　　　　　　　　　　　　（b）2015年

图 6.2　2010 年、2015 年汉丰湖流域卫星影像图

6.1.1　土地利用类型的时空变化

2010 年和 2015 年汉丰湖流域土地利用类型的空间分布特点，反映了土地利用类型的空间分布区域及在各区域的集中程度。从专题制图仪（thematic mapper，TM）影像解译的结果可以看出（图 6.3），在这 2 个时期，汉丰湖流域的林地、河渠、湿地及耕地面积发生了变化，其中林地和湿地面积减少，河渠及耕地面积增加。

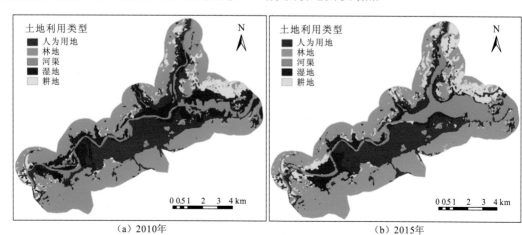

（a）2010年　　　　　　　　　　　　　（b）2015年

图 6.3　2010 年、2015 年汉丰湖流域土地利用类型图

2010～2015 年，人为用地基本上保持不变，从 2010 年的 17.76 km^2 增至 2015 的 17.89 km^2。河渠与耕地面积变化最为明显，河渠面积 5 年间增加了 4.25 km^2，增幅为 61.06%；耕地面积由 6.56 km^2 增加至 10.84 km^2，增加了 4.28 km^2，增长率为 65.24%。而湿地面积有一定幅度的减少，5 年间减少了 5.95 km^2，到 2015 年区域湿地面积为 7.15 km^2，降幅为 45.42%（表 6.1）。

表 6.1　2010 年与 2015 年汉丰湖土地利用类型统计结果

土地利用类型	2010 年		2015 年	
	面积/km^2	比例/%	面积/km^2	比例/%
人为用地	17.76	21.32	17.89	21.47
林地	38.93	46.73	36.22	43.48
河渠	6.96	8.35	11.21	13.46
湿地	13.10	15.72	7.15	8.58
耕地	6.56	7.88	10.84	13.01
总和	83.31	100.00	83.31	100.00

2010 年与 2015 年汉丰湖流域的主要土地利用类型为林地和人为用地，2010 年占比为 68.05%，2015 年为 64.95%。5 年间湿地所占比例减少，解译的结果表明湿地面积的减少很大程度是源于调水坝的建立，大量湿地被淹没，而目前新的湿地生态系统并没有完全形成。2010～2015 年汉丰湖流域人为用地基本上保持不变，林地的变动幅度最小，而湿地是所有土地利用类型中波动最大的，河渠和耕地面积均上升且上升幅度相似（图 6.4）。

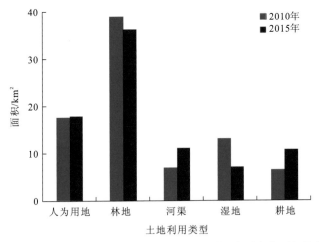

图 6.4　汉丰湖流域 2010 年、2015 年土地利用类型变化面积比较

6.1.2　土地利用类型的动态转化

本小节通过分析土地利用类型转移矩阵，得出近 5 年来各种土地利用类型相互转移变化情况，进一步研究土地利用的动态演变过程。将 2 个时期土地利用类型图在 ArcMap 中按照时间顺序进行叠加分析，得出 2010～2015 年土地利用类型转移矩阵与各类土地利用类型减少与增加状况，具体结果如表 6.2、图 6.5 和图 6.6 所示。

表 6.2　2010～2015 年土地利用转移矩阵

项目	耕地	河渠	林地	人为用地	湿地	2015 年面积/km²	占比/%
耕地/km²	6.13	0.03	2.63	0.37	1.68		
转出比例/%	93.45	0.43	6.76	2.08	12.82	10.84	13.01
转入比例/%	56.55	0.28	24.26	3.41	15.50		
河渠/km²	0.00	6.03	0.00	0.31	4.87		
转出比例/%	0.00	86.64	0.00	1.75	37.18	11.21	13.46
转入比例/%	0.00	53.79	0.00	2.77	43.44		
林地/km²	0.00	0.00	36.02	0.13	0.07		
转出比例/%	0.00	0.00	92.53	0.73	0.53	36.22	43.48
转入比例/%	0.00	0.00	99.45	0.36	0.19		
人为用地/km²	0.37	0.03	0.27	15.78	1.44		
转出比例/%	5.64	0.43	0.69	88.85	10.99	17.89	21.47
转入比例/%	2.07	0.17	1.51	88.21	8.05		
湿地/km²	0.06	0.87	0.01	1.17	5.04		
转出比例/%	0.91	12.50	0.03	6.59	38.47	7.15	8.58
转入比例/%	0.84	12.17	0.14	16.36	70.49		
2010 年面积/km²	6.56	6.96	38.93	17.76	13.10	83.31	
占比/%	7.88	8.35	46.73	21.32	15.72	100	

注：转出比例表示转出横轴（2010 年）土地利用类型的面积，占原来横轴（2010 年）该土地利用类型的比例；转入比例表示转入纵轴（2015 年）土地利用类型的面积，占现在纵轴（2015 年）该土地利用类型的比例；人为用地转入比例行加和不为 100% 由修约所致。

2010～2015 年，汉丰湖流域中的耕地面积存在一定程度的增加。具体来说，2010 年汉丰湖流域的耕地面积为 6.56 km²，到 2015 年耕地面积增加到 10.84 km²（增加了 4.28 km²）。根据土地转移矩阵可知，原耕地面积基本保持不变，仅有 5.64% 耕地转变为人为用地。而 2015 年耕地面积的增加主要是由 1.68 km² 的湿地与 2.63 km² 的林地转变为耕地。

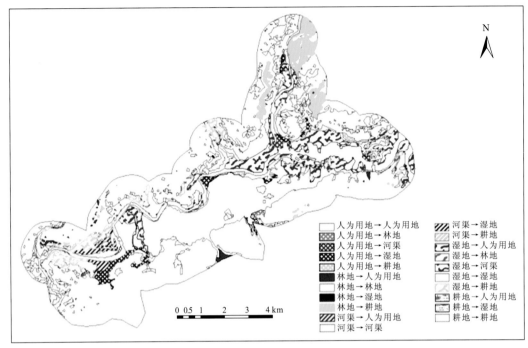

图 6.5　汉丰湖流域土地利用变化空间分布图

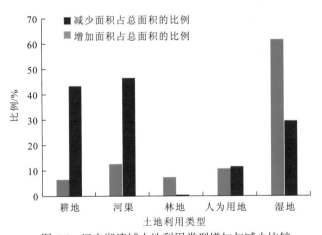

图 6.6　汉丰湖流域土地利用类型增加与减少比较

在 2010 年调节坝建成后，汉丰湖流域河渠面积急剧增加，5 年间河渠面积增幅为 61.06%，2015 年河渠面积为 11.21 km²。土地转移矩阵结果表明，有 69.97%的河渠转变为湿地，另有 4.87 km² 湿地转变为河渠；仅少量的人为用地被河渠淹没。

2010 年汉丰湖流域的湿地面积为 13.10 km²，2015 年面积减少到 7.15 km²。土地转移矩阵结果表明，在减少的湿地面积中有 4.87 km² 转变河渠，达到湿地减少面积的 81.85%。同时，部分人为用地被淹水没形成新的湿地，占现湿地面积的 16.36%。

2010～2015 年，汉丰湖流域林地面积变化不大，仅有少量的减少（5 年减少了约 7% 的面积），面积总共减少了 2.71 km²，其中 2.63 km² 转变为耕地。人为用地面积基本保持不变，2010～2015 年仅增加了 0.13 km²，约 6.59% 的人为用地转变为湿地类型，另一方面 2015 年的人为用地中有 8.05% 是由湿地转变而成。

汉丰湖流域人为用地波动不明显，增加比例与减少比例相当；湿地类型土地波动最为明显，5 年中减少比例与增加比例均比较明显，其中减少比例达到 61.53%，整体呈现下降的趋势；林地的增加比例在所有土地利用类型中最小，仅为 0.55%，但其减少比例不高；耕地与河渠两种土地利用类型整体增加较为明显，两者的增加比例均超过了 40%，且减少比例均在 10% 左右浮动。

6.1.3　汉丰湖区域景观格局

基于 2010 年和 2015 年土地利用的矢量数据，运用 Fragstats 软件选择景观指标分析汉丰湖区域景观格局。由表 6.3 可知，2010 年汉丰湖区域总面积为 83.31 km²，斑块数量最多的是耕地，有 171 个，占总斑块数量的比例超过了 1/3；其次是人为用地，为 132 个，两者之和占总斑块数量一半以上。其中，林地景观面积最大，为 38.93 km²，斑块所占景观面积比例（percentage of landscape，PLAND）为 46.73%，基本构成了研究区域景观的基质；其次为人为用地和湿地景观，PLAND 分别为 21.32% 和 15.72%；面积最小的是耕地，仅 6.56 km²。2010 年汉丰湖格局以林地、人为用地、湿地景观为主，三者合计 PLAND 高达 83.77%，基本可以代表整个汉丰湖地区的景观格局。

表 6.3　2010 年汉丰湖流域景观斑块类型特征

土地利用类型	斑块类型面积 [total (class) area，CA] /0.01 km²	斑块数量 (number of patches, NP)	PLAND /%	斑块数比 /%	最大斑块占景观面积比例 (largest patch index, LPI) /%	总边缘长度（total edge, TE) /km	边缘密度 (edge density, ED) / (km/km²)	IJI
耕地	6.56	171	7.88	39.77	3.67	141.4	1.70	80.295 7
林地	38.93	45	46.73	10.47	17.19	213.7	2.57	86.195 3
人为用地	17.76	132	21.32	30.70	13.95	209.9	2.52	91.296 2
河渠	6.96	27	8.35	6.28	6.00	120.9	1.45	70.600 4
湿地	13.10	55	15.72	12.79	2.95	190.0	2.28	89.544 4
总体	83.31	430	100.00	100.00	17.19	438.0	5.26	89.964 3

注：斑块数比列加和不为 100% 由修约所致。

2015 年，汉丰湖区域总面积为 83.31 km²，由表 6.4 可知，斑块数量最多的是耕地，有 192 个；其次是人为用地和湿地，分别为 161 个和 73 个。其中，林地景观面积最大，为 36.22 km²，占研究区域总面积的 43.48%，基本构成了该区域景观的基质；其次为人为用地和河渠景观；面积最小的是湿地景观，仅 7.15 km²。2015 年汉丰湖格局以林地、人为用地和河渠景观为主，三者合计 PLAND 为 78.41%。汉丰湖的林地平均斑块面积最大，为 0.64 km²，但其 NP 仅为 57。

表 6.4　2015 年汉丰湖流域景观斑块类型特征

土地利用类型	CA/km²	NP	PLAND/%	斑块数比/%	LPI/%	TE/km	ED/(km/km²)	IJI
耕地	10.84	192	13.01	37.87	4.07	22.1	2.65	82.998 1
林地	36.22	57	43.48	11.24	17.05	23.1	2.77	78.788 0
人为用地	17.89	161	21.48	31.76	13.82	20.8	2.50	90.571 9
河渠	11.21	24	13.45	4.73	10.71	99.8	1.20	87.325 8
湿地	7.15	73	8.58	14.40	2.59	13.3	1.59	95.871 3
总体	83.31	507	100.00	100.00	17.05	44.6	5.36	89.613 5

6.1.4　汉丰湖流域景观变化

2010 年和 2015 年汉丰湖整体景观 CONTAG 分别为 40.374 5 和 38.281 0（表 6.5）。

表 6.5　2010 年与 2015 年汉丰湖流域整体水平上的景观指数

年份	CONTAG	SHDI	SHEI	IJI
2010	40.374 5	1.383 4	0.859 6	89.964 3
2015	38.281 0	1.438 4	0.893 7	89.613 5

2010 年和 2015 年汉丰湖整体景观 SHDI 分别为 1.383 4 和 1.438 4，具有相对较高的景观多样性，且 SHDI 具有上升趋势，2010～2015 年 NP 增多（图 6.7），LPI 降低。

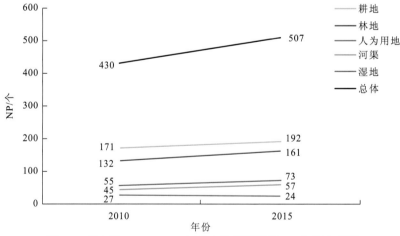

图 6.7　汉丰湖 2010～2015 年各土地利用类型 NP 变化示意图

从汉丰湖景观 SHEI 研究结果来看，2010 年和 2015 年的景观 SHEI 分别为 0.859 6 和 0.893 7，说明汉丰湖景观格局中，2010～2015 年景观类型分布相对稳定，但是却并不均衡，存在某一景观斑块类型对整个景观起支配作用的发展趋势，这与景观类型面积比所反映的林地类型组成了汉丰湖景观基质的结论一致。

基于以上的研究内容可以得知，2010～2015 年汉丰湖流域内林地为该区域的主要土地利用类型，其次是人为用地，两者之和超过该流域总面积的 60%，且这两种土地利用类型在研究时间段内基本保持稳定；其中，湿地在所有土地类型中的变化最为明显，一方面是由于原有大量的湿地被湖泊淹没转化为河渠类型，另一方面是由于被湖泊淹没的人为用地又部分转化为湿地；可见，自 2010 年汉丰湖调节坝建设完成以来，汉丰湖流域原有湿地面积大量的淹没，水域面积的大幅增加，加之该区域土地利用强度正不断加大与调水工程的引入，区域水资源增加，生态环境正在逐步改善（袁兴中 等，2011）。

对该区域景观格局的研究结果表明，2010 年的汉丰湖地区最大斑块指数较低，且 NP 也较大，这表明该地区的景观格局已受到外界的干扰。2015 年林地 NP 相较 2010 年变化不大，这主要是因为林地主要分布在开州区主城区的外围，受人为活动干扰小，有集中连片分布的特点。而河渠面积增加，湿地面积减少应与三峡工程的蓄水有关。此外，该区域景观 SHDI 的上升反映了 2010～2015 年汉丰湖地区对景观多样性的保护与维持起着积极作用，各个土地利用类型在景观中呈均衡化趋势分布，也说明了随着人类活动强度的增加，景观的多样性和破碎度也在增加。在 SHEI 方面，受三峡工程影响，在一定程度上降低了单个景观类型的聚集度，造成该部分地区的景观 SHEI 较高。但由林地占据主导位置的汉丰湖景观，也侧面体现了生态维护的成果。

总体来说，汉丰湖流域景观分布较为均匀，由各土地利用类型占流域总面积的结果可知，林地为主要的土地利用类型。随着大坝引水工程的进行，景观均匀分布程度得到了进一步提高。随之而来的，聚集指数降低，汉丰湖地区已逐渐变成小景观格局，各种土地利用类型 NP 增加，景观多样性增加，流域内景观破碎化程度也进一步加剧（孙荣 等，2010）。

6.2 汉丰湖湿地生态环境特征

汉丰湖是为解决小江中上游大片消落区可能对开州城区造成的潜在危害新建成的三峡水库的前置库，即"库中库"。受三峡水库和开州水位调节坝蓄水运行的双重影响，汉丰湖湿地生态系统生物群落结构简单，生态环境脆弱，存在富营养化趋势。本节对汉丰湖典型年份的富营养化状态进行评价，分析其浮游植物群落结构时空演替过程、底栖动物群落结构特征及对水位变动的响应、鱼类资源变化特征和湿地植物及生境的影响，旨在为汉丰湖的水体富营养化防控和生态保护提供基础支撑。

6.2.1 水环境状况及富营养化评价

2012～2015 年在汉丰湖设置 10 个调查站点（图 6.8），分别位于南河区域（HF1～HF4）、东河区域（HF5～HF6）、小江干流区域（HF7～HF10）。水深调查点 3 个，分别位于东河河口、南河河口和坝前；水位调查点一个，位于坝前。鱼类资源调查在东河、南河和汉丰湖主体湖区各选择 1 个样点。开展了水环境监测，采用综合营养状态指数法对其富营养化程度进行评价，采用进、出湖水量相等均匀混合易降解的沃伦威德尔模型和狄龙模型（郝芳华 等，2008）对其主要污染物指标 TN、TP 和 COD$_{Mn}$ 的环境容量进行分析。

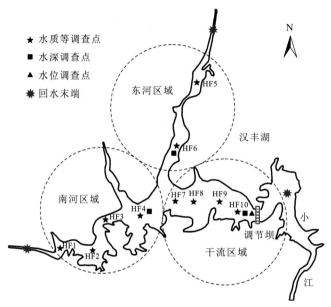

图 6.8　汉丰湖水体生态环境状况调查站点

1. 汉丰湖水体主要理化指标特性及其变化

2012～2015 年汉丰湖 TN 处于 IV～劣 V 类水水平，NH$_3$-N 处于 I～III 类水水平，TP 处于 III～V 类水水平，COD$_{Mn}$ 处于 II～III 类水水平。分析 2012～2015 年汉丰湖各水质指标的年际变化情况（图 6.9），TN、NO$_3^-$-N、NH$_3$-N、TP、PO$_4^{3-}$-P、DO 等浓度呈现先上升后下降的趋势，SD 呈现先下降后上升的趋势，WT、Chl-a 等呈现锯齿形变化趋势，2013 年和 2015 年较高，2012 年和 2014 年较低，总溶解性固体（total dissolved solids，TDS）则变化不明显。

分析 2012～2015 年汉丰湖 Chl-a 浓度时空变化情况可以看出（图 6.10），Chl-a 浓度在 2015 年秋季最高，在 2012 年春冬季、2013 年秋季、2014 年和 2015 年夏季较低，均值低于 10 μg/L；从空间来看，各区域 Chl-a 浓度都呈现波动变化，大部分时间 Chl-a 浓度空间变化较为明显，2012 年各区域 Chl-a 浓度差别不大，2013～2015 年，南河区域的 Chl-a 浓度要明显高于东河区域，而干流区域在 2014 年、2015 年的春、秋季 Chl-a 浓度高于其他区域。

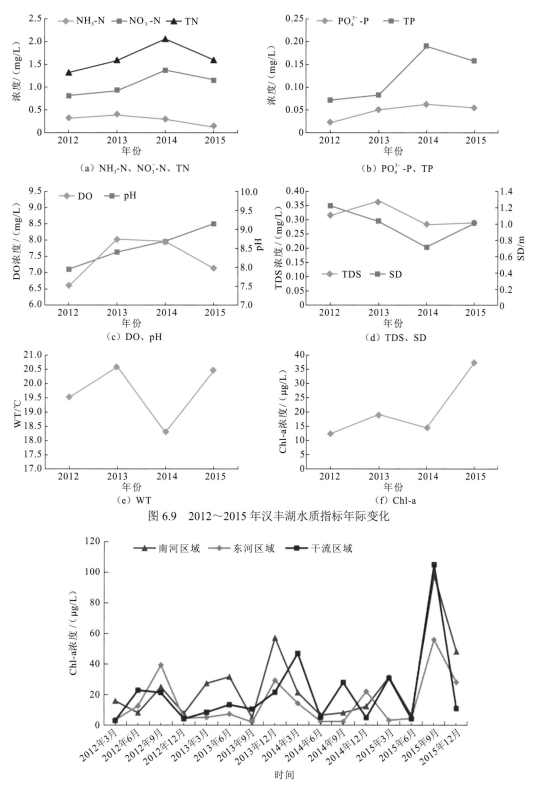

图 6.9 2012～2015 年汉丰湖水质指标年际变化

图 6.10 2012～2015 年汉丰湖 Chl-a 时空变化

2. 水体富营养化综合评价

根据汉丰湖水质指标监测结果，从空间和时间角度对汉丰湖富营养化状态进行综合评价（表 6.6），结果表明：2012～2013 年，汉丰湖总体处于中营养到轻度富营养状态之间，营养状态季节性变化较明显，夏季大于冬季。从空间上分析，汉丰湖不同区域水体的营养状态存在明显差异，其中，南河区域营养状态持续较高。单因子状态指数中，TN 的营养状态最高，在监测调查期间持续处于轻度、中度甚至重度富营养状态，表明汉丰湖氮污染相对较严重。

表 6.6　汉丰湖营养状态综合评价结果

时期	区域	单因子营养状态指数					综合营养状态指数 TLI	营养状态
		TP	TN	COD$_{Mn}$	SD	Chl-a		
2012 年春	南河区域	57.00	58.49	32.84	63.37	56.76	54.50	轻度富营养
	东河区域	52.37	56.63	25.02	41.93	68.96	48.42	中营养
	干流区域	44.22	60.00	29.22	35.05	40.32	41.28	中营养
2012 年夏	南河区域	56.16	59.25	31.92	56.46	61.09	53.28	轻度富营养
	东河区域	61.04	60.51	38.46	60.19	62.26	56.80	轻度富营养
	干流区域	58.17	64.27	33.41	66.45	56.12	56.60	轻度富营养
2012 年秋	南河区域	47.89	56.61	38.37	68.26	55.81	54.66	轻度富营养
	东河区域	43.51	55.93	39.35	72.23	54.33	54.71	轻度富营养
	干流区域	32.29	53.01	34.30	65.85	47.44	48.27	中营养
2012 年冬	南河区域	48.37	63.75	47.44	54.42	41.91	51.52	轻度富营养
	东河区域	40.33	61.99	48.04	45.87	35.88	46.47	中营养
	干流区域	39.12	58.67	42.50	46.17	44.14	46.21	中营养
2013 年春	南河区域	54.67	64.05	48.46	69.06	63.41	60.73	中度富营养
	东河区域	33.45	56.43	65.41	51.57	68.96	54.97	轻度富营养
	干流区域	48.05	64.41	37.92	55.60	34.30	48.75	中营养
2013 年夏	南河区域	58.66	65.59	57.16	70.38	71.69	65.19	中度富营养
	东河区域	28.35	54.58	16.76	54.20	64.43	44.65	中营养
	干流区域	47.64	61.07	19.88	61.08	65.22	51.87	轻度富营养
2013 年秋	南河区域	57.92	66.67	39.98	52.21	70.60	57.08	轻度富营养
	东河区域	47.93	61.68	17.33	37.83	82.40	48.53	中营养
	干流区域	48.47	61.94	29.49	58.26	62.52	52.70	轻度富营养
2013 年冬	南河区域	60.68	60.78	48.93	76.38	40.21	58.97	轻度富营养
	东河区域	54.82	56.14	44.18	69.32	37.25	53.76	轻度富营养
	干流区域	54.76	51.25	44.00	65.95	34.03	48.18	中营养

3. 水环境容量计算

水环境容量计算结果（表 6.7）表明：除 COD_{Mn} 具有一定水环境容量外，汉丰湖 TN、TP 的现状污染负荷量大于目标要求的水环境容量，为达到水功能区划 II 类水的管理目标，排入汉丰湖的氮和磷的量需要进行削减。

表 6.7　汉丰湖主要污染物水环境容量

指标	现状污染负荷/(t/a)	水环境容量/(t/a)	削减量/(t/a)	削减率/%
COD_{Mn}	17 681	37 335.00	0.00	0
TP	248	109.10	138.90	56
TN	2 669	1 643.84	1 025.16	38

6.2.2　浮游植物群落结构时空演替过程

1. 浮游植物种类组成

2012～2014 年调查期间，汉丰湖共鉴定出浮游植物 8 门 95 属 281 种（变种）。其中，绿藻门种类最多，为 36 属 103 种，占种类总数的 36.65%；其次是硅藻门，为 26 属 82 种，占种类总数的 29.18%；蓝藻门种类也较多，为 14 属 49 种，占种类总数的 17.44%；裸藻门、甲藻门、隐藻门、金藻门、黄藻门等种类较少，分别为 6 属 17 种、3 属 11 种、2 属 7 种、6 属 8 种、2 属 4 种，共占总种类数的 16.73%。根据种类组成特点，汉丰湖 2012～2014 年浮游植物群落结构类型表现为绿藻-硅藻-蓝藻型。2012～2014 年汉丰湖浮游植物种类分布如图 6.11 所示。

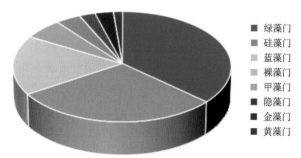

图 6.11　2012～2014 年汉丰湖浮游植物种类分布

2. 浮游植物密度

汉丰湖浮游植物密度在不同季节有明显变化，夏、秋季浮游植物密度普遍高于春、冬季。从年际分布上看，2012 年汉丰湖浮游植物密度数量级在 10^4～10^5 cells/L 内波动，年平均值为 1.87×10^5 cells/L；2013 年汉丰湖浮游植物密度数量级在 10^5～10^6 cells/L 内波动，年平均值为 2.47×10^6 cells/L；2014 年汉丰湖浮游植物密度波动较大，其数量级最高达 10^7 cells/L，年平均值为 3.84×10^6 cells/L。因此，汉丰湖浮游植物密度总体呈上升趋势（图 6.12）。从空间分布来看，干流区域的浮游植物密度整体低于东河区域和南河区域，但变化规律较为一致。

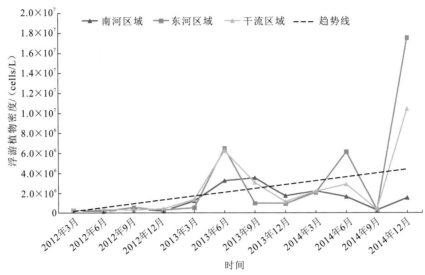

图 6.12　汉丰湖不同区域浮游植物密度变化及趋势

3. 浮游植物多样性指数

藻类的种类多样性指数是评价水质时最常用的检测指标，主要以藻类密度和种群结构的变化为基本依据评价水体的污染程度。基于汉丰湖浮游植物种类数和浮游植物密度的统计结果，根据 Shannon-Wiener 多样性指数的计算公式得到了汉丰湖各监测样点浮游植物多样性。汉丰湖各监测样点浮游植物 Shannon-Wiener 多样性指数在 0.15~2.63 波动。从空间分布来看（图 6.13），东河区域浮游植物 Shannon-Wiener 多样性指数最低，约为 1.00；干流区域浮游植物 Shannon-Wiener 多样性指数最高，约 1.70；南河区域浮游植物 Shannon-Wiener 多样性指数在两者之间，为 1.49，更接近干流区域的数值。从季节变化来看（图 6.13），春季（$H'=1.84$）和秋季（$H'=1.86$）的汉丰湖浮游植物 Shannon-Wiener

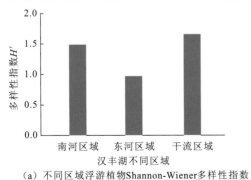

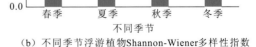

（a）不同区域浮游植物 Shannon-Wiener 多样性指数　　　（b）不同季节浮游植物 Shannon-Wiener 多样性指数

图 6.13　汉丰湖不同湖区和不同季节浮游植物 Shannon-Wiener 多样性指数变化

多样性指数明显高于夏季（H' = 1.15）和冬季（H' = 1.18）。根据藻类生物学营养类型评价标准，Shannon-Wiener 多样性指数数值大于 3 为轻或无污染类型，数值处于 1~3 之间为中污染，数值在 0~1 为重污染类型。汉丰湖 Shannon-Wiener 多样性指数在 0~3 波动，跨度较大，属于中污染至重污染类型。

4. 浮游植物与环境因子的关系

相关性分析结果表明（表 6.8），2012~2014 年汉丰湖 Chl-a 浓度与 NH_3-N、DO、TP、pH 等极显著正相关（P < 0.01），与 PO_4^{3-}-P、COD_{Mn} 等显著相关（P < 0.05）；浮游植物密度与 PO_4^{3-}-P、TP、NO_3^--N、TN、pH、DO、Chl-a 等均极显著正相关（P < 0.01）。这说明营养盐是汉丰湖浮游植物变化的主要环境影响因子之一。水体 pH 与浮游植物生长相互作用、相互影响，浮游植物进行光合作用利用水中的 CO_2，会使得水体 pH 升高，达到一定值后将限制藻类的繁殖，而藻类又会通过自身的适应性改变水体的 pH，因此本研究中浮游植物现存量与 pH 显著相关。水体 DO 与浮游植物生长亦相互作用、相互影响，浮游植物光合作用会对水体有较强的富氧作用，同时浮游植物死亡时会消耗大量的 DO，这就造成了水体 DO 与浮游植物现存量呈显著相关性。WT 与浮游植物密度无显著相关性，这可能是因为汉丰湖在冬季甲藻会大量生长。另流速与浮游植物密度的相关性分析结果表明，2012~2014 年汉丰湖浮游植物与流速相关性不显著（P < 0.01），这可能是因为汉丰湖流速较小，不构成浮游生长的主要环境影响因子。

表 6.8　汉丰湖浮游植物与水质指标的相关性分析结果

水质指标	Chl-a		密度	
	F	P	F	P
NH_3-N	0.353	0.000	0.082	0.381
NO_3^--N	−0.153	0.100	0.412	0.000
TN	0.022	0.816	0.308	0.001
PO_4^{3-}-P	0.207	0.025	0.467	0.000
TP	0.269	0.003	0.450	0.000
COD_{Mn}	0.189	0.041	−0.133	0.153
SD	0.077	0.425	−0.111	0.247
WT	0.096	0.305	0.004	0.967
DO	0.292	0.001	0.257	0.005
pH	0.267	0.004	0.373	0.000
TDS	−0.055	0.554	−0.095	0.308
Chl-a	1.000	—	0.260	0.005
流速	0.190	0.266	−0.161	0.347

6.2.3　底栖动物群落结构特征及对水位变动的响应

1. 种类组成及时空变化

2013～2015 年共检出底栖动物 80 种（表 6.9）。其中环节动物门 19 种，节肢动物门 39 种，软体动物门 21 种，其他 1 种。2013 年、2014 年、2015 年分别检出 44 种、49 种、25 种底栖动物。常见种为摇蚊属（*Chironomus*）、苏氏尾鳃蚓（*Branchiura sowerbyi*）、河蚬（*Corbicula fluminea*）和蜉蝣属（*Ephemera* sp.）。

表 6.9　汉丰湖底栖动物名录

门	种类	2013 年	2014 年	2015 年
	苏氏尾鳃蚓 *Branchiura sowerbyi*	√	√	√
	水丝蚓属 *Limnodrilus* sp.		√	√
	霍甫水丝蚓 *Limnodrilus hoffmeisteri*	√	√	√
	克拉泊水丝蚓 *Limnodrilus claparedeianus*		√	√
	巨毛水丝蚓 *Limnodrilus grandisetosus*		√	√
	多毛管水蚓 *Aulodrilus pluriseta*		√	√
	皮氏管水蚓 *Aulodrilus pigueti*			√
	指鳃尾盘虫 *Dero digitata*		√	√
	印西头鳃虫 *Branchiodrilus hortensis*			√
环节动物门	颤蚓属 *Tubifex* sp.		√	√
	盘丝蚓属 *Bothrioneurum* sp.		√	
	双齿钩仙女虫 *Uncinais uncinata*		√	
	肥满仙女虫 *Nais inflata*		√	
	平叉吻盲虫 *Pristina synclites*	√		
	费氏拟仙女虫 *Paranais frici*		√	
	缨鳃虫科 Sabellidae		√	
	水蛭 *Hirudo nipponica*	√		
	舌蛭属 *Glossiphonia* sp.		√	
	泽蛭属 *Helobdella* sp.		√	
	双翅目 Diptera			√
	细裳蜉科 Leptophlebiidae	√		
节肢动物门	扁蜉属 *Heptagenia* sp.	√		
	四节蜉属 *Baetis* sp.	√		
	小蜉属 *Ephemerella* sp.	√		

续表

门	种类	2013 年	2014 年	2015 年
	蜉蝣属 *Ephemera* sp.	√	√	√
	细蜉属 *Caenis* sp.		√	
	二翼蜉属 *Cloeon* sp.		√	
	红蚊蜉属 *Rhoenanthus* sp.		√	
	蜻蜓科 Libellulidae	√		
	多距石蛾科 Polycentropodidae	√		
	长角泥甲科成虫 Elmidae（Adult）	√	√	
	长角泥甲科幼虫 Elmidae（Larvae）	√		
	鱼蛉科幼虫 Corydalidae	√	√	
	纹石蛾科 Hydropsychidae	√	√	
	步甲科 Carabidae		√	
	负子蝽科 Belostomatidae		√	
	潜水蝽科 Naucoridae	√		
	多足摇蚊属 *Polypedilum* sp.			√
	小云多足摇蚊 *Polypedilum nubeculosum*	√	√	
	凹铗隐摇蚊 *Cryptochironomus defectus*	√		
节肢动物门	小突摇蚊属 *Micropsectra* sp.		√	
	摇蚊属 *Chironomus* sp.		√	√
	前突摇蚊属 *Procladius* sp.		√	√
	菱跗摇蚊属 *Clinotanypus* sp.		√	√
	粗腹摇蚊属 *Pelopia* sp.	√		
	拟刚毛突摇蚊属 *Paracladius* sp.	√		
	长足摇蚊属 *Tanypus* sp.	√		√
	黄色羽摇蚊 *Chironomus flaviplumus*	√		
	拟长跗摇蚊属 *Paratanytarsus* sp.	√		
	苍白摇蚊 *Chinonomus pallidivittatus*	√		
	哈尼摇蚊属 *Harnischia* sp.		√	√
	小摇蚊属 *Microchironomus* sp.		√	
	腔摇蚊属 *Coelotanypus* sp.		√	
	直突摇蚊属 *Orthocladius* sp.		√	
	分齿恩菲摇蚊 *Einfeldia dissidens*	√		
	平滑环足摇蚊 *Cricotupus vierriensis*		√	

门	种类	2013 年	2014 年	2015 年
节肢动物门	环足摇蚊属 *Cricotopus* sp.		√	
	同波摇蚊属 *Sympotthastia* sp.	√		
软体动物门	中华圆田螺 *Cipangopaludina cahayensis*	√		
	梨形环棱螺 *Bellamya purificata*	√		
	椭圆萝卜螺 *Radix swinhoei*	√	√	√
	凸旋螺 *Gyraulus convexiusculus*	√	√	√
	萝卜螺属 *Radix* sp.		√	
	耳萝卜螺 *Radix auricularia*	√		
	卵萝卜螺 *Radix ovata*	√	√	
	膀胱螺属 *Physa* sp.	√	√	√
	铜锈环棱螺 *Bellamya aeruginosa*	√	√	
	绘环棱螺 *Bellamya limnophila*		√	
	纹沼螺 *Parafossarulus striatulus*		√	
	长角涵螺 *Alocinma longicornis*	√	√	√
	扁蜷螺科 Planorbidae		√	
	圆扁螺属 *Hippeutis* sp.	√		
	方格短沟蜷 *Semisulcospira cancellata*	√	√	√
	淡水壳菜 *Limnoperna lacustris*	√	√	√
	河蚬 *Corbicula fluminea*	√	√	√
	闪蚬 *Corbicula nitens*	√		
	刻纹蚬 *Corbicula largillierti*	√		
	米虾属 *Caridina* sp.	√	√	
	沼虾属 *Macrobrachium* sp.	√		
其他	虾虎鱼科 Gobiidae	√		

2. 底栖动物密度

2013～2015 年,汉丰湖底栖动物平均密度为 3 100.1 ind./m²,平均生物量为 398.99 g/m²。

从时间上来看,2014 年、2015 年的密度和生物量远远高于 2013 年(图 6.14)。2013 年,南河、东河和干流底栖动物的密度分别为 245.6 ind./m²、239.7 ind./m² 和 447.5ind./m²;生物量分别为 26.95 g/m²、19.45 g/m² 和 99.58 g/m²。2014 年,南河、东河和干流底栖动物的密度分别为 5 746.7 ind./m²、1 604.4 ind./m² 和 3 480.0 ind./m²;生物量分别为 620.58 g/m²、30.86 g/m² 和 1 475.10 g/m²。2015 年,南河、东河和干流底栖动物的密度分别为 4 137.8 ind./m²、2 462.2 ind./m² 和 7 040.0 ind./m²;生物量分别为 82.26 g/m²、8.91 g/m² 和 658.00 g/m²。2013 年汉丰湖底栖动物的密度和生物量为何远远低于 2014 年、2015 年,其原因还有待进一步分析。

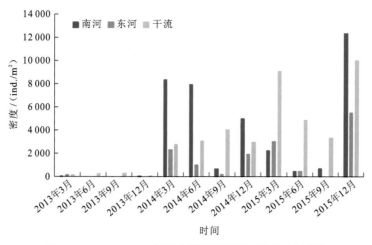

图 6.14　2013～2015 年汉丰湖底栖动物密度的时间变化

3. 底栖动物生态类型

对底栖动物数据按照站位合并进行非度量多维排列（non-metric multidimensional scaling，NMDS）分析，根据各样点在空间上的分布位置可将样点群分为 3 个群组，其中 HF5 和 HF1 归为群组 1，HF6 和 HF2 归为群组 2，其他站位归为群组 3（图 6.15）。经指示种分析（indicator species analysis，ISA），群组 1 的指示种为苍白摇蚊、粗腹摇蚊、刻纹蚬、卵萝卜螺、凸旋螺和小蜉属，群组 2 的指示种为扁蜉属和黄色羽摇蚊，群组 3 的指示种为长足摇蚊属和霍甫水丝蚓。根据各群组指示种的生态习性可以看出：群组 1 代表河流态类型，群组 2 主要代表河湖过渡态类型，而群组 3 主要代表湖泊态类型。

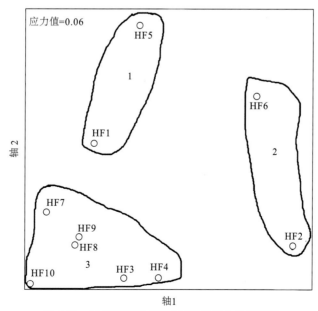

图 6.15　基于底栖动物数据的 NMDS 分析结果

4. 底栖动物与环境因子的关系

选择 CCA 分析进行底栖动物密度与环境因子的关系分析，结果显示：第 1 和第 2 排序轴可以解释底栖动物动物密度的比例分别为 34.6% 和 15.1%，总典范特征值为 0.633。NO_3^--N 的边际影响特征值最大（0.18），也排在条件影响变量中的第 1 位（0.18），说明汉丰湖底栖动物密度大小受 NO_3^--N 的影响最大。WT（0.15）和 TDS（0.13）的边际影响次之。环境变量中，NO_3^--N（$F=6.49$，$P=0.002$）、水深（$F=4.21$，$P=0.010$）、TP（$F=3.64$，$P=0.016$）通过了蒙特卡洛检验，说明环境变量之间存在交互作用，影响底栖动物密度的环境因子主要是 NO_3^--N、水深和 TP。此外，从图 6.16 中可以看出，水生昆虫与软体动物空间分布差异不明显。在 NO_3^--N 梯度上，软体动物的最适值比水生昆虫和寡毛类的高。在水深和 TP 梯度上，寡毛类的最适值高于软体动物和水生昆虫。

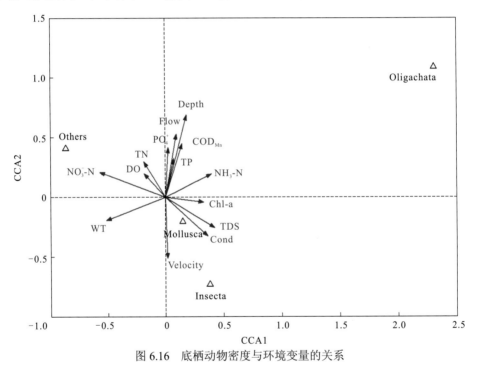

图 6.16　底栖动物密度与环境变量的关系

PO_4^+：磷酸盐；Depth：水深；Velocity：流速；Flow：流量；Insecta：水生昆虫；
Oligachata：寡毛类；Mollusca：软体动物；Others：其他类群

6.2.4　鱼类资源变化特征

1. 鱼类组成

2013 年 5 月（枯水期）及 11 月（丰水期）对汉丰湖及其支流开展了鱼类资源调查，调查期间，共采集到鱼类 17 553 尾，42 种，隶属于 4 目 7 科 31 属。以目分，种类数最多的是鲤形目，共 31 种，占总种类数的 73.81%；其次是鲇形目，7 种，占 16.67%；再次是鲈形目，3 种，占 7.14%；最少的是合鳃鱼目，1 种，占 2.38%。以科分，种类数最多的是鲤科，25 种，占总种类数的 59.52%；鳀科和鳅科各 6 种，各占 14.29%、虾虎鱼科 2 种占 4.76%，鮨科、鮨科、合鳃鱼科均最少，均为 1 种，各占 2.38%。汉丰湖低水位时采集到鱼类 33 种，高水位时采集到鱼类 34 种，其中铜鱼、圆口铜鱼、粗唇鮠等在三峡水库高水位时采集到，而半𬶋、马口鱼、大鳍鳠等则在三峡水库低水位时采集到。

三峡水库低水位时，汉丰湖采集尾数排在前 10 位的种类分别为银鮈、似鳊、𬶋、蒙古鲌、张氏𬸪、棒花鱼、鲫、长薄鳅、光泽黄颡鱼和半𬶋。这 10 种鱼占总采集尾数的95.59%，占总渔获质量的 78.28%（表 6.10）。三峡水库高水位时，汉丰湖采集尾数排在前 10 位的种类分别为张氏𬸪、鲤、似鳊、鲫、鮎、𬶋、蛇鮈、光泽黄颡鱼、翘嘴鲌和瓦氏黄颡鱼。这 10 种鱼占总采集尾数的 91.48%，占总渔获质量的 85.40%（表 6.10）。与低水位时期比较，高水位时鲤、鮎、瓦氏黄颡鱼等在渔获物中的采集尾数比例明显增加，而银鮈、蒙古鲌、棒花鱼等在渔获物中的采集尾数比例明显降低。

表 6.10　汉丰湖低、高水位时采集尾数排在前 10 位的鱼类种类

时期	种类	采集尾数/尾	占总采集尾数/%	渔获质量/g	占总渔获质量/%
	银鮈	8 137	52.26	32 636.0	13.91
	似鳊	3 084	19.81	52 513.1	22.38
	𬶋	1 830	11.75	22 405.4	9.55
	蒙古鲌	522	3.35	51 820.6	22.08
	张氏𬸪	383	2.46	4 624.4	1.97
低水位 运行期	棒花鱼	305	1.96	481.7	0.21
	鲫	199	1.28	12 261.1	5.22
	长薄鳅	157	1.01	1 250.2	0.53
	光泽黄颡鱼	149	0.96	4 204.1	1.79
	半𬶋	118	0.76	1 521.4	0.65
	其他	686	4.41	50 975.5	21.72
	张氏𬸪	740	37.09	13 929.9	17.15
	鲤	314	15.74	25 807.8	31.77
	似鳊	271	13.58	6 621.3	8.15
	鲫	170	8.52	9 821.7	12.09
	鮎	147	7.37	4 001.5	4.93
高水位 运行期	𬶋	59	2.96	1 117.6	1.38
	蛇鮈	48	2.41	757.1	0.93
	光泽黄颡鱼	30	1.50	582.7	0.72
	翘嘴鲌	23	1.15	5 884.0	7.24
	瓦氏黄颡鱼	23	1.15	858.0	1.06
	其他	170	8.52	11 858.7	14.60

2. 鱼类多样性指数

三峡水库低水位时，汉丰湖鱼类的 Shannon-Wiener 多样性指数（H'）、Simpson 多样性指数（D）、Pielou 均匀度指数（E）和 Margalef 丰富度指数（R）分别为 1.63、0.67、0.46 和 3.52。三峡水库高水位时，4 种指数均有所增加，分别为 2.15、0.80、0.61 和 4.34（图 6.17），这表明在三峡水库高水位运行时，汉丰湖鱼类渔获物的种类数和丰度均有较大增加。

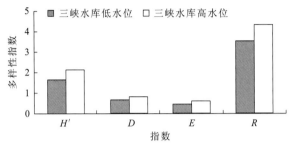

图 6.17　三峡水库低、高水位时汉丰湖鱼类生物多样性指数

3. 高、低水位期间鱼类组成区别

等级聚类分析结果显示，三峡水库低、高水位时汉丰湖鱼类群落结构的 Bray-Curtis 相似性仅为 26.52%，表明汉丰湖的鱼类群落结构在三峡水库低、高水位时存在较大差异，呈现季节性变化特征。SIMPER 分析结果表明，银鮈、张氏䱗、鲤、鳘、鲫、鲇、似鳊和蒙古鲌是导致三峡水库不同水位条件下汉丰湖鱼类群落结构差异的主要种类，其累积差异贡献率为 90.67%，其中银鮈、张氏䱗和鲤的差异贡献率排在前 3 位（表 6.11）。上述 8 种鱼中，银鮈、鳘、似鳊和蒙古鲌在三峡水库高水位时丰度明显降低，而张氏䱗、鲤、鲫和鲇则在三峡水库高水位时丰度明显增加。

表 6.11　引起汉丰湖鱼类群落结构在三峡水库低、高水位时差异的主要种类组成及其累积差异贡献率

种类	累积差异贡献率/%
银鮈	35.02
张氏䱗	58.58
鲤	68.91
鳘	74.90
鲫	79.83
鲇	84.56
似鳊	88.80
蒙古鲌	90.67

丰度生物量比较（abundance biomass comparison，ABC）分析显示，三峡水库低水位时，汉丰湖鱼类数量优势度曲线中第 1～14 位的数量百分比均高于生物量优势度曲线

的第 1~14 位生物量百分比；而从第 15 位开始，数量优势度曲线和生物量优势度曲线逐渐相重合，其 W（Warwick，人名，ABC 分析提出者）值为-0.098（图 6.18）。三峡水库高水位时，汉丰湖鱼类数量优势度曲线中第 1~6 位的数量百分比均高于生物量优势度曲线的第 1~6 位生物量百分比；而从第 7 位开始，到 22 位为止，数量优势度曲线的数量百分比均低于生物量优势度曲线的生物量百分比，曲线存在相交现象，其 W 值为 0.009（图 6.19）。鱼类群落中各物种的生活史策略（r 选择和 k 选择策略）差异是 ABC 曲线方法能够对鱼类群落结构受人为捕捞和环境扰动的反应进行描述的理论基础（Blanchard et al.，2004）在汉丰湖高水位时，鱼类数量优势度曲线和生物量优势度曲线呈彼此相交情况，此时鱼类群落受到中等程度的干扰；而在汉丰湖低水位时，鱼类数量优势度曲线在生物量优势度曲线之上，表明此时鱼类群落受到严重干扰。由于捕捞模式和强度、生境退化等均与 ABC 曲线存在较大相关性，所以就汉丰湖鱼类群落而言，其扰动原因除水位变动引起生境周期性变化以外，捕捞强度过大及外部污染源注入也是重要因素。

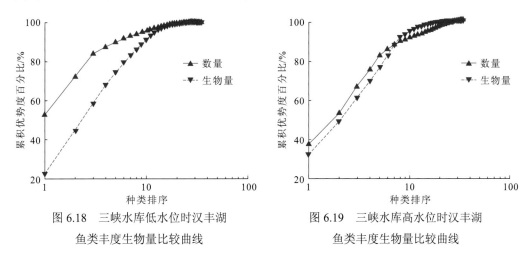

图 6.18　三峡水库低水位时汉丰湖　　　　图 6.19　三峡水库高水位时汉丰湖
鱼类丰度生物量比较曲线　　　　　　　　鱼类丰度生物量比较曲线

6.2.5　湿地植物及生境的影响

2012 年 9 月、2013 年 9 月在汉丰湖设置了 A、B、C、D、E 共计 5 个调查断面（图 6.20）。根据地形条件，在每个站点设置 1 个 30 m（平行流向）×40 m（垂直流向）的样带，在样带内高程 160~165 m、166~170 m 和 171~175 m 处各设置 3 个 1 m×1 m的样方，间距 10 m，现场测量样方内每种植物的地上生物量、高度和盖度，并依据彭镇华（2005）的《中国长江三峡植物大全》，统计调查到的植物生活型。

用环刀法在植物调查样方内测定土壤容重，用取土钻钻取土壤样品，采样深度 0~20 cm，采集土壤样品 90 个，带回实验室测定土壤理化性质和速效养分含量（鲍士旦，2005）。

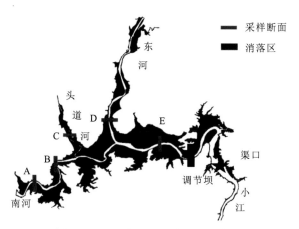

图 6.20　汉丰湖湿地调查断面示意图

研究草本植物重要值时采用公式：重要值=相对盖度+相对高度（吴甘霖 等，2006；郭艳萍 等，2005）。相对盖度=（某一植物种的盖度/样方内所有植物种的盖度之和）×100%，相对高度=（某一植物种的高度/样方内所有植物种的高度之和）×100%。

1. 植物群落特征

调查到的汉丰湖湿地共有维管束植物 59 种，隶属于 25 科，20 属，其中菊科有 13 种，禾本科有 12 种，蓼科有 4 种，莎草科和唇形科均有 3 种，苋科、豆科、玄参科、桑科均有 2 种。此外，单属单种的植物占有较大的比例，共有 16 科，占总科数的 64%。

植物群落组成以草本植物为主，其中一年生草本植物 32 种，占 54.2%；多年生草本植物 22 种，占 37.3%。高程 160～165 m、166～170 m 和 171～175 m 区域的一年生草本植物分别占该高程物种数的 65.7%、72.0% 和 50.0%。

狗牙根、无芒稗、水蓼、苍耳和狗尾草等在 5 个调查断面均有分布（表 6.12）。高程 160～170 m 区域的植物的生活型均为草本植物，而高程 171～175 m 区域除草本植物外，还零星分布有枫杨（*Pterocarya stenoptera*）和桑等乔灌木。

表 6.12　汉丰湖湿地植物的空间分布

科	种	生活型	160～165 m	166～170 m	171～175 m
木贼科	问荆	多年生草本		C	C
海金沙科	海金沙	多年生草本			A
肾蕨科	蜈蚣草	多年生草本	C		
毛茛科	扬子毛茛	多年生草本	C		C
石竹科	繁缕	一年生草本	C		
藜科	藜	一年生草本	C		AC
柳叶菜科	丁香蓼	一年生草本	DE	E	
大戟科	铁苋菜	一年生草本			E

续表

科	种	生活型	160～165 m	166～170 m	171～175 m
天南星科	芋	多年生草本			E
浮萍科	浮萍	多年生草本			E
十字花科	葶菜	一年生草本	D		
杉科	落羽杉	乔木			E
杨柳科	垂柳	乔木			E
睡莲科	荷花	多年生草本			CE
胡桃科	枫杨	乔木			CD
伞形科	野胡萝卜	多年生草本			E
苋科	苋	一年生草本	D		B
	空心莲子草	多年生草本	ABE	ABCE	ACE
豆科	合萌	一年生草本		E	
	草木犀	多年生草本	A		
玄参科	通泉草	一年生草本		E	
	泥花草	一年生草本		E	C
桑科	桑	灌木			BC
	地果	藤本			E
蓼科	水蓼	一年生草本	ACDE	ACDE	ABCE
	杠板归	一年生草本	C	E	C
	土荆芥	一年生草本		AE	C
	荞麦	一年生草本	C		C
唇形科	紫苏	一年生草本	BC		
	石荠苎	一年生草本			B
	荔枝草	一年生草本			C
莎草科	香附子	多年生草本	ACB	CD	E
	球穗莎草	一年生草本	BDE		
	碎米莎草	一年生草本	E		
菊科	小白酒草	一年生草本	CB	DE	ABCD
	窃衣	一年生草本			E
	四叶葎	多年生草本			B
	马兰	多年生草本	A		C
	天名精	多年生草本		E	CE
	苍耳	一年生草本	ABCD	ABDE	ABCDE
	鳢肠	一年生草本	DE	DE	C

科	种	生活型	160～165 m	166～170 m	171～175 m
菊科	大狼杷草	一年生草本	BCE	DBE	ABCD
	鬼针草	一年生草本	CD		ABDE
	黄花蒿	一年生草本	D	E	BE
	野艾蒿	多年生草本	A		C
	牡蒿	多年生草本	AD		CE
	豨莶	一年生草本	D		
禾本科	牛鞭草	多年生草本	AC	BC	
	狗尾草	一年生草本	ABCDE	ADE	ABCDE
	白茅	多年生草本			ABE
	狗牙根	多年生草本	ABCDE	ACDE	ABCDE
	无芒稗	一年生草本	ACDE	ADE	ABCDE
	双穗雀稗	多年生草本	B	C	ABE
	圆果雀稗	多年生草本	C		
	马唐	一年生草本	BCD	BCDE	ABCDE
	荩草	一年生草本	AC	A	ACE
	矶子草	一年生草本		E	CE
	野黍	一年生草本	CDE	ABC	E
	芦苇	多年生草本			E

注：A、B、C、D、E 表示调查断面。

汉丰湖湿地植物鲜重为 2 031.5（488.3～6 586.1）g/m²，高程 166～170 m 区域植物鲜重最大，高程 160～165 m 区域次之，高程 171～175 m 区域最低。

汉丰湖湿地植物群落高度为 59.2（19.6～102.2）cm，高程 171～175 m 区域最高，高程 166～170 m 区域次之，高程 160～165 m 区域最低。

样方内所有植物种类的盖度为 109%（23%～201%），高程 171～175 m 区域最高，高程 160～165 m 区域次之，高程 166～170 m 区域最低。

重要值较大的植物有狗牙根（22.84±5.78）、牛鞭草（16.38±13.27）、马唐（11.10±12.27）、无芒稗（10.83±3.64）和狗尾草（9.56±5.38）等。

2. 土壤生境特征

汉丰湖湿地土壤容重为 1.32（1.00～1.60）g/cm³、pH 为 8.15（6.83～8.59）、有机质质量分数为 10.03（1.40～22.50）g/kg、有效氮质量分数为 29.37（6.00～94.38）mg/kg、Olsen-P 质量分数为 12.18（1.33～59.37）mg/kg、有效钾质量分数为 46.13（2.50～219.00）mg/kg（表 6.13）。除土壤 pH 外，土壤容重和有机质、有效氮、Olsen-P 和有效钾质量分

数均表现为平均值大于中位数，其中 Olsen-P 质量分数的平均值和中位数相差较大，表明土壤 Olsen-P 趋向于非态分布。土壤理化指标中变异系数最大的为 Olsen-P，达 95.24%，其次为有效钾、有效氮和有机质。植被、地形和人类活动干扰等因素影响的土壤的理化特性，形成了土壤生境的空间异质性。

表 6.13　汉丰湖湿地土壤生境特征统计性描述（$n = 90$）

项目	土壤容重	pH	有机质	有效氮	Olsen-P	有效钾
平均值	1.32	8.15	10.03	29.37	12.18	46.13
中位数	1.30	8.24	9.40	24.20	8.05	39.00
标准差	0.15	0.36	5.29	21.22	11.60	40.50
变异系数/%	11.36	4.42	52.74	72.25	95.24	87.80
方差	0.024	0.12	28.00	450.62	134.48	1 640.62
偏度	0.15	−1.69	0.70	1.71	2.86	2.84
最小值	1.00	6.83	1.40	6.00	1.33	2.50
最大值	1.60	8.59	22.50	94.38	59.37	219.00

3. 土壤生境对物种重要值的影响

对物种数据进行 DCA 分析，最大轴的梯度长度为 3.13，介于 3～4 之间，单峰模型和线性模型均合适。本小节选择线性模型 RDA 对物种与环境因子的关系进行分析。结果显示冗余轴 1 和冗余轴 2 解释物种重要值的比例分别为 16.4% 和 7.3%，总典范特征值为 0.362。土壤孔隙度、容重和 pH 的边际影响特征值均为 0.15，淹没时间、土壤有效钾和有效氮质量分数的边际影响特征值均为 0.14（表 6.14）。仅土壤 pH（$F = 7.88$，$P = 0.002$）、有效钾质量分数（$F = 2.48$，$P = 0.018$）通过蒙特卡洛检验，说明影响汉丰湖区湿地植物重要值的环境因子主要有土壤 pH 和有效钾质量分数。

表 6.14　前向选择中土壤生境变量的边际影响及条件影响

边际影响		条件影响			
变量	特征值	变量	特征值	P	F
土壤 pH	0.15	土壤 pH	0.15	0.002	7.88
土壤孔隙度	0.15	有效钾	0.05	0.018	2.48
土壤容重	0.15	有效氮	0.03	0.064	1.94
有效钾	0.14	淹没时间	0.03	0.142	1.53
淹没时间	0.14	土壤孔隙度	0.03	0.164	1.37
有效氮	0.14	土壤容重	0.02	0.182	1.48
Olsen-P	0.13	有机质	0.03	0.094	1.75
有机质	0.13	Olsen-P	0.02	0.362	1.15

6.3　入湖支流生态环境特征

汉丰湖近 90%的水量来自东河、南河、桃溪河、头道河 4 条支流，支流生态环境状况对汉丰湖水生态环境起着决定性作用。本节开展汉丰湖主要入湖支流的水文水质、浮游生物、底栖生物、河岸带植物群落特征及影响等调查，构建适用于入湖支流健康评价的指标体系，并对支流生态系统进行健康评价。

6.3.1　水环境变化特征

2013 年分别在东河、南河、桃溪河、头道河及汉丰湖水体共设置 14 个调查样点，其中东河 3 个（DH-1、DH-2、DH-3）、南河 3 个（NH-1、NH-2、NH-3）、桃溪河 3 个（TX-1、TX-2、TX-3）、头道河 3 个（TD-1、TD-2、TD-3），汉丰湖 2 个（HF-1、HF-2）（图 6.21），于 3 月、6 月、9 月、12 月各采样 1 次，调查指标包括水位、流速等水文指标，SD、TN、TP、NH$_3$-N、COD$_{Mn}$、DO、pH、Cond、Chl-a 等水质指标，浮游植物、浮游动物、底栖生物等生物指标。

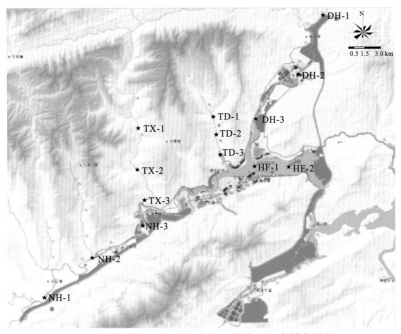

图 6.21　汉丰湖入湖支流生态环境特征调查样点设置

1. 水文

1）水位高程

东河、南河、头道河、桃溪河调查样点水位高程如图 6.22 所示，在采样点设置上，各条河流的 1#、2#采样点位于汉丰湖回水影响范围以外，3#位于汉丰湖影响末端，其中东河采样点水位高程范围 167.9～241.2 m，南河采样点水位高程范围 165.2～189.5 m，头道河采样点水位高程范围 172.6～212.2 m，桃溪河采样点水位高程范围 166.3～196.9 m。

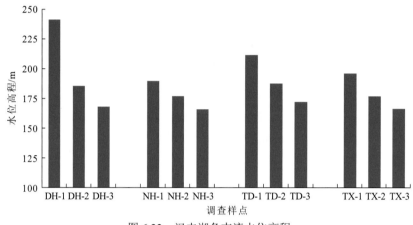

图 6.22　汉丰湖各支流水位高程

2）流速

调查结果显示 4 条支流流速均较缓慢（图 6.23）。东河流速变化范围为 0.006～0.380 m/s，南河流速变化范围为 0.002～0.271 m/s，头道河流速变化范围为 0.003～0.139 m/s，桃溪河流速变化范围为 0.002～0.638 m/s。从各条河流在调查期间的平均流速看，桃溪河流速最大（平均流速 0.130 m/s），其次为东河（平均流速 0.102 m/s）、南河（平均流速 0.099 m/s）、头道河（平均流速 0.038 m/s），从上下游情况看，由于 4 条河流均是上游河道窄、水浅，中下游水深、河道宽，各条河流多数情况下上游流速大，中下游流速小。从不同调查时间看，除东河表现为 9 月流速最大外，南河、头道河、桃溪河均表现为 6 月流速最大，主要与降水情况有关（图 6.24）。

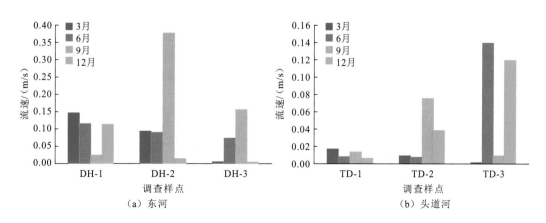

（a）东河　　　　　　　　　　　　　　　（b）头道河

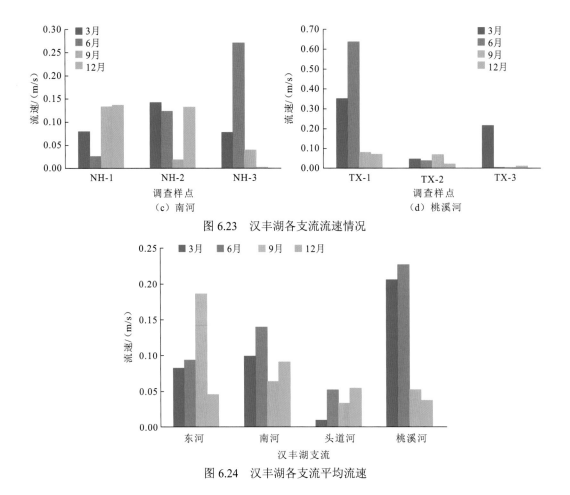

图6.23 汉丰湖各支流流速情况

图6.24 汉丰湖各支流平均流速

2. 水质

2013年度各支流及汉丰湖湖体 TN、NO_3^--N 和 NH_3-N 的浓度变化范围分别为 1.00~1.61 mg/L、0.55~0.92 mg/L 和 0.17~0.37 mg/L，TP 和 PO_4^{3-}-P 浓度变化范围分别为 0.03~0.11 mg/L 和 0.007~0.09 mg/L，COD_{Mn} 浓度变化范围为 2.17~4.58 mg/L，DO 浓度变化范围为 3.90~4.61 mg/L，pH 变化范围为 7.82~8.55，Cond 变化范围为 269.25~522.50 μs/cm，Chl-a 浓度变化范围为 2.57~13.99 μg/L。4 条入湖支流中南河的 TN、NO_3^--N、COD_{Mn}、Chl-a 浓度最高，头道河的 TP、PO_4^{3-}-P、NH_3-N 浓度最高，东河的 Cond 最高，各支流 DO 浓度和 pH 较为接近。

从各支流 2013 年各项水质指标均值来看，南河 TN 浓度处于 V 类水水平，汉丰湖湖体、头道河、东河处于 IV 类水水平，桃溪河处于 III 类水水平；头道河 TP 浓度处于 III 类水水平，东河、南河和桃溪河、汉丰湖湖体处于 II 类水水平；南河和头道河的 COD_{Mn} 浓度处于 III 类水水平，东河、桃溪河、汉丰湖湖体处于 II 类水水平；汉丰湖流域 DO 浓度变化不明显，均处于 III 类水水平。综合以上几项水质指标评价来看，头道河和南河污染较为严重，尤其是头道河，氮、磷污染程度较高，均达到 IV~V 类水水平。

1）季节变化情况

从各支流 TN、TP、Chl-a 及 COD$_{Mn}$ 浓度的季节变化图（图 6.25）可以看出，各支流 TN 浓度在 9 月总体略高，3 月、12 月头道河 TN 浓度最高，6 月、9 月南河的 TN 浓度最高，各季节汉丰湖湖体 TN 浓度与各支流相比均处于较高水平；头道河 3 月、6 月、12 月 TP 浓度要明显高于其他支流，南河次之，9 月则是南河 TP 浓度最高，桃溪河次之，东河的 TP 浓度在各个季节均处于较低水平，汉丰湖湖体的 TP 浓度相比于其他支流处于中间水平；各支流 Chl-a 浓度在 12 月、6 月较高，9 月最低，各支流中南河的 Chl-a 浓度最高，汉丰湖湖体的 Chl-a 浓度也处于较高水平，在 9 月明显高于各条支流。各支流 COD$_{Mn}$ 浓度在 9 月、12 月较高，6 月较低，东河 COD$_{Mn}$ 浓度明显低于其他支流，3 月南河和头道河 COD$_{Mn}$ 浓度偏高，9 月南河、桃溪河和头道河的 COD$_{Mn}$ 浓度均明显高于东河，而 12 月各支流 COD$_{Mn}$ 浓度均处于较高水平，汉丰湖湖体的 COD$_{Mn}$ 浓度随时间逐渐上升。

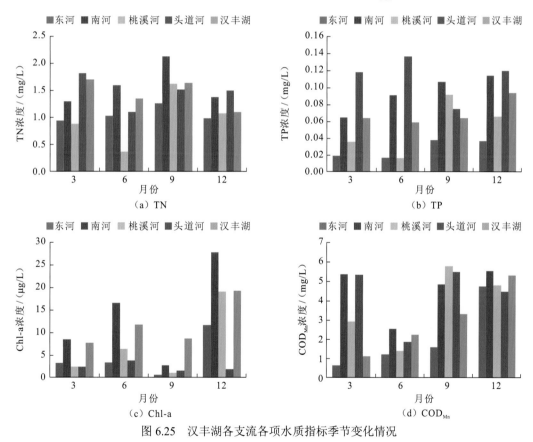

图 6.25　汉丰湖各支流各项水质指标季节变化情况

2）沿程变化情况

从各支流 TN、TP、Chl-a 及 COD$_{Mn}$ 浓度的沿程变化图（图 6.26）可以看出，东河和南河的 TN、TP 和 Chl-a 浓度从上游至下游呈现逐步升高的趋势，而且东河、南河下游的 Chl-a 浓度要明显中上游；东河的 COD$_{Mn}$ 浓度整体偏低，从上游至下游变化不大，但也呈现微弱的上升趋势，南河的 COD$_{Mn}$ 浓度中游较低，上、下游偏高；桃溪河的 TN 和 COD$_{Mn}$ 浓度沿程变化不明显，TP 浓度从上游至下游呈现上升趋势，但是变幅很小，Chl-a 浓度从上游至下游呈现先下降后上升趋势，在下游增幅显著；头道河 TN、TP、Chl-a 和 COD$_{Mn}$ 均呈现明显的中游偏高，上、下游偏低，且下游高于上游的特点。

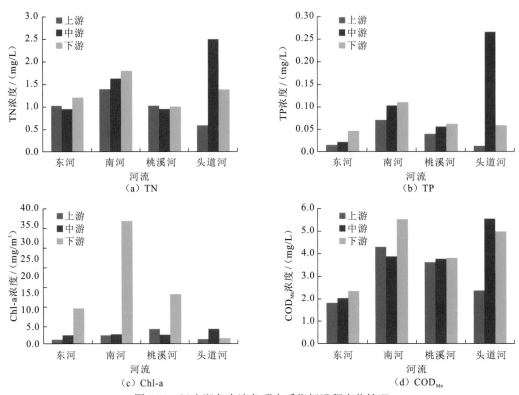

图 6.26　汉丰湖各支流各项水质指标沿程变化情况

6.3.2　浮游生物群落结构特征

1. 浮游植物

1）浮游植物种类组成

汉丰湖各支流共鉴定出浮游植物 218 种，隶属于 8 个门。其中硅藻门 107 种，占 49.08%；绿藻门 64 种，占 29.36%；蓝藻门 31 种，占总数的 14.22%；甲藻门 5 种，占 2.29%；隐藻门、裸藻门和金藻门各 3 种，分别占 1.38%；黄藻门 2 种，占 0.92%（图 6.27）。

各支流的浮游植物多样性由低到高分别为：东河（83 种）＜桃溪河（100 种）＜南河（106 种）＜头道河（120 种）。且各支流中均以硅藻门种类最多，其次是绿藻门，再次为蓝藻门和其他藻类（图 6.27）。硅藻门种类在 4 条支流中基本持平，因此，绿藻门和

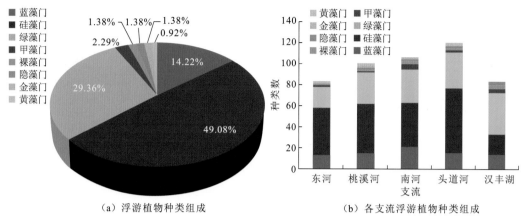

（a）浮游植物种类组成　　　　　　　（b）各支流浮游植物种类组成

图 6.27　2013 年汉丰湖支流及湖区浮游植物种类组成

子图（a）中加和不为 100% 由修约所致

蓝藻门的数量差异导致了整体的浮游植物种类数的差别。汉丰湖区域的浮游植物种类总数与东河相当。且湖区浮游植物中绿藻门种类占绝对优势，其次为硅藻门和蓝藻门。

2）种类组成时空变化

2013 年汉丰湖各支流浮游植物种类总体在春、夏季明显多于秋、冬季，且每条支流中硅藻门种类均占优势（图 6.28）。其中，东河的浮游植物种类在每一季都是自上游到下游逐渐递增 [图 6.28（c）]。其他支流没有明显的空间分布规律。汉丰湖区的浮游植物种类在秋季整体高于其他季节，冬季浮游植物多样性最低 [图 6.28（e）]。

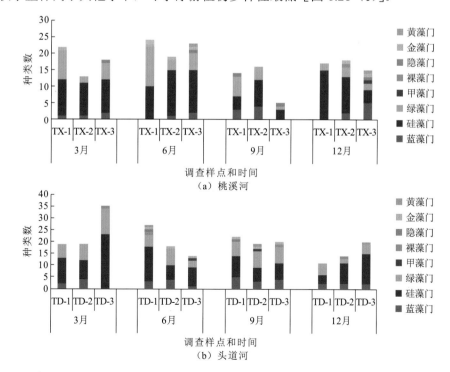

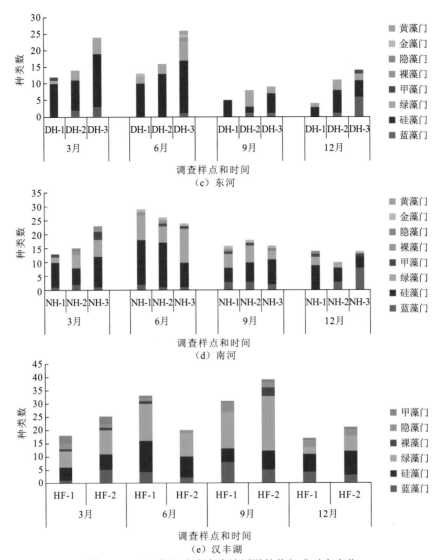

图 6.28　2013 年汉丰湖各支流浮游植物组成时空变化

3）浮游植物密度

与浮游植物种类数类似，各支流浮游植物密度在春、夏、秋 3 季均出现了先增加再减少的趋势，冬季则情况各异。大部分支流的浮游植物密度最大值均出现在夏季，头道河的浮游植物密度最大值则出现在秋季的下游河段。与其他支流相比，桃溪河和东河秋季的浮游植物密度明显减少，甚至低于春季［图 6.29（a）和图 6.29（c）］。头道河各河段秋季的浮游植物密度明显大于春季［图 6.29（b）］。南河下游的浮游植物密度在夏季出现了一个明显的峰值，达到 1.06×10^7 ind./L，是所有支流中的浮游植物密度最大值［图 6.29（d）］。总体来看，东河的浮游植物密度略低于其他 3 条支流，而南河的浮游植物密度较高，尤其在夏、秋两季较为明显。受支流影响，汉丰湖区域的浮游植物也呈现季节性变化。靠近入湖口的 HF-1 样点浮游植物密度在春季较低，进入夏季急剧增加，在秋季稍有下降后，冬季继续回升。较远的 HF-2 样点在秋季的浮游植物密度明显高于其他季节。

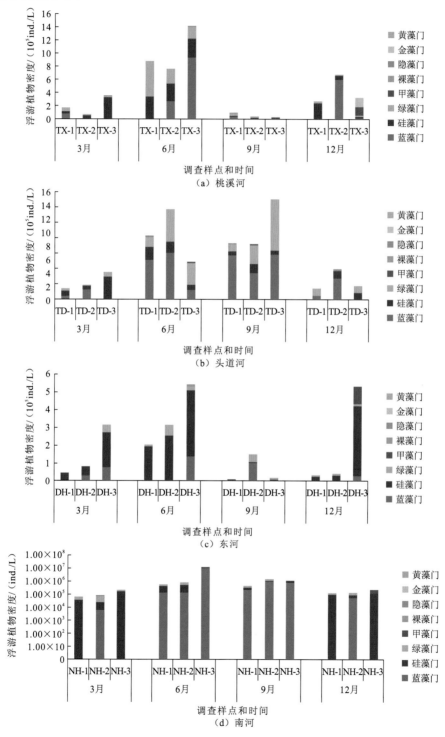

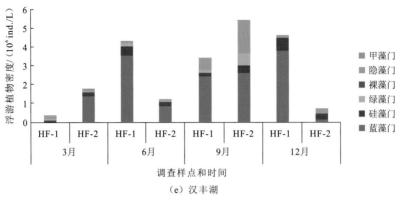

（e）汉丰湖

图 6.29　2013 年汉丰湖各支流浮游植物密度变化

4）浮游植物密度组成变化

硅藻门种类在不同支流各河段的大部分时候均为优势类群，这一优势在东河中的表现尤为明显 ［图 6.30（c）］。头道河则以蓝藻门为主要优势类群，绿藻门和蓝藻门在不同时期和河段也占据了相当的比例 ［图 6.30（b）］。桃溪河上游在春、秋季蓝藻门优势明显，而在夏季则以硅藻门和绿藻门为优势类群；而中、下游在春、秋季则以硅藻门为优势类群，夏季蓝藻门密度较大；绿藻门在春、夏、秋 3 季的桃溪河中始终存在且同为优势类群之一，在冬季则数量较少。冬季的桃溪河上游河段优势类群为硅藻门，中游河段以蓝藻门为主，下游河段以甲藻门和金藻门居多 ［图 6.30（a）］。头道河除了在春季时的下游河段中以硅藻门为优势类群，其他时段里，各河段蓝藻门优势明显，其次是绿藻门和硅藻门。东河硅藻门密度优势最明显，除了秋季，东河中游的蓝藻门密度明显增加，而下游则以绿藻门为优势类群。南河 3 个季节的优势类群各不相同，春季绿藻门密度明显较大，但上游和下游的硅藻门密度更胜一筹；上游和中游河段，夏季的硅藻门为密度最大的优势类群，而下游河段的蓝藻门密度则明显升高，占据绝对优势；秋季，整条河流中的蓝藻门密度全面上升，均占据一半以上的比例；冬季，南河中的硅藻门数量再次上升 ［图 6.30（d）］。值得一提的是，在冬季，桃溪河、东河和南河的下游均出现了大量的甲藻门。然而，汉丰湖的浮游植物密度组成在绝大部分时候均以蓝藻门占据绝对优势 ［图 6.30（e）］。蓝藻门仅在春、冬两季的 HF-1 和 HF-2 占有较少比例。而各支流下游出现的大量甲藻门似乎并未对湖体的浮游植物组成产生影响。

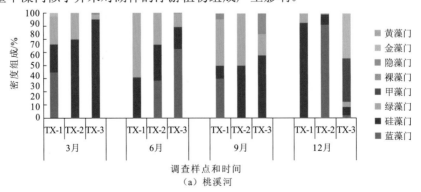

（a）桃溪河

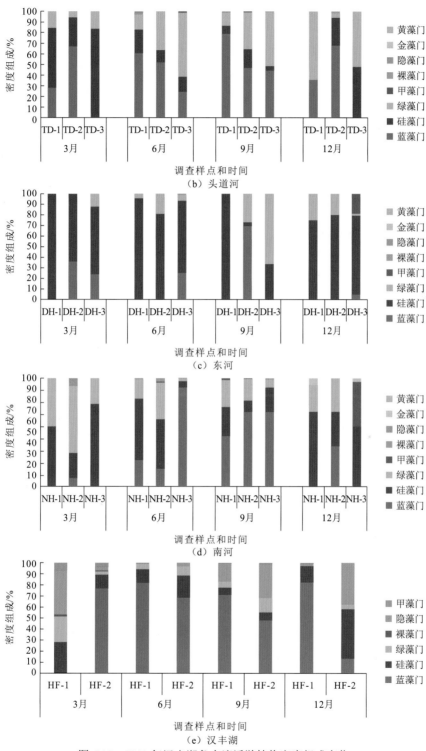

图 6.30　2013 年汉丰湖各支流浮游植物密度组成变化

5）浮游植物多样性指数

浮游植物的多样性采用 Shannon-Wiener 多样性指数（H'）、Margalef 丰富度指数（R）表示，评价标准见表 6.15，其计算公式如下：

$$H' = -\sum P_i \times \log_2 P_i \tag{6.1}$$
$$R = (S-1)/\log_2 N \tag{6.2}$$

式中：N 为样品中所有物种的总个体数；S 为所有种类数；P_i 为第 i 种的个体数与样品中总个体数的比值。

表 6.15　浮游动植物多样性指数的评价标准

指数	标准			
	清洁	中污染	重污染	严重污染
Shannon-Wiener 多样性指数，H'	>3.0	2.0~3.0	1.0~2.0	<1.0
Margalef 丰富度指数，R	>3.0	2.0~3.0	1.0~2.0	<1.0
Simpson 多样性指数，D	>6.0	3.0~6.0	2.0~3.0	<2.0
Pielou 均匀度指数，E	>0.5	0.3~0.5	0.0~0.3	—

汉丰湖支流浮游植物生物多样性指数见表 6.16。根据藻类生物学营养类型评价标准，汉丰湖 4 条支流的 Shannon-Wiener 多样性指数数值均在 2.0~3.0 之间，属于中污染类型；东河、南河、桃溪河等 3 条支流 Margalef 丰富度指数均小于 1.0，显示为严重污染类型，只有头道河 Margalef 丰富度指数大于 1.0，显示为重污染类型。因此，从浮游植物多样性和丰富度指数的角度评判汉丰湖支流水体的污染程度较为严重（表 6.15）。

表 6.16　汉丰湖支流浮游植物生物多样性指数

支流	时间	H'	R
东河	3 月	2.729	0.924
	6 月	2.738	0.938
	9 月	1.005	0.433
	12 月	1.990	0.511
	平均	2.116	0.702
南河	3 月	2.640	0.933
	6 月	2.705	1.244
	9 月	2.262	0.794
	12 月	2.514	0.674
	平均	2.530	0.911

续表

支流	时间	*H'*	*R*
头道河	3 月	2.509	1.309
	6 月	2.800	0.951
	9 月	2.897	0.980
	12 月	2.231	0.791
	平均	2.609	1.008
桃溪河	3 月	2.281	0.960
	6 月	3.022	1.088
	9 月	2.346	0.686
	12 月	1.894	0.843
	平均	2.386	0.894
汉丰湖	3 月	1.402	1.039
	6 月	0.792	1.197
	9 月	1.118	1.541
	12 月	0.889	0.874
	平均	1.050	1.163

2. 浮游动物

1）浮游动物种类组成

汉丰湖各支流共鉴定出浮游动物 103 种，隶属于 4 个门。其中原生动物 22 种，占 21.36%；轮虫 70 种，占 67.96%；枝角类 8 种，占 7.77%；桡足类 3 种，占 2.91%（图 6.31）。

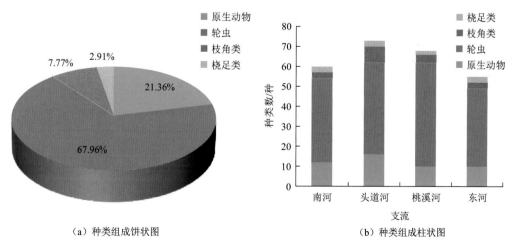

（a）种类组成饼状图　　　　　　　　（b）种类组成柱状图

图 6.31　2013 年汉丰湖支流浮游动物种类组成

各支流的浮游动物多样性由低到高分别为：东河（55 种）＜南河（60 种）＜桃溪河（68 种）＜头道河（73 种）。且各支流中均以轮虫最多，其次是原生动物，再次为枝角类和桡足类（图 6.31）。

2）种类组成时空变化

2013 年汉丰湖各支流浮游动物种类总体在春、夏季明显多于秋、冬季，且在每条支流的各河段，每一季中轮虫种类均占优势（图 6.32）。

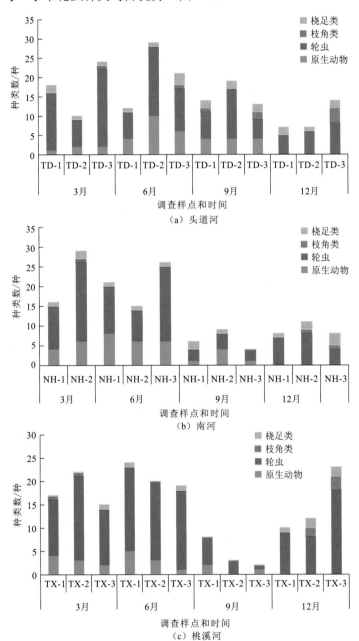

（a）头道河

（b）南河

（c）桃溪河

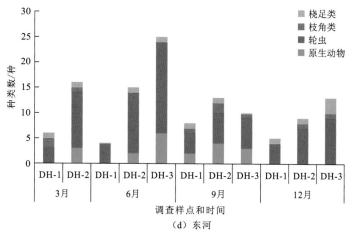

图 6.32　2013 年汉丰湖各支流浮游动物种类组成时空变化

3）浮游动物密度

2013 年汉丰湖各支流浮游动物密度组成变化见图 6.33。总的来说，不同季节各支流浮游动物密度均是轮虫占优，原生动物次之，枝角类和桡足类的比例非常低。但个别时间少数河段浮游动物密度以原生动物占优，如 6 月头道河上游原生动物密度达到 68%，9 月南河上游原生动物密度达到 85%，6 月东河下游原生动物密度达到 65%。

6.3.3　底栖动物群落结构特征及多样性分析

1. 种类组成及时空变化

2013 年调查共采集到底栖动物 70 种，其中水生昆虫最多，为 46 种，占总种类数的 65.7%；其次是软体动物 13 种，占总种类数的 18.6%；其他类群 5 种，占总种类数的 7.1%；寡毛类 4 种，占总种类数的 5.7%；甲壳动物 2 种，占总种类数的 2.9%。

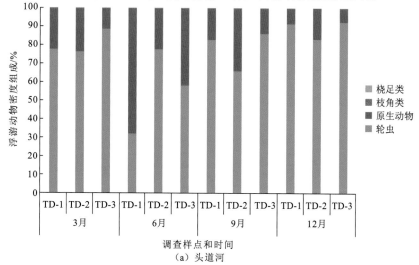

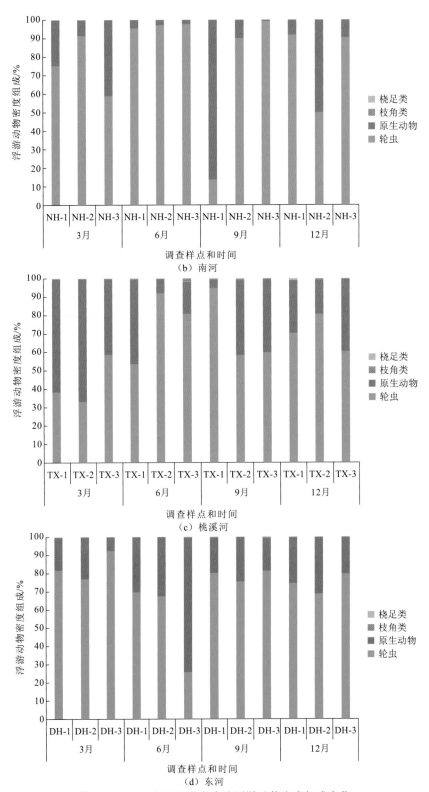

图 6.33　2013 年汉丰湖各支流浮游动物密度组成变化

总体来说，各支流 3 月采集到的种类最多，汉丰湖是 6 月采集到的种类最多。各支流种类数从多到少的变化是，东河：3 月>6 月>12 月>9 月；南河：3 月>6 月>9 月>12 月；头道河：3 月>9 月>12 月>6 月；桃溪河：3 月>6 月>9 月>12 月；汉丰湖：6 月>3 月>9 月>12 月（图 6.34）。

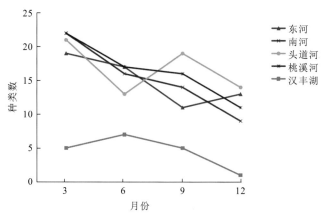

图 6.34　汉丰湖及入湖支流底栖动物种类数的时空变化（一）

东河、南河、头道河和桃溪河底栖动物以水生昆虫为主，其次是软体动物，寡毛类、甲壳动物和其他种类很少；汉丰湖湖体的底栖动物支流较少，共发现水生昆虫 3 种，软体动物 5 种，寡毛类 3 种，未发现底栖甲壳动物和其他类群（图 6.35）。

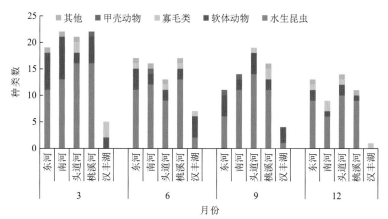

图 6.35　汉丰湖及入湖支流底栖动物种类数的时空变化（二）

2. 底栖动物现存量及时空变化

汉丰湖及 4 条入湖支流底栖动物密度为 30.8 ind./m²，其中水生昆虫为 22.4 ind./m²，占总密度的 72.7%，软体动物为 6.0 ind./m²，占总密度的 19.5%，寡毛类、甲壳动物和其他类群的密度合计为 2.4 ind./m²，占总密度的 7.8%。按区域分，东河底栖动物密度为 28.2 ind./m²，南河底栖动物密度为 41.9 ind./m²，头道河底栖动物密度为 34.3 ind./m²，桃溪河底栖动物密度为 36.2 ind./m²，汉丰湖底栖动物密度为 13.5 ind./m²；按时间分，3 月底栖动物密度为 52.3 ind./m², 6 月密度为 26.4 ind./m², 9 月密度为 23.3 ind./m², 12 月密度为 21.2 ind./m²（表 6.17）。

表 6.17　汉丰湖及入湖支流底栖动物现存量密度与生物量

支流	3 月		6 月		9 月		12 月		平均	
	密度 /(ind./m²)	生物量 /(g/m²)	密度 /(ind./m²)	生物量 /(g/m²)	密度 /(ind./m²)	生物量 /(g/m²)	密度 /(ind./m²)	生物量 /(g/m²)	密度 /(ind./m²)	生物量 /(g/m²)
东河	61.1	1.358	18.5	0.075	16.0	0.224	17.0	0.138	28.2	0.449
南河	77.8	9.431	29.9	0.596	29.6	0.754	30.4	0.227	41.9	2.752
头道河	45.7	0.176	23.8	0.056	31.1	0.679	36.4	0.432	34.3	0.336
桃溪河	69.8	0.776	41.4	1.211	23.8	0.277	9.6	0.168	36.2	0.608
汉丰湖	6.9	0.361	18.4	0.362	16.0	19.394	12.5	1.886	13.5	5.501
平均	52.3	2.420	26.4	0.460	23.3	4.266	21.2	0.570	30.8	1.929

　　汉丰湖及 4 条入湖支流底栖动物生物量为 1.929 g/m²，其中水生昆虫为 0.163 g/m²，占总生物量的 8.5%，软体动物为 1.632 g/m²，占总生物量的 84.6%，寡毛类、甲壳动物和其他类群的生物量合计为 0.134 g/m²，占总生物量的 6.9%。按区域分，东河底栖动物生物量为 0.449 g/m²，南河为 2.752 g/m²，头道河为 0.336 g/m²，桃溪河为 0.608 g/m²，汉丰湖为 5.501 g/m²；按时间分，3 月底栖动物生物量为 2.420 g/m²，6 月为 0.460 g/m²，9 月为 4.266 g/m²，12 月为 0.570 g/m²（表 6.17）。

　　从图 6.36 可以发现，4 条支流底栖动物密度，3 月远远高于其他月份，6 月、9 月和 12 月的密度相差不大；汉丰湖底栖动物密度是 3 月很低，6 月、9 月与东河基本持平，12 月的密度还略高于桃溪河。从密度组成来看，各支流各次采样以水生昆虫为主，其比例从 63.5%（东河 9 月）到 93.9%（头道河 3 月），其次是软体动物，其比例从 1.4%（头道河 3 月）到 64.5%（桃溪河 12 月）；汉丰湖种类比较单一，只发现水生昆虫、软体动物和寡毛类 3 个类群。

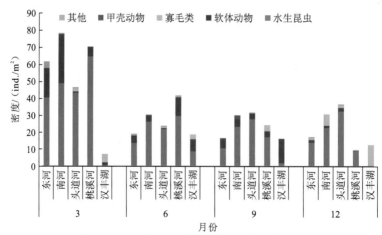

图 6.36　汉丰湖支流底栖动物密度的时空分布

　　从图 6.37 可以发现，3 月南河底栖动物的生物量很高，是所有支流各次生物量的 6 倍以上，这是由于南河（NH-1 采样点）3 月采集到的刻纹蚬较多。除去 3 月南河生物量异常情况，4 条支流底栖动物生物量基本上是 3 月最高，其次是 6 月和 9 月，12 月最低；汉丰湖底栖动物的生物量表现异常，9 月的河蚬、闪蚬数量较多，抬升了汉丰湖及入湖支流底栖动物的平均生物量。从生物量组成来看，各支流各次采样以软体动物为主，其比例从 0.6%（头道河 3 月）到 92.9%（桃溪河 6 月），其次是水生昆虫，其比例从 6.9%（桃溪河 6 月）到 86.4%（头道河 3 月）；汉丰湖以 9 月的软体动物占绝对优势。

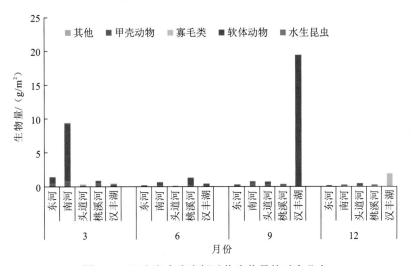

图 6.37　汉丰湖支流底栖动物生物量的时空分布

3. 底栖动物多样性指数

　　计算底栖动物的多样性指数有 Shannon-Wiener 多样性指数（H'）、Margalef 丰富度指数（R）、Simpson 多样性指数（D）、Pielou 均匀度指数（E）：

$$H' = -\sum_{i=1}^{S}\left(\frac{n_i}{N}\right)\log_2(n_i/N) \tag{6.3}$$

$$R = \frac{(S-1)}{\ln N} \tag{6.4}$$

$$D = \frac{N(N-1)}{\sum_{i=1}^{S} n_i(n_i-1)} \tag{6.5}$$

$$E = \frac{H}{\ln S} \tag{6.6}$$

式中：S 为样品中的种类数；n_i 为样品中第 i 种生物的个数或密度；N 为样品中的总个数或总密度。相应的评价标准见表 6.18。

表 6.18　底栖动物生物指数和多样性指数的评价标准

指数	标准			
	清洁	中污染	重污染	严重污染
Shannon-Wiener 多样性指数，H'	>3.0	2.0～3.0	1.0～2.0	<1.0
Margalef 丰富度指数，R	>3.0	2.0～3.0	1.0～2.0	<1.0
Simpson 多样性指数，D	>6.0	3.0～6.0	2.0～3.0	<2.0
Pielou 均匀度指数，E	>0.5	0.3～0.5	0.0～0.3	—

　　汉丰湖支流底栖动物生物多样性指数见表 6.19。根据生物多样性指数测算结果，汉丰湖支流水质总体为清洁，部分采样点的少数季节为中污染，如南河的 9 月、12 月，只有南河 12 月的 Marglef 多样性指数值显示为重污染。汉丰湖处于中污染至重污染状态，9 月的 Marglef 多样性指数值显示为严重污染。

表 6.19　汉丰湖支流底栖动物生物多样性指数

支流	时间	指数值			
		H'	R	D	E
东河	3 月	3.980	3.401	14.111	1.350
	6 月	3.555	3.908	9.486	1.255
	9 月	2.900	2.531	6.170	1.209
	12 月	3.050	3.068	5.692	1.189
	平均	3.371	3.227	8.865	1.251
南河	3 月	3.579	3.780	8.460	1.158
	6 月	3.042	3.204	5.228	1.097
	9 月	2.972	2.848	5.174	1.126
	12 月	2.546	1.979	4.544	1.159
	平均	3.035	2.953	5.852	1.135
头道河	3 月	3.306	4.002	4.055	0.997
	6 月	2.945	2.763	5.341	1.148
	9 月	3.486	3.876	7.842	1.184
	12 月	2.997	2.725	5.422	1.136
	平均	3.184	3.342	5.665	1.116
桃溪河	3 月	3.607	3.874	8.672	1.167
	6 月	3.558	3.267	8.916	1.256
	9 月	3.042	3.453	5.331	1.097
	12 月	3.150	2.912	7.897	1.314
	平均	3.339	3.377	7.704	1.209

续表

支流	时间	指数值			
		H'	R	D	E
汉丰湖	3 月	2.122	1.737	4.058	1.318
	6 月	2.000	1.731	3.362	1.028
	9 月	1.523	0.957	2.513	1.098
	12 月	—	—	—	—
	平均	1.882	1.475	3.311	1.148

6.3.4　河岸带植物群落特征及其环境影响

1. 河岸植物及土壤环境调查

在东河、南河、头道河、桃溪河河岸带各设置 3 个监测站点，分别为东河（DH-1、DH-2、DH-3）、南河（NH-1、NH-2、NH-3）、头道河（TD-1、TD-2、TD-3）、桃溪河（TX-1、TX-2、TX-3），合计 12 个监测站点，于 2013 年 6 月采样 1 次，调查指标包括植物种类、高度、盖度、鲜重；土壤容重、土壤孔隙度、pH、有机质、有效氮、Olsen-P、有效钾等。植物调查沿河流方向设置样带，样带宽度为河宽的 10 倍，不应小于 100 m，以河床为计算起始点，距离河床 2 m、10、50 m（对照）处各设置 3 个样方。乔木和灌木调查样方采用 5 m（垂直河水流向）×10 m（平行河水流向），草本植物调查样方 1 m×1 m。土壤调查采用土壤环刀采集土壤样品，采样深度 0～20 cm，每个样方内采集 3 个土壤样品，混合成 1 个样品。

2. 河岸植物群落结构特征

1）植物群落组成分析

汉丰湖入湖支流河岸带有维管束植物 171 种，隶属于 155 属 68 科。其中禾本科植物种类最多，为 19 种，其次为菊科 16 种，蔷薇科 9 种，豆科 8 种，大戟科 8 种。

按照中国植物志分类。调查区域内一年生草本植物 44 种（25.7%），主要有水蓼、土荆芥（*Chenopodium ambrosioides*）、鬼针草、苍耳等。多年生草本植物 68 种（39.8%），主要有香附子、狗牙根、白茅（*Imperata cylindrica*）、火炭母（*Polygonum chinense*）等。灌木 22 种（12.9%），主要有山胡椒（*Lindera glauca*）、三花悬钩子（*Rubus trianthus*）、野蔷薇（*Rosa multiflora*）、牡荆（*Vitex negundo* var. *cannabifolia*）等。藤本植物 11 种（6.4%），主要有地果、鸡矢藤、三裂蛇葡萄（*Ampelopsis delavayana*）等。乔木 21 种（12.3%），主要有枫杨、苦树（*Picrasma quassioides*）、油桐（*Vernicia fordii*）等。蕨类植物 5 种（2.9%），主要有乌蕨（*Stenoloma chusana*）、贯众（*Cyrtomium fortunei*）、大果鳞毛蕨（*Dryopteris panda*）等。

2）生物量分布特征

（1）沿程变化。

2013 年 6 月汉丰湖入湖 4 条支流河岸带草本植物鲜重（为地上鲜重，下同）均值为（2 707.3±2 883.6）g/m²，其中桃溪河河岸带植物鲜重最大，为（3 476.3±3 138.3）g/m²，东河最小，为（1 690.4±1 801.4）g/m²。

除东河外，南河、桃溪河和头道河的河岸带植物鲜重最高值出现在下游。除桃溪河外，其余 3 条支流河岸带植物鲜重最低值出现在上游[图 6.38（a）]。

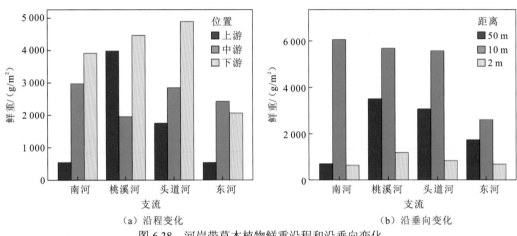

（a）沿程变化   （b）沿垂向变化

图 6.38　河岸带草本植物鲜重沿程和沿垂向变化

（2）沿垂向变化。

河岸带草本植物地上鲜重受洪水影响较大。4 条支流，草本植物鲜重均值最大值均出现在距河床 10 m 处，均值为（4 995.2±2 950.6）g/m²，草本植物鲜重均值最低值均出现在距河床 2 m 处，均值为（856.6±740.3）g/m²[图 6.38（b）]。

3）每平方米植物种类数分布特征

（1）沿程变化。

2013 年 6 月汉丰湖入湖 4 条支流河岸带植物种类数为（6.08±2.72）个/m²，其中头道河河岸带植物种类数最大，为（7.11±3.47）个/m²，南河最小，为（4.89±2.10）个/m²。

4 条支流的上、中、下游河岸带植物种类数均值差别不大，分别为（6.17±2.40）个/m²、（6.08±2.57）个/m²、（6.00±3.35）个/m²。东河和桃溪河的河岸带植物种类数从上游到下游逐渐降低，而南河的植物种类数最高值出现在中游，头道河的植物种类数最高值出现在下游（图 6.39）。

（2）沿垂向变化。

距河床 10 m 处的植物种类数均值最大，为（6.25±2.93）个/m²，距河床 2 m 处的植物种类数均值最低，为（5.83±3.10）个/m²（图 6.39）。其中，南河河岸带植物种类数，随河床距离越远，呈上升趋势，而桃溪河和头道河呈下降—上升趋势，东河呈上升—下降趋势。

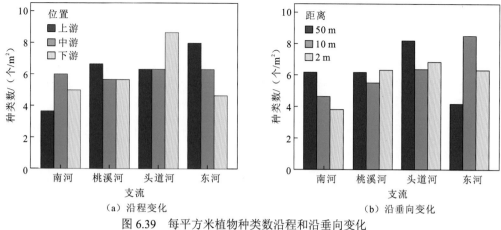

（a）沿程变化　　　　　　　　　　（b）沿垂向变化

图 6.39　每平方米植物种类数沿程和沿垂向变化

3. 土壤理化特征

1）沿程变化

2013 年汉丰湖入湖支流 4 条支流 12 个监测站点土壤理化性状分布情况见图 6.40。土壤容重、土壤孔隙度、pH 的均值分别为（1.32±0.17）g/cm³、（50.40±6.72）%、7.94±0.39，有机质、土壤碱解氮、Olsen-P、有效钾的质量分数均值依次为（17.58±19.64）g/kg、（67.43±58.87）mg/kg、（8.59±6.80）mg/kg、（63.92±48.21）mg/kg。4 条支流中，南河土壤容重均值最大，为（1.36±0.13）g/cm³，东河的土壤孔隙度均值 52.21%和有机质质量分数均值最大，为（28.60±35.70）g/kg，头道河的土壤碱解氮（94.04±60.70）mg/kg、Olsen-P（9.42±8.77）mg/kg、有效钾（84.22±64.38）mg/kg 质量分数均值最大。

4 条支流中，从上游到下游，南河土壤有机质质量分数、有效钾质量分数呈下降趋势，桃溪河土壤容重，有机质、碱解氮、Olsen-P 质量分数呈下降—上升趋势。头道河的土壤容重、pH 呈下降趋势，而土壤孔隙度、有机质、碱解氮和 Olsen-P 质量分数均呈上升趋势。东河的土壤孔隙度，有机质、碱解氮、Olsen-P 和有效钾质量分数均呈下降趋势（图 6.40）。

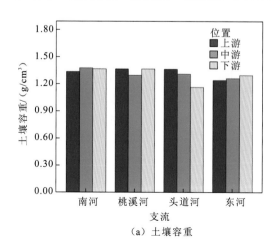

（a）土壤容重

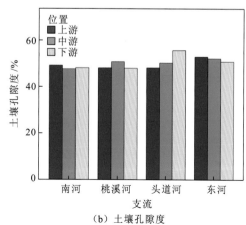

（b）土壤孔隙度

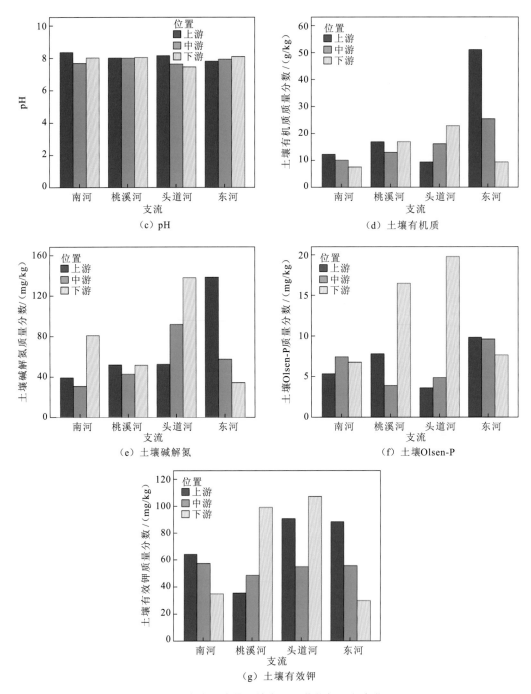

图 6.40　入湖支流河岸带土壤主要理化指标沿程变化

2）沿垂向变化

土壤容重均值在距河床 2 m 处最大，为（1.36±0.12）g/cm³，土壤有机质、碱解氮、

有效钾质量分数均值最大值均出现在距河床 50 m 处，分别为（26.58±31.78）g/kg、
（83.86±81.44）mg/kg、（86.45±64.21）mg/kg，土壤 Olsen-P 质量分数均值最大值出现
在距河床 2 m 处，为 8.78 mg/kg。4 条支流中，桃溪河、头道河和东河的土壤有机质质
量分数在距河床 50 m 处最大，除桃溪河外，南河、头道河和东河的土壤有效钾质量分
数在距河床 50 m 处最大（图 6.41）。

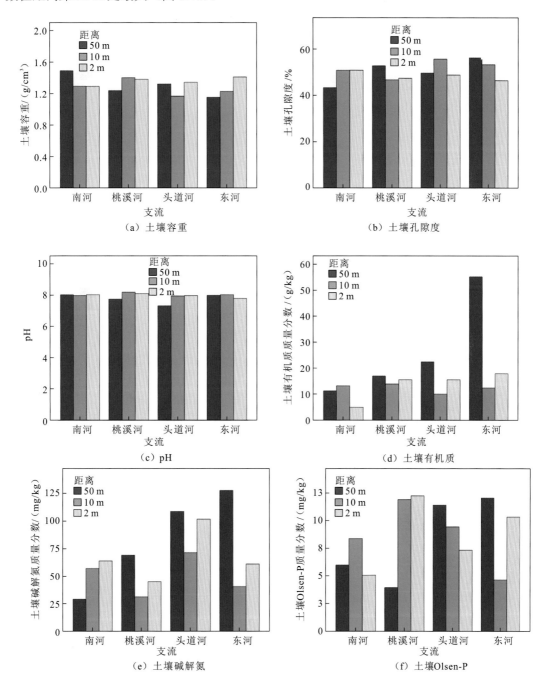

（a）土壤容重　　　　　　　　　　　　　　　　　（b）土壤孔隙度

（c）pH　　　　　　　　　　　　　　　　　（d）土壤有机质

（e）土壤碱解氮　　　　　　　　　　　　　　　　　（f）土壤 Olsen-P

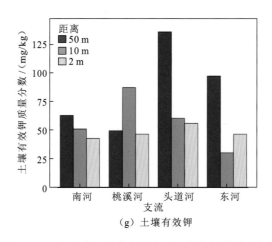

图 6.41 入湖支流河岸带土壤主要理化指标的垂向变化

4. 植物重要值及其与土壤环境的关系

重要值是计算、评估物种多样性的重要指标，草本植物重要值计算公式：重要值=相对盖度+相对高度；乔木和灌木计算公式：重要值=相对盖度+相对显著度。相对盖度=（样方内某种植物的盖度/样方内所有植物的盖度之和）×100%；相对高度=（样方内某种植物的高度/样方内所有植物的高度之和）×100%。乔木和灌木相对显著度=（样方内某种树的树干基部断面积之和/样方内全部树干基部断面积之和）×100%，通过基径计算树干基部断面积。

植物重要值数据及环境因子数据经过对数转化后，利用 Canoco for windows 4.5 软件，选择自动前选，进行蒙特卡洛检验，分析河岸带植物重要值与环境因子的关系。

经测算，重要值较大的草本植物主要有牛筋草（*Eleusine indica*）（7.23）、金发草（*Pogonatherum paniceum*）（6.40）和野燕麦（*Avena fatua*）（4.99）；重要值较大的乔木和灌木主要有枫杨（20.41）、小梾木（*Swida paucinervis*）（2.60）和苦树（2.02）等。

物种重要值数据经过 DCA 分析，结果表明最大轴的梯度长度为 5.570，大于 4，最好不用线性模型（误差大，会丢失很多信息），而单峰模型排序比较合适。本节选择典范对应分析对物种与环境因子的关系进行评价，结果显示 CCA 第 1 轴和第 2 轴解释物种重要值的比例分别为 37.6% 和 26.7%，总典范特征值为 1.534。高程的边际影响特征值最大（0.26），也排在条件影响变量中的第 1 位（0.26），说明汉丰湖入湖支流河岸带植物重要值大小受高程的影响最大。土壤有机质（0.22）和土壤容重（0.20）的边际影响次之。环境变量中，高程（$F=1.77$，$P=0.010$）和土壤有机质（$F=1.40$，$P=0.046$）通过蒙特卡洛检验，说明影响河岸带植物重要值的环境因子主要是高程和土壤有机质质量分数（表 6.20）。

表 6.20　前向选择中土壤生境变量的边际影响及条件影响

边际影响		条件影响			
变量	特征值	变量	特征值	P	F
高程	0.26	高程	0.26	0.010	1.77
有机质	0.22	有机质	0.21	0.046	1.40
土壤容重	0.20	含水率	0.19	0.084	1.34
pH	0.18	pH	0.19	0.080	1.32
含水率	0.18	土壤容重	0.18	0.170	1.20
有效钾	0.16	Olsen-P	0.17	0.122	1.22
Olsen-P	0.16	坡度	0.13	0.654	0.90
坡度	0.16	有效钾	0.10	0.884	0.72
碱解氮	0.15	碱解氮	0.10	0.922	0.71

6.3.5　入湖支流生态系统健康评价

1. 数据来源

2013 年，对汉丰湖流域东河、南河、桃溪河和头道河等 4 条入湖支流进行采样调查。每条支流选取 6 个调查断面，分别调查河流水文状况、河流形态状况、河岸带状况、河流水质状况及河流水生生物等，具体数据采集情况见表 6.21。其中河流形态状况和河岸带状况指标根据历史资料及 2013 年 3 月对每个断面现场调查获得，河流水文状况、河流水质状况和河流水生生物则根据 2013 年 3 月、6 月、9 月、12 月四次每个断面的采样分析结果获得。

表 6.21　汉丰湖支流资料来源与数据采集

资料收集		数据来源
背景资料		开县县志
		汉丰湖水环境保护规划
河流健康状况评估指标	河流水文状况	2013 年 3 月、6 月、9 月、12 月实地调查
	河流形态状况	2013 年 3 月实地调查
	河岸带状况	2013 年 3 月实地调查
	河流水质状况	2013 年 3 月、6 月、9 月、12 月实地调查
	河流水生生物	2013 年 3 月、6 月、9 月、12 月实地调查

2. 汉丰湖入湖支流健康评价

在汉丰湖入湖支流健康评价体系构建过程中，考虑到汉丰湖流域受三峡水库蓄水及汉丰湖调节坝的影响，根据流域特性，选取了适合汉丰湖流域生态系统特点的评价因子，从河流水文状况、河流形态状况、河岸带状况、河流水质状况和河流水生生物等 5 个方面选取 16 个评价指标（唐涛 等，2002），构建了汉丰湖流域入湖支流健康评价指标体系。

1）评价指标体系结构

根据综合国内外河流健康评估的各类方法（Suren et al.，1998），将汉丰湖入湖支流健康评估指标体系分为 3 个层次。第 1 层次是河流健康指数（river health index，RHI），是最终评价分值，反映河流的整体健康状况；第 2 层次包括河流水文状况、河流形态状况、河岸带状况、河流水质状况和河流水生生物等 5 个一级指标，其分值分别反映河流生态系统 5 个方面的健康状况；第 3 个层次是从各项一级指标中选取 16 项具体评价因子构成二级指标，其分值反映各项具体指标的健康状况。采取现场监测和调查的方式，获得 16 项二级指标的定量或定性数据，对其进行赋分评价。评价指标体系详见图 6.42。

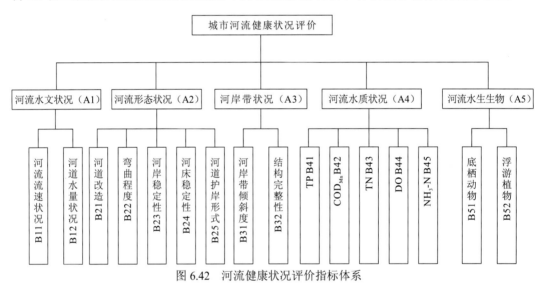

图 6.42　河流健康状况评价指标体系

2）评价标准

参考国内外河流健康评估指标体系的评价标准，确定本指标体系中二级指标的评价标准。其中河流水质状况和河流水生生物的评分标准参考了国家地表水环境质量标准《地表水环境质量标准》（GB 3838—2002）；引用美国环境保护署（United States Environmental Protection Agency，EPA）生境调查方法中的水量评价标准，确定河流水文状况评价标准；参考美国快速生物监测协议（Rapid bioassessment protocols，RBPs）、新西兰城市河流栖息地评价方法（Urban stream habitat assessment method，USHA）和澳大利亚的河流状态指数（Index of stream condition，ISC）等评价标准确定河岸带状况和河流形态状况的评价标准，该类指标属于定性评价，根据受人类干扰程度强弱来赋分。

　　根据汉丰湖流域的背景资料、实地调查监测情况及参照的相关评价标准，确定各项二级指标的评分值，每项指标评分标准分为 3～5 级，最高分为 4 分，最低分为 0 分。

　　（1）河流水文状况（A1）。河流流速状况（B11）和河道水量状况（B12）分别用来评价河流流速和流量的变化情况，通过观察水体水量状况、河道底质暴露情况、流速状况等，从河流水文状况角度来评估其对河流生境和河流生物的影响作用。该类指标评价方法为根据现场调查直接按标准评分，评分标准分为 5 级，最低 0 分，最高 4 分（表 6.22）。

表 6.22　河流水文状况指标的评价标准

评价指标	分级描述	评分
河流流速状况 （B11）	河流连通，流速较大，各断面有差异	4
	河流连通，流速较大，各断面无差异	3
	河流一端连通，各断面流速缓慢	1
	河流两端堵塞，水体不流动	0
河道水量状况 （B12）	水量大，极少河道暴露，水位可达两岸	4
	少于 25%的河道底质暴露	3
	大于 75%的河道底质暴露	1
	浅滩底质基本暴露，水量较少	0

　　（2）河流形态状况（A2）。河流形态状况指标用来评价河流河道硬化渠化程度、蜿蜒程度、河岸的稳定度及河道、河岸的连通性等方面（表 6.23）。河道改造（B21）用以表征人类活动对河流形态结构的改造，观察河道渠化程度，现场调查后按评价标准评分，评分标准分为 5 级，最高 4 分，最低 0 分。弯曲程度（B22）用以表征河道的蜿蜒度，通过现场观察河道自然蜿蜒状况，按照标准评分，评分标准分为 3 级，最高 4 分、最低 0 分。河岸稳定性（B23）用来评价河岸的稳定程度，通过观察河岸的侵蚀和稳定程度，按标准评分，评分标准分为 5 级，最高 4 分、最低 0 分。河床稳定性（B24）主要评价指河床底质侵蚀及淤积程度，评分标准分为 5 级，最高 4 分、最低 0 分。河道护岸形式（B25），主要评价河岸带人为改造的情况，现场观察河岸带护岸形式，评分标准分为 5 级，最高 4 分、最低 0 分。以上 5 个指标涵盖了河流形态状况的几个方面，基于背景资料和现场调查直接按标准评分。

表 6.23　河流形态状况指标的评价标准

评价指标	分级描述	评分
河道改造（B21）	河道为自然状态，无渠化和淤积	4
	河道稍有开挖现象，渠化程度不明显	3
	存在低于 40%河道渠化现象和河岸硬化现象	2
	80%以上河岸硬化，河床渠化现象不明显	1
	80%以上河岸、河床都已渠化，河道生境完全改变	0

续表

评价指标	分级描述	评分
弯曲程度（B22）	维持河流原始的弯曲形态	4
	部分河道进行了截弯取直	2
	全部河道笔直	0
河岸稳定性（B23）	河岸稳定，没有或极少河岸存在侵蚀	4
	河岸基本稳定，小于30%河岸存在侵蚀	3
	河岸基本不稳定，20%~50%河岸存在侵蚀	2
	河岸不稳定，50%~80%河岸存在侵蚀	1
	河岸极不稳定，80%~100%河岸存在侵蚀，有明显河岸塌陷	0
河床稳定性（B24）	河床稳定，无侵蚀和淤积	4
	河床基本不稳定，有一定程度淤积	2
	河床极不稳定，退化或淤积严重	0
河道护岸形式（B25）	自然土质岸坡	4
	斜坡式生态护岸	3
	亲水平台护岸	2
	台阶式人工护岸	1
	直立式钢筋混凝护岸	0

（3）河岸带状况（A3）。河岸带是水陆交界处的生态脆弱带，是河流生态系统的水量、沉积物、有机物质、营养物质和生物体的交换、循环的重要环节。河岸带倾斜度（B31）主要是指河流两岸的坡度状况，通过现场观察评分，评分标准分为5级，最高4分，最低0分。结构完整性（B32）主要是指河岸带乔灌草植被群落结构的完整性，结合现场调查和照片资料等进行评分，评分标准分为4级，最高4分，最低1分（表6.24）。

表 6.24　河岸带状况指标的评价标准

评价指标	分级描述	评分
河岸带倾斜度（B31）	0°~20°	4
	20°~50°	3
	50°~65°	2
	65°~85°	1
	>85°	0
结构完整性（B32）	乔灌草三种植被群落	4
	两种植被群落	3
	一种植被群落	2
	无植被	1

（4）河流水质状况（A4）。河流水质状况反映河流生境状况和健康程度，可以定性定量反映出河流的污染状况。汉丰湖流域河流污染状况主要表现为水体富营养化，因此选取影响水体富营养化的水质指标，包括 DO、COD_{Mn}、TP、TN、$NH_3\text{-}N$。依据地表水环境质量标准（GB 3838—2002），将该类指标的评分标准分为 5 级，将地表水 II 类水设为最高的评分标准为 4 分，劣于 V 类标准的为 0 分（表 6.25）。

表 6.25　河流水质状况指标的评分标准

评价指标	TP（B41）	COD_{Mn}（B42）	TN（B43）	DO（B44）	$NH_3\text{-}N$（B45）	评分
	≤0.1	≤2	≤0.5	≥6	≤0.5	4
	≤0.2	≤4	≤1.0	≥5	≤1.0	3
分级描述	≤0.3	≤6	≤1.5	≥3	≤1.5	2
	≤0.4	≤10	≤2.0	≥2	≤2.0	1
	>0.4	>15	>2.0	<2	>2.0	0

（5）河流水生生物（A5）。河流水生生物是反映河流生态系统状况的重要指标。底栖动物和浮游植物是河流生态系统的重要组成部分。浮游植物是河流生态系统食物网的初级生产者，底栖动物在水生生物中相对较为稳定，它们对河流水质的变化有着较强的响应作用，其种群结构、密度的变化可以较好的反映河流生境状况的改变；水生生物多样性指数则是反映河流水生生物种群状态的重要指标。因此选取底栖动物的 Margalef 丰富度指数和浮游植物的 Shannon-Wiener 多样性指数作为河流生物指标。具体评分标准见表 6.26。

表 6.26　河流水生生物指标的评价标准

评价指标	底栖动物（B51）Margalef 丰富度指数	浮游植物（B52）Shannon-Wiener 多样性指数	评分
	>4	>4	4
	3～4	3～4	3
分级描述	2～3	2～3	2
	1～2	1～2	1
	0～1	0～1	0

（6）一级指标分值计算。将所有二级指标评分值取平均值后，进行等权加和得到 5 个一级指标的分值。本研究中各一级指标的权重系数都取相同值，每个一级指标均加上权重，使得分值都在 0～10。

河流水文状况指标：

$$A1 = \frac{B11 + B12}{8} \times 10 \tag{6.7}$$

河流形态状况指标：

$$A2 = \frac{B21 + B22 + B23 + B24 + B25}{20} \times 10 \qquad (6.8)$$

河岸带状况指标：

$$A3 = \frac{B31 + B32}{8} \times 10 \qquad (6.9)$$

河流水质状况指标：

$$A4 = \frac{B41 + B42 + B43 + B44 + B45}{20} \times 10 \qquad (6.10)$$

河流水生生物指标：

$$A5 = \frac{B51 + B52}{8} \times 10 \qquad (6.11)$$

（7）河流健康状况综合评价。将 5 个一级指标进行加和，得到河流健康状况综合评分，该值在 0～50 之间。根据国内外河流健康评估的研究基础，确定综合评价标准（表 6.27），分为"优、良、一般、差、非常差" 5 个等级。根据河流健康状况综合评分，确定河流的健康状况。

河流健康状况综合指标：　　　RHI＝A1+A2+A3+A4+A5

表 6.27　河流健康状况综合评价标准

分级	总分	河流健康状况
I	41～50	优
II	31～40	良
III	21～30	一般
IV	11～20	差
V	0～10	非常差

3）评价结果

依据各项二级指标的评价标准，通过现场监测和调查等手段，得到了 16 项二级指标的评价均值；根据各项一级指标的计算公式，得出河流水文状况、河流形态状况、河岸带状况、河流水质状况及河流水生生物等 5 个一级指标的得分；通过一级指标加和得出汉丰湖 4 条入湖支流河流健康状况综合评分，见表 6.28。从河流健康状况综合评价结果来看，东河和桃溪河健康状况较好，综合评分为 35.46 分和 37.48 分，河流健康状况综合评估等级为"良"。南河和头道河健康状况略差，其中南河健康状况综合评分为 27.96 分，头道河健康状况综合评分为 26.58 分，评估等级在"一般"水平，可以看出入湖支流中南河和头道河健康状况较差。从一级指标评价结果来看，桃溪河和东河河流水文状况较好，南河和头道河受水库蓄水及流域季节性水量变化影响较大，部分断面的流速较为缓慢或水量较小；河流形态状况方面，南河和头道河评分也较低，表现为受人类活动影响较为明显，河岸稳定性较差、侵蚀较为严重，河床存在一定程度的退化，护岸也以砌石等硬质护岸为主；河岸带状况以头道河评分最低，头道河河岸带较陡，植被以草本植物为主，物种多样性较差。河流水质状况 4 条支流情况较为接近，南河和头道河略差，4 条河流均以 TN、DO、COD_{Mn} 等 3 项指标评分较低；4 条河流水生生物评分均较低，浮游植物的多样性指数偏低，这与河流受流域污染影响，存在富营养化趋势有一定关系。综合以上情况来看，河流水质状况、河岸带状况和河流水生生物是影响汉丰湖入湖支流健康状况的主要因子。

表 6.28　汉丰湖支流河流健康状况评价结果

一级指标	二级指标	评估总分	东河得分	南河得分	桃溪河得分	头道河得分
河流水文状况	河流流速状况	4	3.50	2.00	3.67	2.67
	河流水量状况	4	3.17	2.67	3.67	1.92
河流水文状况综合评分		10	8.34	5.84	9.18	5.74
河流形态状况	河道改造	4	3.33	2.50	3.83	1.83
	弯曲程度	4	4.00	2.33	3.67	2.00
	河岸稳定性	4	2.83	2.75	2.92	1.92
	河床稳定性	4	2.67	2.33	3.00	2.00
	河道护岸形式	4	3.50	2.17	4.00	2.17
河流形态状况综合评分		10	8.17	6.04	8.71	4.96
河岸带状况	河岸带倾斜度	4	2.33	2.33	2.50	1.33
	结构完整性	4	2.83	1.83	3.17	1.67
河岸带状况综合评分		10	6.45	5.20	7.09	3.75
河流水质状况	DO	4	2.00	2.00	2.00	2.00
	COD_{Mn}	4	3.00	2.00	3.00	2.00
	TP	4	4.00	4.00	4.00	3.00
	TN	4	2.00	1.00	2.00	2.00
	NH_3-N	4	4.00	4.00	4.00	4.00
河流水质状况综合评分		10	7.50	6.50	7.50	6.50
河流水生生物	底栖动物	4	3.00	2.50	3.00	3.00
	浮游植物	4	1.00	1.00	1.00	1.50
河流水生生物综合评分		10	5.00	4.38	5.00	5.63
河流健康状况综合评分		50	35.46	27.96	37.48	26.58
评估等级		—	良	一般	良	一般

汉丰湖入湖支流健康状况主要受以下几个方面的影响。第一是流域水文情势的改变，支流主要受三峡水库蓄水影响，导致支流回水区流速变缓；第二是汉丰湖流域污染负荷较高，汉丰湖流域涉及开州的 29 个乡镇街道，社会经济发展带来的污染负荷的排放，严重影响了入湖支流的水质状况；第三是汉丰湖成湖初期，岸边带防护缺失，流域生态系统结构稳定性较弱，加之污染负荷的居高不下，水体生态系统相对比较脆弱，物种多样性较低。针对汉丰湖入湖支流健康状况存在的主要问题，从河流管理角度应首先加强流域污染防治，重点加强流域污水处理厂建设和污水管网完善等点源污染防治措施；同时，通过改变农业生产方式、推广生态农业、合理布局畜禽养殖场、增设畜禽养殖污染处理设施等方式控制流域面源污染；最后，通过实施水域环境改良、生物增殖放流措施、岸边带植物的恢复与重建等措施，改善支流生境状况、完善水生生物群落结构，促进新的合理的水生生物群落结构形成，调控水生态系统营养物质循环途径，恢复受阻的生态过程，逐步提高水体自净能力。

参 考 文 献

白洁, 王晓东, 李佳霖, 等, 2007. 北黄海沉积物-水界面反硝化速率及影响因素研究[J]. 中国海洋大学学报(自然科学版)(4): 653-656.

鲍士旦, 2005. 土壤农化分析(第 3 版)[M]. 北京: 中国农业出版社.

曹文宣, 余志堂, 许蕴玕, 等, 1987. 三峡工程对长江鱼类资源影响的初步评价及资源增殖途径的研究[C]//长江三峡工程对生态与环境影响及其对策研究论文集. 北京: 科学出版社: 2-19.

曹文宣, 常剑波, 乔晔, 等, 2007. 长江鱼类早期资源[M]. 北京: 中国水利水电出版社.

常超, 谢宗强, 熊高明, 等, 2011. 三峡水库蓄水对消落带土壤理化性质的影响[J]. 自然资源学报, 26(7): 1236-1244.

陈杰, 2008. 三峡水库小江回水区浮游植物群落结构特点及其影响因素研究[D]. 重庆: 重庆大学.

陈小娟, 潘晓洁, 邹曦, 等, 2013. 三峡水库小江回水区水华暴发期原生动物群落的初步研究[J]. 水生态学杂志, 34(6): 1-6.

陈小娟, 唐会元, 杨志, 等, 2020. 三峡水库支流小江鱼类早期资源现状[J]. 三峡生态环境监测, 5(1): 42-47.

陈洋, 杨正健, 黄钰铃, 等, 2013. 混合层深度对藻类生长的影响研究[J]. 环境科学, 34(8): 3049-3056.

陈媛媛, 刘德富, 杨正健, 等, 2013. 分层异重流对香溪河库湾主要营养盐补给作用分析[J]. 环境科学学报, 33(3): 762-770.

程丽, 张志永, 李春辉, 等, 2016. 三峡库区消落带土壤淹水对氮素转化及酶活性的影响[J]. 华中农业大学学报, 35(5): 33-38.

程莅登, 邓洪平, 何松, 等, 2019. 长江重庆段消落区植物群落分布格局与多样性[J]. 生态学杂志, 38(12): 3626-3634.

程瑞梅, 王晓荣, 肖文发, 等, 2009. 三峡库区消落带水淹初期土壤物理性质及金属含量初探[J]. 水土保持学报, 23(5): 156-161.

丛耀辉, 张玉玲, 张玉龙, 等, 2016. 黑土区水稻土有机氮组分及其对可矿化氮的贡献[J]. 土壤学报, 53(2): 457-467.

邓华堂, 2015. 三峡库区大宁河鱼类食物网的结构及能量流动研究[D]. 重庆: 西南大学.

邓华堂, 段辛斌, 刘绍平, 等, 2014. 大宁河下游主要鱼类营养结构的时空变化[J]. 生态学报, 34(23): 7110-7118.

邓华堂, 巴家文, 段辛斌, 等, 2015. 运用稳定同位素技术分析大宁河主要鱼类营养层级[J]. 水生生物学报, 39(5): 893-901.

丁庆秋, 彭建华, 杨志, 等, 2015. 三峡水库高、低水位下汉丰湖鱼类资源变化特征[J]. 水生态学杂志, 36(3): 1-9.

丁庆章, 刘学勤, 张晓可, 2014. 水位波动对长江中下游湖泊湖滨带底质环境的影响[J]. 湖泊科学, 26(3): 340-348.

丁瑞华, 1994. 四川鱼类志[M]. 成都: 四川科学技术出版社.

董春颖, 虞左明, 吴志旭, 等, 2013. 千岛湖湖泊区水体季节性分层特征研究[J]. 环境科学, 34(7):

2574-2581.

董纯, 杨志, 龚云, 等, 2019. 三峡库区干流鱼类资源现状与物种多样性保护[J]. 水生态学杂志, 40(1): 15-21.

董纯, 杨志, 朱其广, 等, 2023. 三峡水库外来鱼类资源状况初步研究[J]. 长江流域资源与环境, 32(5): 928-938.

董哲仁, 孙东亚, 赵进勇, 等, 2010. 河流生态系统结构功能整体性概念模型[J]. 水科学进展, 21(4): 550-559.

段辛斌, 2008. 长江上游鱼类资源现状及早期资源调查研究[D]. 武汉: 华中农业大学.

段辛斌, 田辉伍, 高天珩, 等, 2015. 金沙江一期工程蓄水前长江上游产漂流性卵鱼类产卵场现状[J]. 长江流域资源与环境, 24(8): 1358-1365.

范成新, 1995. 滆湖沉积物理化特征及磷释放模拟[J]. 湖泊科学, 7(4): 341-349.

冯晶红, 刘德富, 吴耕华, 等, 2020. 三峡库区消落带适生植物固碳释氧能力研究[J]. 水生态学杂志, 41(1): 1-8.

冯明磊, 胡荣桂, 许克翠, 等, 2008. 三峡小流域水体硝态氮含量变化特征及其影响因素研究[J]. 环境科学, 29: 13-18.

傅伯杰, 于丹丹, 吕楠, 2017. 中国生物多样性与生态系统服务评估指标体系[J]. 生态学报, 37(2): 341-348.

葛优, 周彦锋, 吕大伟, 等, 2017. 阳澄西湖叶绿素 a 的时空分布及其与环境因子的关系[J]. 长江流域资源与环境, 26(7): 1068-1075.

耿相昌, 2010. 大宁河鱼类资源现状及云南盘鮈生物学初步研究[D]. 重庆: 西南大学.

勾蒙蒙, 刘常富, 李乐, 等, 2023. 三峡库区典型流域生境质量时空演变特征与情景模拟[J]. 生态学杂志, 42(1): 180-189.

郭劲松, 盛金萍, 李哲, 等, 2010. 三峡水库运行初期小江回水区藻类群落季节变化特点[J]. 环境科学, 31(7): 1492-1497.

郭劲松, 陈园, 李哲, 等, 2011. 三峡小江回水区叶绿素 a 季节变化及其通主要藻类的相互关系[J]. 环境科学, 32(4): 976-981.

郭艳萍, 张金屯, 刘秀珍, 2005. 山西天龙山植物群落物种多样性研究[J]. 山西大学学报(自然科学版), 28(2): 205-208.

郝芳华, 李春晖, 赵彦伟, 等, 2008. 流域水质模型与模拟[M]. 北京: 北京师范大学出版社.

何春, 2021. 基于碳、氮稳定同位素的三峡库区长江干流鱼类食物网营养结构研究[D]. 重庆: 西南大学.

何春, 邓华堂, 王果, 等, 2022. 基于氮稳定同位素分析的三峡水库主要鱼类营养级研究[J]. 渔业科学进展, 43(4): 116-126.

胡莲, 郑志伟, 杨志, 等, 2024. 三峡水库小江回水区水华暴发期浮游植物群落结构及其与环境因子的关系[J]. 湖泊科学, 36(4): 1025-1035.

黄昌勇, 徐建明, 2010. 土壤学[M]. 北京: 中国农业出版社.

黄进, 2008. 洪泽湖沉积物中磷赋存形态研究[J]. 安徽农业科学, 36: 16161-16162.

黄钰铃, 刘德富, 苏妍妹, 2009. 香溪河库湾底泥营养盐释放规律初探[J]. 环境科学与技术, 32(5): 9-13.

贾佩峤, 胡忠军, 武震, 等, 2013. 基于 ecopath 模型对滆湖生态系统结构与功能的定量分析[J]. 长江流域资源与环境, 22(2): 189-197.

姜伟, 2009. 长江上游珍稀特有鱼类国家级自然保护区干流江段鱼类早期资源研究[D]. 北京: 中国科学院大学.

蒋柏藩, 顾益初, 1989. 石灰性土壤无机磷分级体系的研究[J]. 中国农业科学, 22(3): 58-66.

金相灿, 庞燕, 王圣瑞, 2008. 长江中下游浅水湖沉积物磷形态及其分布特征研究[J]. 农业环境科学学报, 27(1): 279-285.

况琪军, 毕永红, 周广杰, 等, 2005. 三峡水库蓄水前后浮游植物调查及水环境初步分析[J]. 水生生物学报, 29(4): 353-358.

雷雅凯, 2009. 贾鲁河郑州段植物多样性与景观格局梯度变化分析[D]. 郑州: 河南农业大学.

雷雅凯, 贺丹, 张军红, 等, 2012. 贾鲁河郑州段植物多样性与景观格局梯度变化[J]. 东北林业大学学报, 40(9): 39-43.

李斌, 2012. 三峡库区小江鱼类食物网结构、营养级关系的C、N稳定性同位素研究[D]. 重庆: 西南大学.

李斌, 王志坚, 杨洁萍, 等, 2013a. 三峡库区干流鱼类食物网动态及季节性变化[J]. 水产学报, 37(7): 1015-1022.

李斌, 徐丹丹, 王志坚, 等, 2013b. 三峡库区小江库湾鱼类食物网的稳定C、N同位素分析[J]. 生态学报, 33(20): 6704-6711.

李昌晓, 钟章成, 刘芸, 2005. 模拟三峡库区消落带土壤水分变化对落羽杉幼苗光合特性的影响[J]. 生态学报, 25(8): 1954-1959.

李翀, 廖文根, 陈大庆, 等, 2007. 基于水力学模型的三峡库区四大家鱼产卵场推求[J]. 水利学报, 38(11): 1285-1289.

李家兵, 马雪艳, 孔健健, 2007. 福州第二饮用水水源地: 山仔水库底泥中磷释放研究[J]. 海峡科学, 6: 52-55.

李锦秀, 杜斌, 孙以三, 2005. 水动力条件对富营养化影响规律探讨[J]. 水利水电技术, 36(5): 15-18.

李斯琪, 史邵华, 潘晓娇, 等, 2017. 黑暗完全水淹环境下植物的生长与碳水化合物消耗-以三峡库区消落带植物狗牙根和牛鞭草为例[J]. 重庆师范大学学报(自然科学版), 34(6): 49-56.

李彦杰, 杨俊年, 刘仁华, 等, 2018. 水淹胁迫下三峡库区消落带适生狗牙根转录因子的转录组分析[J]. 西南农业学报, 31(2): 265-269.

李艳红, 葛刚, 王茂林, 等, 2016. 垂向归纳模型下鄱阳湖丰、枯水期初级生产力特征及与环境因子相关性分析[J]. 湖泊科学, 28(3): 575-582.

李由明, 黄翔鹄, 刘楚吾, 2007. 碳氮稳定同位素技术在动物食性分析中的应用[J]. 广东海洋大学学报, 27(4): 99-103.

李媛, 刘德富, 孔松, 等, 2012. 三峡水库蓄泄水过程对香溪河库湾水华影响的对比分析[J]. 环境科学学报, 32(8): 1883-1893.

李源, 袁星, 祝惠, 2014. 含水量对黑土氮素转化及土壤酶活性影响的模拟研究[J]. 土壤通报, 45(4): 903-908.

李云凯, 宋兵, 陈勇, 等, 2009. 太湖生态系统发育的 Ecopath and Ecosim 动态模拟[J]. 中国水产科学, 16(2): 257-265.

李哲, 方芳, 郭劲松, 等, 2011. 三峡小江(澎溪河)藻类功能分组及其季节演替特点[J]. 环境科学, 32(2):

90-98.

李哲, 张曾宇, 杨中华, 等, 2015. 三峡澎溪河回水区流速对藻类原位生长速率的影响[J]. 湖泊科学, 27(5): 880-886.

李忠义, 金显仕, 庄志猛, 等, 2005. 稳定同位素技术在水域生态系统研究中的应用[J]. 生态学报, 25(11): 3052-3060.

林马震, 黄勇, 李洋, 等, 2022. 高寒草地植物生存策略地理分布特征及其影响因素[J]. 植物生态学报, 46(9): 1-10.

刘德富, 杨正健, 纪道斌, 等, 2016. 三峡水库支流水华机理及其调控技术研究进展[J]. 水利学报, 47(3): 443-454.

刘恩生, 李云凯, 臧日伟, 等, 2014. 基于 Ecopath 模型的巢湖生态系统结构与功能初步分析[J]. 水产学报, 38(3): 417-425.

刘建康, 曹文宣, 1992. 长江流域的鱼类资源及其保护对策[J]. 长江流域资源与环境(1): 17-23.

刘其根, 2005. 千岛湖保水渔业及其对湖泊生态系统的影响[D]. 上海: 华东师范大学.

刘绍平, 陈大庆, 段辛斌, 等, 2004. 长江中上游四大家鱼资源监测与渔业管理[J]. 长江流域资源与环境, 2004, 13(2): 183-186.

龙良红, 黄宇擎, 徐慧等, 2023. 近 20 年来三峡水库水动力特性及其水环境效应研究: 回顾与展望[J]. 湖泊科学, 35(2): 383-397.

吕明权, 吴胜军, 陈春娣, 等, 2015. 三峡消落带生态系统研究文献计量分析[J]. 生态学报, 35(11): 3504-3518.

米玮洁, 胡菊香, 赵先富, 2012. 生态通道模型及其在水生态系统中的应用探讨[J]. 环境科学与技术, 35(7): 186-190, 196.

潘晓洁, 彭建华, 张志永, 等, 2009. 澎溪河浮游植物群落结构的周年变化特征[J]. 环境科学与技术, 32(专刊): 95-101.

潘晓洁, 黄一凡, 郑志伟, 等, 2015. 三峡水库小江夏初水华暴发特征及原因分析[J]. 长江流域资源与环境, 24(11): 1944-1952.

彭福利, 何立环, 于洋, 等, 2017. 三峡库区长江干流及主要支流氮磷叶绿素变化趋势研究[J]. 中国科学: 技术科学, 47: 845-855.

彭镇华, 2005. 中国长江三峡植物大全[M]. 北京: 科学出版社.

邱华北, 商立海, 李秋华, 等, 2011. 水体热分层对万峰湖水环境的影响[J]. 生态学杂志, 30(5): 1039-1044.

阮瑞, 张燕, 沈子伟, 等, 2017. 三峡消落区鱼卵、仔稚鱼种类的鉴定及分布[J]. 中国水产科学, 24(6): 1307-1314.

沈善敏, 廉鸿志, 张璐, 等, 1998. 磷肥残效及农业系统养分循环再利用中长期试验[J]. 植物营养与肥料学报, 4(4): 339-344.

史方, 陈小娟, 杨志, 等, 2016. 三峡水库小江流域鱼类营养层次研究[J]. 水生态学杂志, 37(4): 70-77.

孙荣, 袁兴中, 陈忠礼, 等, 2010. 三峡水库澎溪河消落带植物群落物种丰富度格局[J]. 环境科学研究, 23(11): 1382-1389.

唐海滨, 郑志伟, 胡莲, 等, 2023. 2008—2020 年三峡库区小江叶绿素 a 的时空演变特征及驱动因子[J].

湖泊科学, 35(5): 1529-1537.

唐涛, 蔡庆华, 刘建康, 2002. 河流生态系统健康及其评价[J]. 应用生态学报, 13(9): 1191-1194.

田楚铭, 齐青松, 张弛, 等, 2024. 三峡水库浮游植物群落结构特征及其水环境评价[J]. 武汉大学学报 (理学版), 70(1): 75-86.

田泽斌, 刘德富, 杨正健, 等, 2012. 三峡水库香溪河库湾夏季蓝藻水华成因研究[J]. 中国环境科学, 32(11): 2083-2089.

童笑笑, 陈春娣, 吴胜军, 等, 2018. 三峡库区澎溪河消落带植物群落分布格局及生境影响[J]. 生态学 报, 38(2): 571-580.

王红丽, 黎明政, 高欣, 等, 2015. 三峡库区丰都江段鱼类早期资源现状[J]. 水生生物学报, 39(5): 954-964.

王俊, 韦肖杭, 姚伟忠, 2011. 南太湖水体叶绿素 a 含量与氮磷浓度的关系[J]. 浙江海洋学院学报(自然 科学版), 30(3): 190-193, 204.

王岚, 蔡庆华, 张敏, 等, 2009. 三峡水库香溪河库湾夏季藻类水华的时空动态及其影响因素[J]. 应用生 态学报, 20(8): 1940-1946.

王丽婧, 李虹, 杨正健, 等, 2020. 三峡水库蓄水运行初期(2003—2012 年) 水环境演变特征的"四大效 应" [J]. 环境科学研究, 33(5): 1109-1118.

王丽平, 郑丙辉, 张佳磊, 等, 2012. 三峡水库蓄水后对支流大宁河富营养化特征及水动力的影响[J]. 湖 泊科学, 24(2): 232-237.

王敏, 朱峰跃, 刘绍平, 等, 2017. 三峡库区汉丰湖鱼类群落结构的季节变化[J]. 湖泊科学, 29(2): 439-447.

王瑞军, 李世清, 张兴昌, 等, 2004. 西北地区不同生态系统几种土壤有机氮组分和微生物体氮的差异[J]. 干旱地区农业研究, 22(4): 21-27.

王少鹏, 2020. 食物网结构与功能: 理论进展与展望[J]. 生物多样性, 28(11): 1391-1404.

王顺天, 雷俊山, 贾海燕, 等, 2020. 三峡水库 2003—2017 年水质变化特征及成因分析[J]. 人民长江, 51(10): 47-53, 127.

王晓青, 黄舸, 2013. 小江水文气象条件对水体氮、磷、叶绿素 a 的影响研究[J]. 水利科技与经济, 19(12): 1-5.

王耀耀, 徐涛, 崔玉洁, 等, 2020. 神农溪水体季节热分层特征及其对水华影响[J]. 水生态学杂志, 41(4): 19-26.

王业春, 雷波, 张晟, 2012. 三峡库区消落带不同水位高程植被和土壤特征差异[J]. 湖泊科学, 24(2): 206-212.

王震, 邹华, 杨桂军, 等, 2014. 太湖叶绿素a的时空分布特征及其与环境因子的相关关系[J]. 湖泊科学, 26(4): 567-575.

温海深, 林浩然, 2001. 环境因子对硬骨鱼类性腺发育成熟及其排卵和产卵的调控[J]. 应用生态学报, 12(1): 151-155.

温新利, 冯若楠, 张根, 等, 2017. 两小型浅水湖泊水体叶绿素a浓度的季节变化及与理化因子和生物因 子的关系[J]. 湖泊科学, 29(6): 1421-1432.

吴甘霖, 黄敏毅, 段仁燕, 2006. 不同强度旅游干扰对黄山松群落物种多样性的影响[J]. 生态学报,

26(12): 3924-3930.

吴强, 段辛斌, 徐树英, 等, 2007. 长江三峡库区蓄水后鱼类资源现状[J]. 淡水渔业, 37(2): 70-75.

吴晓东, 王国祥, 陈正勇, 等, 2011. 水深梯度对黑藻生长的影响[J]. 生态与农村环境学, 27(4): 40-45.

吴怡, 郭亚飞, 曹旭, 等, 2013. 成都府南河叶绿素 a 和氮、磷的分布特征与富营养化研究[J]. 中国环境
　　监测, 29(4): 43-49.

武晗琪, 李琦晖, 李琪, 等, 2022. 太湖北部蓝藻集聚区水体富营养化时空变化研究[J]. 环境污染与防
　　治, 44(7): 926-932.

肖海, 夏振尧, 彭逗逗, 等, 2019. 植物根系对三峡库区消落带紫色土崩解性能的影响[J]. 中国水土保持
　　科学, 17(3): 98-103.

谢德体, 范小华, 魏朝富, 2007. 三峡水库消落区对库区水土环境的影响研究[J]. 西南大学学报(自然科学版),
　　29(1): 39-47.

谢平, 2017. 长江的生物多样性危机: 水利工程是祸首, 酷渔乱捕是帮凶[J]. 湖泊科学, 29(6): 1279-1299.

徐军, 张敏, 谢平, 2010. 氮稳定同位素基准的可变性及对营养级评价的影响[J]. 湖泊科学, 22(1): 8-20.

杨峰, 姚维志, 邓华堂, 等, 2013. 三峡库区蓄水后大宁河鱼类资源现状研究[J]. 淡水渔业, 43(4): 51-57.

杨少荣, 2012. 长江流域鱼类群落生态学研究[D]. 北京: 中国科学院大学.

杨少荣, 高欣, 马宝珊, 等, 2010. 三峡库区木洞江段鱼类群落结构的季节变化[J]. 应用与环境生物学
　　报, 16(4): 555-560.

杨世莉, 何莹, 祁云宽, 2022. 抚仙湖水体透明度及主要影响因子变化分析[J]. 环境科学导刊, 41(4):
　　1-6.

杨晓鸽, 范传文, 鲍宇轩, 等, 2021. 闽江上游河道整治底质粒径变化对鱼类群落多样性的影响[J]. 长江
　　流域资源与环境, 30(10): 2430-2437.

杨正健, 刘德富, 马骏, 等, 2012. 三峡水库香溪河库湾特殊水温分层对水华的影响[J]. 武汉大学学报
　　(工学版), 45(1): 1-9.

杨正健, 俞焰, 陈钊, 等, 2017. 三峡水库支流库湾水体富营养化及水华机理研究进展[J]. 武汉大学学报
　　(工学版), 50(4): 507-516.

杨志, 陶江平, 唐会元, 等, 2012. 三峡水库运行后库区鱼类资源变化及保护研究[J]. 人民长江, 43(10):
　　62-67.

杨志, 唐会元, 朱迪, 等, 2015. 三峡水库 175 m 试验性蓄水期库区及其上游江段鱼类群落结构时空分布
　　格局[J]. 生态学报, 35(15): 5064-5075.

杨子超, 李延林, 邱小琮, 等, 2020. 沙湖叶绿素 a 的时空分布特征及其与环境因子的关系[J]. 水生态学
　　杂志, 41(2): 77-82.

姚金忠, 范向军, 杨霞等, 2022. 三峡库区重要支流水华现状、成因及防控对策[J]. 环境工程学报, 16(6):
　　2041-2048.

叶琛, 龚宇, 张全发, 2022. 三峡库区消落带植物多样性变化规律及其驱动因子研究[J]. 水利水电技术
　　(中英文), 53(S1): 54-60.

叶学瑶, 陶敏, 朱光平, 等, 2017. 三峡库区小江鱼类群落特征及其历史变化[J]. 长江流域资源与环境,
　　26(6): 841-846.

于航, 张蕾, 王刚, 等, 2011. 光照强度和温度对三峡水库消落区典型土壤磷释放的影响[J]. 安徽农业科

学, 39(19): 11539-11541, 11546.

于子铖, 赵进勇, 彭文启, 等, 2023. 小水电河流水文地貌-生态响应关系研究[J]. 水利水电技术(中英文), 54(6): 137-146.

袁兴中, 熊森, 李波, 等, 2011. 三峡水库消落带湿地生态友好型利用探讨[J]. 重庆师范大学学报(自然科学版)(4): 23-25.

曾辉, 宋立荣, 于志刚, 等, 2007. 三峡水库"水华"成因初探[J]. 长江流域资源与环境, 16(3): 336-339.

张光贵, 2016. 洞庭湖水体叶绿素 a 时空分布及与环境因子的相关性[J]. 中国环境监测, 32(4): 84-90

张佳磊, 郑丙辉, 刘录三, 等, 2012. 三峡水库试验性蓄水前后大宁河富营养化状态比较[J]. 环境科学, 33(10): 3382-3389.

张金洋, 王定勇, 石孝洪, 2004. 三峡水库消落区淹水后土壤性质变化的模拟研究[J]. 水土保持学报, 18(6): 120-123.

张浏, 陈灿, 高倩, 等, 2007. 两种营养状态下 pH 对轮叶黑藻生长和抗氧化酶活性的影响[J]. 生态环境, 16(3): 748-752.

张漫, 张万顺, 张潇, 等, 2022. 三峡水库 175 m 试验性蓄水后库区水质时空变化规律[J]. 人民长江, 53(3): 68-73, 91.

张琪, 袁轶君, 米武娟, 等, 2015. 三峡水库香溪河初级生产力及其影响因素分析[J]. 湖泊科学, 27(3): 436-444.

张晟, 2005. 三峡库区水体中营养盐与浮游生物量分布特征[D]. 重庆: 西南农业大学.

张伟, 翟东东, 熊飞, 等, 2023. 三峡库区鱼类群落结构和功能多样性[J]. 生物多样性, 31(1): 87-99.

张宇, 刘德富, 纪道斌, 等, 2012. 干流倒灌异重流对香溪河库湾营养盐的补给作用[J]. 环境科学, 33(8): 2621-2627.

张远, 郑丙辉, 刘鸿亮, 2006. 三峡水库蓄水后的浮游植物特征变化及影响因素[J]. 长江流域资源与环境, 15(2): 254-258.

张志永, 胡晓红, 向林, 等, 2020. 三峡水库消落区植物群落结构及其季节性变化规律[J]. 水生态学杂志, 41(6): 37-45.

张志永, 向林, 万成炎, 等, 2023. 三峡水库消落区植物群落演变趋势及优势植物适应策略[J]. 湖泊科学, 35(2): 553-563.

章国渊, 2012. 三峡水库典型支流水华机理研究进展及防控措施浅议[J]. 长江科学院院报, 29(10): 48-56.

赵汉取, 韦肖杭, 姚伟忠, 等, 2011. 南太湖近岸水域叶绿素 a 含量与氮磷浓度的关系[J]. 水生态学杂志, 32(5): 59-63.

赵士波, 郭平, 李斗果, 等, 2018. 三峡库区澎溪河营养盐时空变化特征及富营养化评价[J]. 四川环境, 37(1): 51-58.

郑丙辉, 张远, 富国, 等, 2006. 三峡水库营养状态评价标准研究[J]. 环境科学学报, 26(6): 1022-1030.

郑梦婷, 杨志, 胡莲, 等, 2023. 小江回水区江段鱼类群落结构的时空变动及驱动因素分析[J]. 水生态学杂志, 44(3): 42-53.

郑晓岚, 杨玲, 宋娇鲍, 等, 2022. 水库消落带土壤颗粒组成分形及其空间分异特征[J]. 水土保持研究, 29(1): 66-71.

郑志伟, 邹曦, 安然, 等, 2011. 三峡水库小江流域消落区土壤的理化性状[J]. 水生态学杂志, 32(4): 1-6.

周广杰, 况琪军, 胡征宇, 等, 2006. 香溪河库湾浮游藻类种类演替及水华发生趋势分析[J]. 水生生物学报, 30(1): 44-48.

周正, 黄宇波, 王斌梁, 等, 2020. 运用稳定同位素技术分析三峡坝前水域的食物网结构[J]. 生态科学, 39(5): 82-90.

朱爱民, 胡菊香, 李嗣新, 等, 2013. 三峡水库长江干流及其支流枯水期浮游植物多样性与水质[J]. 湖泊科学, 25(3): 64-71.

朱孔贤, 毕永红, 胡建林, 等, 2012. 三峡水库神农溪 2008 年夏季铜绿微囊藻(*Microcystis aeruginosa*)水华暴发特性[J]. 湖泊科学, 24(2): 220-226.

朱强, 安然, 胡红青, 等, 2012. 三峡库区消落带土壤对磷的吸附和淹水下磷的形态变化[J]. 土壤学报, 49(6): 1128-1135.

邹曦, 潘晓洁, 郑志伟, 等, 2017. 三峡水库小江回水区叶绿素a与环境因子时空变化[J]. 水生态学杂志, 38(4): 48-56.

ADLER P B, SALGUERO-GÓMEZ R, COMPAGNONI A, et al., 2014. Functional traits explain variation in plant life history strategies[J]. Proceedings of the national academy of sciences of the United States of America, 111(2): 740-745.

ARMSTRONG W, 1979. Aeration in higher plants[J]. Advances in botanical research, 7: 225-232.

BAIREY E, KELSIC E D, KISHONY R, 2016. High-order species interactions shape ecosystem diversity[J]. Nature communications, 7: 12285.

BANNON R O, ROMAN C T, 2008. Using stable isotopes to monitor anthropogenic nitrogen inputs to estuaries[J]. Ecological applications, 18(1): 22-30.

BEESLEY L S, PRINCE J, 2010. Fish community structure in an intermittent river: The importance of environmental stability, landscape factors and within-pool habitat descriptors[J]. Marine and freshwater research, 61(5): 605-614.

BLANCHARD F, LELOC'H F, HILY C, et al., 2004. Fishing effects on diversity, size and community structure of the benthic invertebrate and fish megafauna on the Bay of Biscay coast of France[J]. Marine ecology progress series, 280: 249-260.

BUCZYŃSKA E, BUCZYŃSKI P, ZAWAL A, et al., 2016. Environmental factors affecting micro-distribution of larval caddisflies(Trichoptera) in a small lowland reservoir under different types of watershed usage[J]. Fundamental and applied limnology, 188(2): 157-170.

CABANA G, RASMUSSEN J B, 1996. Comparison of aquatic food chains using nitrogen isotopes[J]. Proceedings of the national academy of sciences of the United States of America, 93(20): 10844-10847.

CHENG F, WEI L, CASTELLO L, et al., 2015. Potential effects of dam cascade on fish: Lessons from the Yangtze River[J]. Reviews in fish biology and fisheries, 25: 569-585.

CHRISTENSEN V, CARL W, 2004. Ecopath with Ecosim: Methods, capabilities and limitations[J]. Ecological modelling, 3: 109-139.

CHRISTENSEN V, PAULY D, 1993. Flow characteristics of aquatic ecosystems[J]. Trophic models of aquatic ecosystems, 26: 338-352.

DESORTOVÁ B, PUNČOCHÁŘB P, 2011. Variability of phytoplankton biomass in a lowland river: Response to climate conditions[J]. Limnologica, 41(3): 160-166.

DURÓ G, CROSATO A, KLEINHANS M G, et al., 2020. Distinct patterns of bank erosion in a navigable regulated river[J]. Earth surface processes and landforms, 45(2): 361-374.

ERNANDES-SILVA J, PINHA GD, MORMUL RP, 2017. Environmental variables driving the larval distribution of Limnoperna fortunei in the upper Paraná River floodplain, Brazil[J]. Acta limnologica brasiliensia, 29: 108.

FIERER N, SCHIMEL J P, 2002. Effects of drying-rewetting frequency on soil carbon and nitrogen transformations[J]. Soil biology and biochemistry, 34(6): 777-787.

FINDLAY S, SINSABAUGH R L, FISCHER D T, et al., 1998. Sources of dissolved organic carbon supporting planktonic bacterial production in the tidal freshwater Hudson River[J]. Ecosystems(3): 227-239.

FRANCHI E, CAROSI A, GHETTI L, et al., 2014. Changes in the fish community of the upper Tiber River after construction of a hydro-dam[J]. Journal of limnology, 73(2): 203-210.

FRY B, 2007. Stable Isotope Ecology[M]. London: Springer.

GAO X, ZHANG Y, DING S, et al., 2015. Response of fish communities to environmental changes in an agriculturally dominated watershed(Liao River Basin) in northeastern China[J]. Ecological engineering, 76: 130-141.

HEYMANS J J, COLL M, LINK J S, et al., 2016. Best practice in ecopath with ecosim food-web models for ecosystem-based management[J]. Ecological modelling, 331: 173-184.

JACKSON M, RAM P, 2003. Physiological and molecular basis of susceptibility and tolerance of rice plants to complete submergence[J]. Annals of botany, 91(2): 227-241.

JOLLEY R L, LOCKABY B G, CAVALCANTI G G, 2010, Changes in riparian forest composition along a sedimentation rate gradient [J]. Plant ecology, 210: 317-330.

KLAUSMEIER C, LITCHMAN E, DAUFRESNE T, et al., 2004. Optimal nitrogen-to-phosphorus stoichiometry of phytoplankton[J]. Nature, 429(6988): 171-174.

LIN P C, GAO X, LIU F, et al., 2019. Long-term monitoring revealed fish assemblage zonation in the Three Gorges Reservoir[J]. Journal of oceanology and limnology, 37: 1258-1267.

LIU Z G, DONG N, ZHANG M, et al., 2021. Divergent long- and short-term responses to environmental gradients in specific leaf area of grassland species[J]. Ecological indicators, 130: 108058.

LOURES RC, POMPEU PS, 2019. Temporal changes in fish diversity in lotic and lentic environments along a reservoir cascade[J]. Freshwater biology, 64: 1806-1820.

LV H, YANG J, LIU LM, et al., 2014. Temperature and nutrients are significant drivers of seasonal shift in phytoplankton community from a drinking water reservoir, subtropical China[J]. Environmental science and pollution research, 21(9): 5917-5928.

MOMMER L, VISSER E J W, 2005. Underwater photosynthesis in flooded terrestrial plants: A matter of leaf plasticity[J]. Annals of botany, 96: 581-589.

MU HX, LI MZ, LIU HZ, et al., 2014. Analysis of fish eggs and larvae flowing into the Three Gorges

Reservoir on the Yangtze River[J]. Fisheries science, 80(3): 505-515.

NI LY, 2001. Growth of Potamogeton maackianus under low-light stress in eutrophic water[J]. Journal of freshwater ecology, 6: 249-256.

NOBILE A B, FREITAS-SOUZA D, LIMA FP et al., 2019. Damming and seasonality as modulators of fish community structure in a small tributary[J]. Ecology of freshwater fish, 28: 563-572.

OLIVEIRA EF, GOULART E, MINTE-VERA CV, 2003. Patterns of dominance and rarity of fish assemblage along spatial gradients in the Itaipu Reservoir, Paraná, Brazil[J]. Acta scientiarum: Biological sciences, 25(1): 71-78.

PADISÁK J, BORICS G, GRIGORSZKY I, et al., 2006. Use of phytoplankton assemblages for monitoring ecological status of lakes within the Water Framework Directive: The assemblage index[J]. Hydrobiologia, 553(1): 1-14.

PADISÁK J, CROSSETTI L O, NASELLI-FLORES L, 2009. Use and misuse in the application of the phytoplankton functional classification: a critical review with updates[J]. Hydrobiologia, 621(1): 1-19.

PALLER M H, PRUSHA B A, FLETCHER D E, et al., 2016. Factors influencing stream fish species composition and functional properties at multiple spatial scales in the sand hills of the southeastern United States[J]. Transactions of the American fisheries society, 145: 545-562.

PALMER M, RUHI A, 2019. Linkages between flow regime, biota, and ecosystem processes: implications for river restoration[J]. Science, 365(6459): eaaw 2087.

PARK Y S, CHANG J B, LEK S, et al., 2003. Conservation Strategies For Endemic Fish Species Threatened By The Three Gorges Dam[J]. Conservation biology, 17(6): 1748-1758.

PASQUAUD S, VASCONCELOS R P, FRANCA S, et al., 2015. Worldwide patterns of fish biodiversity in estuaries: Effect of global vs. local factors[J]. Estuarine, coastal and shelf science, 154: 122-128.

PELICICE FM, POMPEU PS, AGOSTINHO AA, 2015. Large reservoirs as ecological barriers to downstream movements of neotropical migratory fish[J]. Fish and fisheries, 14: 697-715.

PENG C, ZHANG L, ZHENG Y, et al., 2013. Seasonal succession of phytoplankton in response to the variation of environmental factors in the Gaolan River, Three Gorges Reservoir, China[J]. Chinese journal of oceanology and limnology, 31: 737-749.

PERSSON L, DIDHL S, JOHANSSON L, et al., 1992. Trophic interactions in temperate lake ecosystems-a test of food-chain theory[J]. The American naturalist, 140(1): 59-68.

POST D M, 2002. Using stable isotopes to estimate trophic position: models, methods, and assumptions[J]. Ecology, 83: 703-718.

POST D M, PACE M L, HAIRSTON N G, 2000. Ecosystem size determines food-chain length in lakes[J]. Nature, 405: 1047-1049.

POURSANIDIS, DIMITRIS, NEKTARIOS CHRYSOULAKIS, et al., 2015. Landsat 8 vs. Landsat 5: A comparison based on urban and peri-urban land cover mapping[J]. International journal of applied earth observation and geoinformation, 35: 259-269.

QUINN JW, KWAK TJ, 2003. Fish assemblage changes in an Ozark River after impoundment: A long- term perspective[J]. Transactions of the American fisheries society, 132: 110-119.

RAMAKRISHNAYYA G, SETTER T L, SARKAR R K, et al., 1999. Influence of phosphorus application to floodwater on oxygen concentrations and survival of rice during complete submergence[J]. Experimental agriculture, 35: 167-180.

RAYMOND P A, BAUER J E, 2001. Riverine export of aged terrestrial organic matter to the North Atlantic Ocean[J]. Nature, 409: 497-500.

REYNOLDS C S, BELLINGER E G, 1992. Patterns of abundance and dominance of the phytoplankton of Rostherne Mere, England: Evidence from an 18-yar data set[J]. Aquatic sciences, 54(1): 10-36.

ROBINSON D, 2001. $\delta^{15}N$ as an integrator of the nitrogen cycle[J]. Trends in ecoplogy and evolution, 16: 153-162.

SACHS MM, SUBBAIAH CC, SAAB I N, 1996. Anaerobic gene expression and flooding tolerance in maize[J]. Journal of experimental botany, 47(1): 1-15.

SHEN Z L, LIU Q, 2009. Nutrients in the Changjiang River[J]. Environ monit assess, 153: 27-44.

SONG WW, XU Q, FU XQ, et al., 2018. Research on the Relationship between Water Diversion and Water Quality of Xuanwu Lake, China[J]. International journal of environmental research and public health, 15(6): 1262.

SUN C, SHEN Z, LIU R, et al., 2013. Historical trend of nitrogen and phosphorus loads from the upper Yangtze River basin and their responses to the Three Gorges Dam[J]. Environmental science and pollution research, 20: 8871-8880.

SUREN A, SNELDER T, SCARSBROOK M, 1998. Urban stream habitat assessment method(USHA). NIWA Client Report No. CHC98/60[R]. Christchurch, New Zealand: National institute of water and atmospheric research: 5-23.

TANG Q, BAO Y H, HE X B, et al., 2014. Sedimentation and associated trace metal enrichment in the riparian zone of the Three Gorges Reservoir, China[J]. Science of the total environment, 479(1): 258-266.

TAYLOR CA, KNOUFT JH, HILAND TM, 2001. Consequences Of Stream Impoundment On Fish Communities In A Small North American Drainage[J]. Regulated rivers research and management, 17(6): 687-698.

VADEBONCOEUR Y, MCINTYRE P B, VANDER ZANDEN M J, 2011. Borders of biodiversity: Life at the edge of the world's large Lakes[J]. BioScience, 61: 526-537.

VANDER ZANDEN M J, VADEBONCOEUR Y, 2002. Fishes as integrators of benthic and pelagic food webs in lakes[J]. Ecology, 83: 2152-2161.

XU J, XIE P, ZHANG M, et al., 2005. Variation in stable isotope signatures of season and a zooplanktivorous fish in a eutrophic Chinese lake[J]. Hydrobiologia, 541: 215-220.

YANG S L, ZHANG J, DAI S B, et al., 2007. Effect of deposition and erosion within the main river channel and large lakes on sediment delivery to the estuary of the Yangtze River[J]. Journal of geophysical research, 112: 1-13.

YANG Z, TANG HY, TAO JP, et al., 2017. The effect of cascaded huge dams on the downstream movement of Coreius guichenoti (Sauvage & Dabry de Thiersant, 1874) in the upper Yangtze River[J]. Environmental biology of fishes, 100: 1507-1516.

YANG Z, PAN X J, HU L, et al., 2021. Effects of upstream cascade dams and longitudinal environmental gradients on variations in fish assemblages of the Three Gorges Reservoir[J]. Ecology of freshwater fish, 30(4): 503-518.

YE L, CAI QH, LIU RQ, et al., 2009. The influence of topography and land use on water quality of Xiangxi River in Three Gorges Reservoir region[J]. Environmental geology, 58(5): 937-942.

ZHANG K, XIONG X, HU H, et al., 2017. Occurrence and characteristics of microplastic pollution in Xiangxi Bay of Three Gorges Reservoir, China[J]. Environmental science and technology, 51: 3794-3801.

ZHAO J J, OUYANG Z Y, ZHEEN H, 2010. Plant species composition in green spaces within the built-up areas of Beijing, China[J]. Plant ecology, 209: 189-204.

ZHU K X, BI Y H, HU Z Y, 2013. Responses of phytoplankton functional groups to the hydrologic regime in the Daning River, a tributary of Three Gorges Reservoir, China[J]. Science of the total environment, 450: 169-177.